药用植物
资源与生物技术

李慧玲　周博　南洋　等编著

化学工业出版社

·北京·

内 容 简 介

本书将现代生物技术与药用植物资源联系起来，主要介绍现代生物技术与药用植物资源研究相结合的知识，以通俗易懂的语言阐述现代生物技术的基础理论和药用植物资源的发展历程，重点介绍生物技术在药用植物资源培育与开发方面的应用。本书参考收集了近年来生物技术在药用植物资源研究领域应用的大量成果，并进行了梳理，希望能够为读者呈现研究工作的总体面貌。

本书可供药用植物研究人员、生产科技人员、生物技术研究人员等阅读。

图书在版编目（CIP）数据

药用植物资源与生物技术 / 李慧玲等编著. —北京：
化学工业出版社，2022.8

ISBN 978-7-122-42094-7

Ⅰ. ①药… Ⅱ. ①李… Ⅲ. ①药用植物 – 植物资源 –
生物工程 Ⅳ. ①Q949.95

中国版本图书馆 CIP 数据核字（2022）第 159449 号

责任编辑：张　蕾　　　　　　　　　　　　　文字编辑：李　雪　陈小滔
责任校对：边　涛　　　　　　　　　　　　　装帧设计：水长流文化

出版发行：化学工业出版社（北京市东城区青年湖南街 13 号　邮政编码 100011）
印　　装：北京天宇星印刷厂
710mm×1000mm　1/16　印张 17½　字数 314 千字　2022 年 8 月北京第 1 版第 1 次印刷

购书咨询：010-64518888　　　　　　　　　售后服务：010-64518899
网　　址：http://www.cip.com.cn
凡购买本书，如有缺损质量问题，本社销售中心负责调换。

定　　价：79.80 元　　　　　　　　　　　　　　　　版权所有　违者必究

前言

随着中医理论研究和临床实践在世界范围内的不断深入开展，几千年来守护着中华民族生命健康的传统中草药越来越受到全人类的关注，其作为医疗用药或保健品的需求量日益增加。然而，出于利益的驱使，人们对中药材的掠夺性采挖导致许多野生资源的快速减少甚至灭绝。长此以往，不仅会使人类赖以生存的生态环境日趋恶化，人类的生命健康也将难以受到大自然的呵护。传统的人工栽培固然可在一定程度上缓解这个困境，但栽培品种的品质退化、有效成分含量降低以及被农药污染等问题接踵而至，严重制约着我国传统药用植物资源的开发和应用。如何走出这种两难的困境？立法保护野生药用植物资源是首要的，其余的责任和挑战就落在了生物科技工作者身上。

现代生物技术的发展日新月异，成为当今世界高科技尖端技术的代表。生物技术与药用植物资源研究工作的结合必将产生新的思维增长点，也将对药用植物资源的现代化进程起到积极的推动作用。本书将现代生物技术与药用植物资源联系起来，介绍现代生物技术的基本方法与药用植物资源研究相结合的知识，以通俗易懂的语言阐述生物技术在药用植物资源培育与开发方面的应用。

生物技术本身的发展十分迅速，积累了各种方法和手段，单就某一技术也有不同的改进和变化，同时生物技术已经逐步向中医药研究的各个领域渗透，不同的研究人员从不同角度开展了大量的研究工作，积累了宝贵的经验。本书参考收集了近年来生物技术在药用植物资源研究领域应用的大量成果，并进行了梳理，希望能够为读者呈现研究工作的总体面貌。

本书共十六章，由黑龙江中医药大学的李慧玲负责第一章、第九章、第十一章、第十二章、第十六章的编写；黑龙江中医药大学的周博负责第二章、第四章、第五章、第十章的编写；黑龙江中医药大学的南洋负责第六章和第八章的编写；平阴县农业农村局的冯伟负责第十三章第一节和第二节的编写；西南医科大学附属医院的杨盟负责第七章的编写；沈阳医学院的隋丽丽负责第十四章和第十五章第一节的编写；菏泽市牡丹发展服务中心的梁栋负责第三章、第十三章第三节、第十五章第二节的编写。

本书在编写过程中参考借鉴了一些专家学者研究成果和资料，在此特向他们表示感谢。由于编写时间仓促，编写水平有限，不足之处在所难免，恳请专家和广大读者提出宝贵意见，予以批评指正，以便改进。

编著者

2022年6月

目录

第十章
药用植物育种技术及应用

第十一章
酶工程技术及应用

第十二章
药用植物基因工程技术

第十三章
药用植物基因工程技术与应用

第十四章
分子标记技术在药用植物中的应用

第十五章
现代生物技术在中医药研究中的应用

第十六章
中医药研究常用现代生物技术实验方法

第一章

现代生物技术

现代生物技术基本概念

一、生物技术的概念

1917年，匈牙利工程师卡尔·厄瑞凯首次提出了"生物技术"一词。那时，他所提出的"生物科技"一词的意思是："以甜菜为饲料，用于大规模饲养，也就是通过生物把原料转化成商品。"在世界范围内，使用了1982年的生物技术定义，即"利用生物技术和工程的原理，利用生物系统作为反应器，对材料进行处理，从而得到人们想要的东西"。

现代生物技术是指在现代生命科学的基础上，将生物系统和工程技术相结合，根据事先的设计，对生物基因进行有针对性的改变或处理，从而生产出对人体有益的新产品（或者实现某些目标）。

二、生物技术发展的三个阶段

生物技术的发展经历了传统生物技术、近代生物技术、现代生物技术三个发展时期。

（一）传统生物技术

中国人在8000多年前的石器时代晚期就已经开始了曲酒制作，这也是目前世界上最早的一种酿造工艺。古巴比伦人在6000年以前就已经开始酿造啤酒了。古埃及人在4000年以前就已经发明了面包。中国人在2500年以前就已经生产了酱油和醋。中国人在10世纪的时候，就已经研制出了一种活体疫苗来预防天花。

1676年，列文·虎克发明了显微镜，第一次观测到了微生物。1885年，法国微生物学者巴斯德首次确认发酵是由微生物造成的，并据此发展出一套完整的微生物培育技术。1897年，德国人布切尼通过酵母压榨出的酒化酶，使葡萄糖在乙醇中发酵，从而为微生物化学开辟了一个新的领域。

（二）近代生物技术

1929年，英国人亚历山大·弗莱明发现了青霉素。20世纪60年代，由于遗传学的发展与应用，出现了基因的选育，细胞学的广泛运用造就了细胞工程的诞生，而发酵工程的发展也在这一时期获得了巨大的成功，被称为"第一次绿色革命"。

传统生物技术与现代生物技术的特征与局限有：①以微生物为原料，仅限于微生物发酵及化学工程；②微生物的遗传材料未发生变化，新的微生物遗传状态未发生；③工艺简单，在上游培养大量微生物，对材料进行处理，也就是发酵和转化，利用诱变技术培育良种，下游则是对产物进行提纯；④生产周期较长、成本较高、产量较低、效率较低。

（三）现代生物技术

沃森和克里克于1953年发现了DNA的双螺旋结构。1973年，加利福尼亚大学旧金山分校的赫伯特·波伊尔教授与斯坦福大学的斯坦利·科恩教授合作，进行了一次名为DNA重组的实验。尽管在这项试验中，两名科学家并未使用任何有益的基因，但他们敏锐地察觉到这项试验的重要性，并由此制定了相应的"基因克隆"战略。

DNA重组技术已经深刻地影响到了生物技术：①利用DNA重组技术，使生物技术中的生物转化环节得到了最优的处理，既能分离出高产的微生物，又能用来生产胰岛素高产量的细菌；大量的外源性蛋白质，如生长激素和病毒抗原；DNA重组技术也能使很多有效的化合物和大分子的制造工艺变得简单。②动植物还可以用作制造新的或改良的遗传物质的自然生物反应器。③DNA重组技术使新药研发与测试体系大为简化。④DNA重组技术的发展主要得益于分子生物学、细菌遗传学、核苷酶等方面的研究，而DNA重组技术的不断成熟和发展，也给生物科学的其他方面带来了巨大的变革。⑤受到DNA重组技术影响最大的生物技术，在快速地实现了由传统的生物技术到现代生物技术的跨越，由一个默默无闻的传统行业，一跃成为21世纪具有广阔发展前景的新兴学科和行业。与此同时，发酵工业、食品工业、轻工业等也迎来了一场大变革，这为解决人口膨胀、粮食短缺、能源短缺、疾病防治和环境污染等问题提供了新的思路。

第二节　现代生物技术主要内容

一、基因工程

基因工程，即基因拼接技术、DNA重组技术，是利用分子遗传学的原理，利用分子生物学、微生物学等现代技术，通过对不同来源的基因进行编码，在体外建立杂交DNA分子，并将其引入到活细胞中，从而使其具有新的遗传特征，产生新的品种，进而产生新的产品。其中，核酸凝胶电泳法、核酸分子杂交技术是开展遗传工程研究的关键技术；此外还有基因转染、DNA序列分析、寡核苷酸合成、基因定点突变、聚合酶链反应等。

二、细胞工程

细胞工程学是一门新兴的科学学科。运用遗传学、分子生物学的原理和方法，根据人类的需求和设计，通过细胞层面的基因操作，对细胞的结构和功能进行改造，从而使生物的细胞结构和功能发生变化。

细胞工程主要涉及植物和动物的细胞和组织培养，以及细胞的融合；核移植、染色体工程、转基因生物和生物反应器。细胞工程和遗传工程是目前生物科技发展的最前沿，在生命科学、农业、医药、食品、环保等方面有着举足轻重的地位。

三、蛋白质工程

蛋白质工程学是利用蛋白质分子的分子结构和生物功能，通过化学、物理、分子生物学等方法对已有的蛋白进行改造或合成，以适应人们的生产和生活需要。

蛋白质工程是基因改造技术的应用；在分子生物学、分子遗传学等学科的基础上，结合蛋白质晶体学、蛋白质动力学、蛋白质化学、CAD等多个学科的最新发展。它的内容包括：按需合成特定的氨基酸、空间结构的蛋白质；研究了蛋白质的化学组成和空间结构与其生物学功能的相关性。因此，利用蛋白质工程技术，可以通过氨基酸序列来预测蛋白质的结构和功能，从而设计出具有特殊功能的新型蛋白。

四、酶工程

酶工程是把酶或微生物的细胞，植物和动物的细胞等置于特定的生化反应器内，通过工程方法将其转化为有用的材料，并将其用于人类的日常生活。酶工程主要涉及酶的制备、酶的固定化、酶的修饰和改造、酶的反应器等。酶工程在食品、轻工业、制药工业等领域应用甚广。

五、发酵工程

发酵工程是一项利用现代工程技术，通过微生物的特殊作用，实现对人体有益的产品制作或将其直接用于工业生产的一项新技术。发酵工程主要包括：选育、培养基制备；灭菌、扩大培养和接种、发酵工艺以及产品的分离和纯化。

发酵工程是为了解决工程问题而设计的。从工程学的观点出发，将发酵工业生产流程划分为菌类、发酵、精制三个过程，每一个过程都有自己的工程问题，通常将其分为上游、中游和下游。其中，上游工程主要是选育优质菌种、确定最佳发酵条件、制备营养物质等。中游工程是在发酵过程中，通过对发酵原料、发酵罐以及各种连接管路进行高温、高压消毒的技术，在发酵的同时，将干燥的无菌空气注入发酵槽，并通过计算机对发酵过程中细胞的生长需要进行微电脑控制。下游工程就是将发酵液中的产品分离纯化，主要有固液分离、细胞破壁、蛋白质纯化、产品包装处理等。

六、抗体工程

抗体工程是通过重组DNA及蛋白质工程技术，将抗体基因修饰、重组、转染到合适的受体细胞，或通过细胞融合、化学修饰等手段对抗体分子进行修饰。通过抗体工程化技术改造的抗体分子，按照人体的要求重组，可以保持（或提高）自然抗体的特异和主要生物活性，消除（或降低或替换）不相关的结构，因而其应用潜力大于自然抗体。

七、组织工程

组织工程是利用工程学和生命科学的基本理论和方法，以研究人体正常和病理组织的结构和功能之间的关系为依据，开发生物组织器官的替代物，从而达到重建、恢复、维持和改善人体组织功能的技术。

组织工程是20世纪80年代兴起的一门新兴学科，它将工程学与生命科学的基本原理、技术和基本方法相结合，在体外建立具有生物活性的植入体，并在人体内进行移植，以修复组织缺陷，取代器官的功能；或可作为一种临时替代器官功能的离体设备，以改善患者的生活质量，延长患者的寿命。它的价值不仅是为患者解除病痛的一种新疗法，更重要的是，它的"组织"和"器官"的复制，为"再生医学"开辟了一个新的纪元。

八、干细胞工程

干细胞工程就是通过在特定的环境下，将干细胞分化为各种组织、器官，以达到无排斥的目的。主要从事干细胞及相关产品的开发、中试过程的设计、临床前的动物实验、临床及新的临床应用技术的研究。

九、胚胎工程

胚胎工程学就是通过特殊的技术，将新的基因信息（DNA序列）引入到胚胎早期受精卵，并在其发育过程中，将其传播到每一个个体的生殖细胞中。

十、生物医学工程

生物医学工程是从工程学的视角来研究人体的组织、功能和生命现象，为疾病的预防和治疗提供新技术、新方法、新仪器、新材料。主要从事生物材料、康复工程、医学成像、生物传感、监控系统等。

生物医学工程是通过电子领域、计算机技术、化学、高分子化学、力学、物理学、光学、射线技术、精密机械等，在与医学相结合的情况下发展。其发展与国际上的高科技发展紧密联系在一起，几乎是将一切高科技成果都纳入其中。

十一、生物制药工程

生物制药工程是指通过生物反应器（包括微生物、动物细胞、植物和动物），通过生物技术实现高纯度药物的大规模生产。

生物制药工程以生物活体为原料，例如用基因改造的玉米制造人体抗体；转基因奶牛乳房中的人体α-1抗胰酶等。生物制药产业具有很好的发展前景，全球半数的药物都是由生物合成的，被广泛应用于癌症、艾滋病、冠心病、贫血、发育不良、糖尿病等的治疗。

十二、生物化学工程

生物化学工程是一种工程上的生物化学反应，它是指在一定条件下，为活体和活性物质提供合适的反应条件，实现大规模的自动化生产，把需要的东西提炼出来的技术。主要内容有生物反应器设计、传感器制造、电泳、离心、色谱、免疫色谱等。

第三节　现代生物技术发展状况

一、现代生物技术的应用

现代生物技术在医学和农业、食品、环保、化工、能源等各方面都有广泛的应用，尤其是在制药方面的应用最为迅速和优秀。引进现代生物技术，使制药行业成为了一个非常活跃、快速发展的行业。目前，我国生物科技的科技成果60%以上都用于制药行业，用于开发具有特色的新药或改进传统药物。《全球制药和医疗前瞻性报告》显示，全球医药市场在2015年已达到10000亿美元，增长4.5%~5.5%，而新兴药物的增长速度将会持续两位数字。另外，可将生物技术运用于转基因动植物、生物农药等农业技术中；在食品工业中的应用，如酿酒、发酵等；在环境保护领域，其重点是垃圾的处置；虽然在化学、能源等方面的应用比较少，但是它的发展潜力很大。

二、世界各国生物技术的发展

21世纪，随着环境问题的日益严重，现代生物技术作为当今世界的战略研究领域，得到了广泛的认可，并得到了快速的发展。美国是生物科技工业的诞生地，其很早就开始了对生物技术的研究，美国政府通过立法、科技投资、财政拨款等方式，对生物技术和工业进行了全面的研究，美国国会和白宫都成立了生物技术委员会。美国生物技术工业协会于1993年创立，是美国生物科技企业、学术机构、国家生物技术研究机构及有关机构的重要力量，是美国生物科技工业发展的重要动力。美国于2002年推出了《发展和推进生物质基产品和生物能源》和《生物质技术路线图》，并设立了生物燃料项目办公室和生物技术顾问委员会。

欧洲也紧跟其后，德国、瑞典等国家大力发展现代生物技术；丹麦和挪威等国家已经把发展现代生物技术的工业提到了政府的议事日程。德国一直以来都非常重视生物技术，德国在20世纪60年代后期就投入了大量资金用于生物技术的研究和开发。在2002年6月，欧盟第六框架计划（FP6）2002-2006中，把45%的研发资金投入到了生物技术和其他相关领域，而欧盟也开始了欧洲能源可持续发展战略，大幅增加了生物酒精的生产，同时也在积极建立生物燃料处理厂和沼气厂。日本于1991年1月制订《开创生物技术产业基本方针》，提出"生物科技工业立国"，日本政府在其领导下，设立生物科技发展战略委员会，并于2002年发布《生物技术战略大纲》。印度还制定了加快生物技术发展的《绿色能源工程计划》。

随着现代生物技术和其他行业的相互渗透，生物经济在某种程度上已经成为一个重要的经济形式，并为总体经济做出了巨大的贡献。生物经济学是基于生命科学和生物技术的研发和应用；以生物技术为基础的经济，以农业为基础的一种经济；新经济形式是工业经济和信息经济相适应的。鉴于生物技术产业的发展前景，以及生物技术发展的趋势，目前各国政府都把发展生物技术产业、促进生物技术研究、生物技术开发等问题提到了议事日程。生物经济是未来的主要经济形式之一。

三、我国生物技术的发展

我国生物技术的研发与发展水平与世界先进水平存在着较大的差距，但从1986年国家高技术研究发展计划（863计划）起，我国在生物技术方面的发展取得了显著成绩。中国生物科技在亚洲处于领先地位，尤其是近十年来中国医药生物技术取得了一系列重大突破。

（一）生物技术在我国的基础研究

我国科学家对现代生物技术基础研究的成就，是生物科技可持续发展的重要保证。

①从人类、动物和植物中分离出将近400个新的基因，并对它们的作用进行了解释；中国科学家和美国科学家共同培育了Xa21抗性水稻白叶枯病株，在我国和国际上都产生了很大的影响。

②在新的基因工程表达体系和基因调节元件以及高效表达方面，其整体已经达到了世界先进水平，有些已经达到了世界领先水平。原核细胞增强子是国内学者最先提出的。通过对酵母酸性磷酸酯酶的转录调节，对其顺式和反式作用的影响及其相互作用规律进行了初步的阐述。以国家863计划为依托，我国科学家已经建立了大量的基因工程载体，并在实践中得到了广泛的应用。

③对中国痘苗天坛株基因组196kb进行了初步分析，这是迄今为止国内最大规模的生物全基因序列测定项目，并取得了多项重大成果。

④在人类基因组领域，首次成功地利用寡核苷酸引物介导的高分辨染色体显微切割及基因显微克隆技术。目前，我们已经构建了17个特异的DNA库，24个区带特异的DNA文库。

⑤在肝细胞癌（HCC）和特定疾病的基因研究中，发现了一些新的基因，这些基因可能与HCC和血液病有关。通过对食管癌基因的分析，我们发现了3个由维甲酸活化的新型cDNA克隆。

（二）生物技术在我国应用方面的成就

（1）开发药品　目前，新型HBV表面抗原检测试剂已经投入生产；HCV抗体检测试剂盒已实现批量生产；目前已形成中国独有的检测试剂行业，包括血糖酶试剂盒、尿酸氧化酶试剂盒、谷草转氨酶试剂盒、甘油三酯酶试剂盒等。重组乙肝疫苗、人干扰素、人红细胞生成素、碱性成纤维细胞生长因子、链激酶等，在一些方面已达到世界领先水平。

（2）农业的发展　农业生物技术是我国现代生物技术发展的又一重要手段，在这一领域取得了长足的进步，并极大地促进了现代生物技术的普及。转基因大米、大豆、小麦、棉花、番茄、烟草等多种转基因作物已经获得了成功，其中一些已经获准在田间试验。目前，我国已经是世界上最大的转基因作物种植国家，成为继美国之后第二个获得转基因棉花的国家。中国于1992年启动"水稻基因组计划"，目前我国科学家已在建立"水稻测收文库"物理图谱上取得重大突破。中国在动物胚胎工程领域已经达到世界领先水平。组织培养、原生质培养、染色体工程、花药育种、体细胞杂交是当前分子育种的主要方法。在转基因动物中，已经有很多成功案例，如鱼、兔和鸡。

当然，我们的生物科技发展也遇到了很大的困难。比如，我国目前已批准上市的新药中，仅有少数几种是从国外复制而来的；生物技术大规模生产的重复程度较低，需要不断改进创新；同时，在我国的生物科技产业中，也存在着专业人才、管理人才和营销人才短缺的问题。

（三）中国的生物科技发展趋势

（1）发展的重点是生物技术的革新　从世界各国的生物技术发展现状来看，要实现生物技术的迅速发展，必须进行技术创新，而技术创新是其发展之源。英国是第一个进行基因技术研究的国家，克隆羊"多莉"就是科技的进步，英国的研究方向发生了变化，从细胞工程学的角度出发，取得了一些成绩，而现在，他们的目标是医药，即将进入医疗行业。

（2）生物技术工业的生产效益存在着一定的波动性　生物技术投资与盈利的计算方式，主要采用数理统计，通过这种方法可以清楚地反映出一个行业的运营状况，但由于行业的收益是不固定的，而且会随着时间的推移而发生变化，所以生物技术的发展也是一样，这就需要我们重视国外在这一领域的表现，在计算投资和盈利的时候，要综合考虑影响计算精度的各种因素，根据变化的规律来调整自己的生产运营方式。

（3）将发展和研究的生物技术应用到民用领域　事实证明，任何科技都是要为大众服务的，因此，生物技术的研发必须要面向大众。

纵观全球生物技术的发展，很多发达国家在这方面已经有了一定的先例，例如欧洲各国已经在医疗、食品、交通等领域应用了生物技术，并取得了很好的成果，为我国的生物技术发展提供了有益的借鉴。

药用植物资源概述

药用植物资源的概念及特点

一、药用植物资源的概念

药用植物资源是具有一定的保健作用和医疗作用的植物资源。目前，人们已经认识到，植物的活性成分具有独特的药理作用，但是其药用价值却没有得到充分地利用。近年来，人们在植物中发现了一些新型的化合物，这些化合物可以治疗心血管疾病、糖尿病和艾滋病。寻找和分析植物中的先导化合物，对其活性进行分析，将为植物的开发提供突破点，从而为植物的开发提供广阔的空间。同时，运用现代药物技术与分析手段，深入挖掘中药的药理价值，研制出与国际接轨的产品与药物，是中药现代化与工业发展的根本。

二、药用植物资源的特点

（一）药用植物再生特性研究

药用植物的可再生性，是指在自然或人工环境下，使其持续自然更新和人工繁殖。由于植物的生殖特性，它们在漫长的进化过程中，形成了自己特有的有性生殖和无性生殖，可以说是一种可持续发展的可再生资源。只要合理利用，就能实现资源的永续利用。同时，通过引进、驯化、人工栽培等方法，可进一步拓展药用植物资源。

（二）濒危的药用植物

药用植物的物种多样性是指由于自然灾害或人类活动造成的植物物种数量下降甚至灭绝的一种特征。一旦这些资源遭到天灾和人类的过分开采和破坏，就会导致种群数量的急剧下降，对生物的生存和繁衍构成了巨大的威胁，最终导致了物种的灭绝。例如20世纪80年代，国内外大量收购杜仲皮，人民上山采伐，导致野生资源面临绝种；我国的人参因开采过度，已逐渐减少。甘草、黄芪、党参等野生资源的开发与利用也有相似之处。

根据其再生能力，我国的药用植物资源具有无穷无尽的潜力。但是，就其濒危程度而言，我国的药用植物资源十分稀少。一旦被破坏，想要恢复是非常困难的。因此，要使我国的药用植物资源得到长久的开发和利用。要坚持"保护"和"合理开发"的方针。认为药用植物是取之不尽、用之不竭的想法是完全错误的。

（三）区域内的药用植物资源

药用植物的地域特性是指特定地域中存在着特定的药用植物。也就是说，在某一区域内，有一些药物是可以生长的。在这个世界上，所有的植物都对自己的生态环境有着苛刻的要求，这是因为它们长期受到生态环境的影响，以及它们对生态环境的长期适应。因此，该地区的地理位置是我们开发利用的一个重要基础，同时也是制约我们扩大种植面积、提高药材质量的一个重要条件。

（四）医药资源分散

药物资源的分散性是指天然存在的、以分散于其他物种为特征的天然药物资源。即在大面积的地域分布上，存在一定的地域差异，但在一定的地域范围内，又有零星分散在不同的植物群落中，多数物种很少形成一个单独的优势群落，而同类型的植物资源则较少。同时，也表明了药物资源是一种依赖于其他生物的生态系统，当其被破坏时，将会危及其自身的生存。因此，在合理利用资源的同时，也要对药用植物的生态环境进行保护。

（五）我国药用植物的多样性

随着科技的飞速发展，人们发现了许多具有重要医疗保健功能的植物品种。目前，我国有11146种药用植物。不同的药用植物，其活性成分也是非常复杂的。因此，从开发和利用的角度，对各种药用植物进行研究是十分必要的。因此，我们应根据其复杂程度，对其进行深入的研究，寻找和开发具有重要意义的药草品种。

第二节　中国药用植物资源的沿革

人类在与疾病作斗争的过程中，总是与人类的发展和演化相结合。有文献记载，人们把药用植物当作药品使用已有数千年之久。在很久以前，人们就已经在大自然中寻求"药物"来减轻身体上的痛苦。在国外，人们把它叫作"天然药物"，在我们国家叫作"中草药"。在20世纪，人工合成药物被发明以前，人们只能靠"天然药物"来治病，而现在，许多国家仍然在使用这种药物。

根据我国对药用植物的利用情况，可以将其划分为：起源时期（公元前～221年）、古代时期（221～1840年）、近代时期（1840～1949年）、中华人民共和国成立后（1949年至今）。

一、起源时期

从"神农尝百草"的草药起源的神话，说明人们对于医药的了解，最早是与寻找食物有关的。到了周朝，医药的来源又增加了矿石和人造物品。春秋时代，医药的种类已超过100种。《山海经》中有104种药材，其中51种是植物药材。《五十二病方》在公元前3世纪末期，共有242种药材，其中植物类有108种。

二、古代时期

东汉《神农本草经》中有365种药材，其中252种是植物药材。《名医别录》在魏晋之际增加了365种。唐朝时，药用植物种类已增至1000多种，其中《唐本草》和《本草拾遗》共发现了1500多种中草药资源。北宋时期，先后三次对《本草纲目》进行修订，并进行了大量的校勘、整理、补充文献和药物的实践。宋人唐慎微在《经史证类备急本草》中记录了1748种药物的开发和应用。明朝是我国中药资源开发与应用的高峰，同时也是本草学的发展阶段。《滇南本草》《本草纲目》分别收录了448种和1892种中草药，使我国古代中药资源的开发与利用达到了一个新的高峰。在《本草纲目拾遗》中，有716种未列入《本草纲目》的药材。在《植物名实图考》中，共载植物1714种。

三、近代时期和中华人民共和国成立后

鸦片战争前后，西洋药物传入中国，逐渐打破了传统中医在中国的地位。鸦片战争后，中国传统医药资源的开发与利用受到了帝国主义势力的入侵。抗日战争期间，由于战乱，运输受阻，内销受阻，中国医药产业陷入停滞状态。

新中国成立后，中医药得到了大力发展。在改革开放之前，由于受到西方的限制，西药难以进入我国，中医主要靠中药治病，中药的研制与利用取得了迅速的发展。改革开放以来，由于对外交往增多，国际经济一体化的格局逐渐形成，西药开始大量流入我国。另外，传统的中药没有西药方便快捷，见效缓慢，逐渐失去了市场的优势。在过去的十多年里，由于生活条件的改善，"回归自然"观念的确立，人民对生活品质的关注也越来越多，中医、民族医药的保健功能也越来越受到重视，从而促进了我国医药资源的开发。

第三章

药用植物资源的种类与分布

我国药用植物资源的种类

从1983年开始，历时5年，我国进行了中药资源的普查。我国药用植物有11146种（表3-1）。

表3-1　药用植物分类统计结果

类别	科数	属数	种数
藻类	42	56	115
菌类	40	117	292
地衣类	9	15	52
苔藓类	21	33	43
蕨类	49	116	456
种子植物类	222	1972	10188

由表3-1可见，药用低等植物（藻类、菌类、地衣类）有459种，药用高等植物（苔藓、蕨类、种子植物类）有10687种。其中药用种子植物有10188种（表3-2）。

表3-2　药用种子植物分类统计结果

类别	科数	属数	种数
裸子植物亚门	10	27	124
被子植物亚门	0	0	0
双子叶植物	179	1597	8632
单子叶植物	33	348	1432

裸子药用植物80%种类集中于针叶树种，最主要的为松科，有8属，47种。其次为柏科，有6属，20种。

被子植物各科含有的药用种类最多的达778种（菊科），最少者仅含1种。其中含100种以上的见表3-3。

表3-3　药用被子植物大科种类统计结果

科名	中国属数/种数	药用属数/种数	产地
菊科	227/2323	155/778	全国
豆科	163/1252	107/484	全国
唇形科	99/808	75/477	全国
毛茛科	41/737	34/424	全国
蔷薇科	48/835	39/361	全国
伞形科	95/340	55/239	全国
玄参科	60/634	45/233	全国
茜草科	75/477	50/214	全国
大戟科	66/364	39/159	全国
虎耳草科	24/427	24/157	全国
罂粟科	19/284	15/136	全国
杜鹃花科	20/792	12/127	全国
蓼科	14/228	8/121	全国
报春花科	12/534	7/121	全国
小檗科	11/280	10/119	全国
荨麻科	23/253	18/115	全国
苦苣苔科	43/252	32/114	秦淮以南
樟科	20/1400	13/114	长江以南
五加科	23/172	18/112	全国
龙胆科	19/358	15/109	全国
桔梗科	15/134	13/106	全国
石竹科	31/372	21/106	全国
忍冬科	12/259	9/106	全国
芸香科	28/154	19/100	全国
百合科	67/401	46/358	全国
兰科	165/1040	76/287	全国

科名	中国属数/种数	药用属数/种数	产地
禾本科	228/1202	85/172	全国
莎草科	33/668	16/110	全国
天南星科	35/197	22/106	全国
姜科	19/143	15/103	西南至东部

通过普查，基本上摸清了我国不同区域的30个省、自治区、直辖市及所属市、县的药用植物资源。药用植物种类数量达200种以上的省（自治区、直辖市）有云南（4758种）、广西（4035种）、四川（3962种）、贵州（3927种）、湖北（3354种）、陕西（2730种）、广东（2500种）、安徽（2167种）、湖南（2077种）、福建（2024种）、新疆（2014种）、河南（1963种）、浙江（1833种）、江西（1576种）、青海（1461种）、西藏（1460种）、河北（1442种）、吉林（1412种）、江苏（1384种）、山东（1299种）、甘肃（1270种）、辽宁（1237种）、内蒙古（1070种）、山西（953种）、宁夏（917种）、北京（901种）、上海（829种）、黑龙江（818种）、天津（621种）、海南（497种）。

第二节　我国药用植物资源的分布

我国从北到南跨越寒温带、温带、亚热带和热带等气候带，形成了明显的地带性植被，使我国的药用植物资源表现出地域性的特点。

现将各地代表性的药用植物简要介绍。

一、东北地区（辽宁、吉林、黑龙江）

著名的药用植物有人参、细辛、北五味子、防风、木通、黄柏、龙胆、平贝母、紫草、关白附、刺五加、柴胡等。

二、西北地区（陕西、甘肃、宁夏、青海、新疆）

（1）陕西　西茵陈、款冬花、杜仲、天麻、秦艽、厚朴、山茱萸、五味子、北苍术、柴胡、黄芪、远志、猪苓、酸枣仁、紫草、大黄、吴茱萸等。

（2）甘肃　当归、大黄、黄芪、甘草、西党参、冬虫夏草、羌活、秦艽、猪苓、西五味子、款冬花、纹党参、麻黄等。

（3）宁夏　枸杞子、柴胡、肉苁蓉、锁阳、秦艽、款冬花、甘草、地骨皮等。

（4）青海　冬虫夏草、大黄、贝母、秦艽、羌活、锁阳、肉苁蓉等。

（5）新疆　紫草、阿魏、甘草、伊贝母、锁阳、肉苁蓉、雪莲花、麻黄、红花、大黄、罗布麻、秦艽、杏仁、桃仁等。

三、华北地区（河北、山西、内蒙古）

（1）河北　知母、酸枣仁、连翘、祁白芷、黄芩、北山楂、北板蓝根、北苍术、槐米、赤芍、金银花、麻黄、灵芝、马兜铃等。

（2）山西　潞党参、黄芪、远志、猪苓、黄芩、北苍术、小茴香、连翘、甘遂、紫草、知母、防风、酸枣仁等。

（3）内蒙古　甘草、黄芪、肉苁蓉、锁阳、赤芍、知母、苦杏仁、小茴香、远志、车前子、马勃、蒲公英、百合、银柴胡、茜草、益母草等。

四、华东地区（山东、江西、江苏、浙江、安徽、福建、台湾）

（1）山东　北沙参、蔓荆子、北山楂、酸枣仁、东香附、牡丹皮、薏苡仁、半夏、金银花、大枣、柏子仁等。

（2）江西　枳壳、枳实、茵陈、灵芝、薄荷、荆芥、蔓荆子、栀子、三棱等。

（3）江苏　苏薄荷、苏桔梗、苏枳壳、明党参、太子参、南沙参、茅苍术、苏条参、延胡索、泽兰、芡实、莲子等。

（4）浙江　浙贝母、浙玄参、杭菊花、杭白芍、杭茱萸、杭麦冬、延胡索、湿郁金、杭荆芥、白术、莪术、姜黄、乌梅、玉竹、栀子、南沙参、乌药、射干、马兜铃、辛夷、榧子、防己、钩藤、泽泻、厚朴等。

（5）安徽　滁菊、亳白芍、牡丹皮、亳白芷、宣木瓜、安茯苓、白头翁、南沙参、马兜铃、石斛、榧子、白术、白薇、山茱萸、厚朴、辛夷、桔梗等。

（6）福建　建泽泻、建枳壳、枳实、乌梅、黄栀子、佛手、姜黄、莲子、海藻、青皮、粉防己、郁金、桂圆肉、麦冬等。

（7）台湾　槟榔、胡椒、大风子、高良姜、樟脑、姜黄、木瓜、通草等。

五、中南地区（河南、湖北、湖南、广东、海南、广西）

（1）河南　四大怀药（地黄、牛膝、山药、菊花）、怀红花、金银花、禹白芷、北山楂、天花粉、辛夷、瓜蒌、千金子、半夏、天南星、射干、茜草、甘遂、东香附、北板蓝根、杜仲、芫花、知母、潞党参、柏子仁等。

（2）湖北　厚朴、黄连、北柴胡、半夏、皱木瓜、茯苓、杜仲、独活、续断、牡丹皮、黄精、天冬、桔梗、麦冬、射干、槐米、香附子、夏枯草等。

（3）湖南　杜仲、玉竹、湘莲米、吴茱萸、薏苡仁、枳壳、枳实、薄荷、女贞子、栀子、钩藤、厚朴、白及、紫草、干姜、蔓荆子、金银花、白术等。

（4）广东　阳春砂仁、广莪术、郁金、广巴戟天、广防己、广藿香、德庆何首乌、广豆根、高良姜、鸦胆子、广东金钱草、白花蛇舌草、化橘红、佛手、广陈皮、广花粉、沉香等。

（5）海南　槟榔、胡椒、益智仁、砂仁等。

（6）广西　三七、广豆根、八角茴香、桂圆肉、广防己、广巴戟天、肉桂皮、千年健、何首乌、广西鸡血藤、高良姜、雅胆子等。

六、西南地区（云南、贵州、四川、西藏）

（1）云南　三七、云木香、草果、云茯苓、云黄连、云当归、鸡血藤、诃子、重楼、儿茶、草豆蔻、石斛、天麻、千年健、云南马钱子、苏木、半夏等。

（2）贵州　杜仲、天麻、吴茱萸、金银花、天冬、银耳、黄精、白及、天南星、桔梗、茯苓、厚朴、黄柏、钩藤、何首乌、五倍子等。

（3）四川　川芎、川贝母、川乌、川附子、川牛膝、川楝子、川木通、川木香、川黄柏、川枳壳、川枳实、川明党、川黄连、川郁金、川白芷、川陈皮、川花椒、川泽泻、川木瓜、巴豆、丹参、通江银耳、中江白芍、杜仲、厚朴、绵阳麦冬、使君子、干姜、黄栀子、南板蓝根、冬虫夏草等。

（4）西藏　贝母、冬虫夏草、藏红花、大黄、羌活、胡黄连、秦艽、雪莲花、木香、党参等。

第四章

药用植物资源开发与利用

药用植物资源开发与利用现状

一、药用植物资源的利用现状

到目前为止，我国人工栽培的大宗药材品种已经超过150种，种植面积440余亩，在品种选择、杂交、诱变、组织培养等方面取得了丰硕的成果。目前已有60多种从野生到人工种植的药物，并有许多新的应用。例如，三叶草具有消肿止痛、消石排石等作用，而且副作用也比较小。三叶草排石药物的研制与应用具有重要的现实意义。

（一）发展民族医药

我国在中药方面已经取得了一定的成绩，例如利用江西民间草药草珊瑚研制的"复方草珊瑚"胶囊治疗咽喉炎；用广西黄毛豆腐木粉配制的"强骨针剂"对骨质疏松有一定的疗效。目前，我国新研制的中药品种达3700多种，以藏药、蒙药和傣药为主。在我国的药品中，民族医药占据了相当大的比重。

（二）研制新型植物药物

许多植物都含有抗肿瘤的成分，比如紫苏叶中的齐墩果酸，就是一种很好的抗癌药物；喜树中的喜树碱具有抗肿瘤的作用；长春素是从长春花中提取的一种有效的抗癌物质。目前，人们正逐步开发利用杜仲。

二、药用植物开发利用上的问题

中国的自然资源很丰富，但是由于缺乏对生态环境的保护和可持续利用，长期以来，中国的药材资源和原材料越来越匮乏，再加上各种利益的驱动，人们对这些药材的大肆抢掠，很多药材丧失了适宜的生长环境，造成了很多物种的退化和灭绝。

（一）我国医药资源的开发程度不高

在国内，许多地方还停留在简单的传统工艺上，没有先进的工艺，无法进行深加工，造成了资源的浪费。西藏的雪莲是一种珍贵的中药材，采集的时候，采挖者的技术水平很低，导致药材的品质下降，资源也越来越少。后期的处理无法得到充分地利用，导致了二次资源的浪费。

（二）在临床上的使用不多

近年来，国内对药用植物的研究不断增加，但在生产和临床上应用较少。许多实验都只是理论上的，并不能保证它的有效性和稳定性，也没有一个标准的系统来保证它的安全性和有效性。

三、我国药用植物资源利用的建议

随着医药的普及，人们越来越重视自然药品，加之我国中医学源远流长，对中药的研究有深厚的根基，在此基础上要充分发挥自己的优势，使中药成为中国特色。

（一）更好地使用新技术

传统的技术手段导致了资源的大量浪费，而医药资源的开发和利用，则需要采用先进的技术。在今后的发展中，新技术将被广泛地应用于医药行业，与工业化有着紧密的关系。加快我国药用植物的产业化进程，推动我国医药资源的开发与利用，确保产量和质量的一致性，实现医药开发的产业化。

（二）加速新药研发

我国有大量的药用植物，但是，其经济基础比较薄弱。全国有上万种植物，因此，具有很大的开发潜力。

第二节　药用植物资源可持续发展

一、加强对药物资源有效地保护

药用植物资源的保护是可持续发展的重要物质基础。大力发展医药工业，是实现我国医药资源可持续利用的一个很好的途径，也是一条出路。药用植物资源在未来的发展中具有举足轻重的地位，因此，为了保护和利用这些资源，必须从以下几个方面着手：建立一个具有深远影响的药用植物资源库。同时，要加大优质新品种的培育和纯化复壮、杂交育种和无性系育种等技术，提高原料的质量和数量，以适应市场需要，防止过度利用和保护野生资源。加强对野生动物资源的保护意识，搞好野生动物资源的保护。

二、进行绿色药材的生产

绿色中药是不含农药、重金属含量不超标的中草药。在我国中草药生产中，药物病害的控制一直是一个薄弱环节，在整个中草药生产中，农药和重金属含量超标已经严重地制约了我国中药的出口。因此，要大力发展中药生产技术，培育绿色、安全的中药材，对于促进中药工业发展具有重大的现实意义。

三、坚持突出优势、以绿色健康为原则

在医药资源的开发中，要坚持市场需求，突出优势。既要考虑当前的市场需要，又要考虑长期发展。要加强对监管机构的宏观教育和引导，以最大限度发挥资源的作用。除了采用多种选育或引种方法，增加其活性成分，也可通过地区资源调查，发掘新品种等，是改善种质、探索新药源的重要方法。

四、加强对濒危植物的保护

建立数据库、加强数据库建设等措施，为进一步开发和发展中药产业提供了重要的战略依据。

第五章

药用植物资源与生态环境

| 第一节 | 药用植物与生态环境的关系 |

植物在成长的同时，需要持续吸收外部的阳光、氧气、二氧化碳、无机盐等。与此同时，植物体内也会不断地发生变化、破坏、分解，将多余的物质和能源向外界排放，从而对周围的环境产生一定的影响。对植物产生直接影响的环境因素称为"生态因子"。环境因子包括光、热、水、空气、土壤等非生物因子；生物因子包括动物、植物、微生物、人类等。本节简述药用植物与生态因子之间的关系。

一、光与药用植物

光包含了光的质量、强度和时间。光强、光质与药用植物的生长及光合过程密切相关，如从不同颜色的薄膜遮阴可以看出，人参的生长、根系的增殖、生理特征以及参总皂苷的含量均存在差异。在药用植物的生长和发育中，一天要有14~17小时的光照，这种植物有牛蒡、紫菀、木槿等，通常在北纬60°以上；如要求日短（8h<X<12h），夜长，为短日植物，如菊花、紫苏、牵牛、紫花苜蓿等；对光的长度没有特别严格的规定，有蒲公英、千里光、栀子等。

根据药用植物对光照的需求，可将其划分为：阳性药用植物，如甘草、黄芪、白术等；阴性药用植物，通常在阴凉的环境中生长，例如鹿蹄草、人参、黄连；耐阴药用植物，在强光下生长良好且能承受一定遮阴的，如郁金、桔梗、肉桂；有些品种是喜阴的，成株喜阳生，例如巴戟天、厚朴、五味子、佛手等。

二、热与药用植物

不同的药用植物需要特定的生长环境，而气温又是其地理位置的主要因素。按我国气候状况及药用植物状况，可将其划分为喜热型药用植物，分布于南亚热带地区，如槟榔、砂仁、苏木等；喜温型药用植物，分布于北亚热带和中亚热带地区，如杜仲、枳壳、川芎、白芍、金银花等；喜凉型药用植物，分布于中温带地区，如人参、黄连、枸杞子、知母等；大黄、羌活、冬虫夏草、川贝母等是我国北方和青藏高原地区的一类高寒药用植物。

任何一种药材，其生长和繁衍都需要在特定的环境中进行，比如党参，其生长环境为10~25℃，能承受35℃的高温、-30℃的低温，而安息香、肉桂，则会在1~2℃的时候发生冻害，主要分布在北纬25°以南。

三、水与药用植物

水是植物生长的主要物质，也是植物的生命活动所必需的物质。不同湿度下的药用植物的生理特性、外形和结构非常不同。根据对水分的需求，可以将药用植物划分为旱生型、湿生型、中生型和水生型4种类型。旱生型是一种能在干旱的气候和土壤环境中正常生长的药物，如芦荟、仙人掌、骆驼刺及红花等；湿生型是一种在湿润地区生长的药物，例如翠云草、泽泻、半边莲、灯心草、秋海棠；中生型对水的适应性介于旱生型与湿生型药用植物之间，绝大多数陆生的药用植物均属此类；水生型，包括海藻、莲花、芦苇、香蒲等，在陆地上有一定程度的下沉。

四、土壤与药用植物

土壤是植物生长的基础，植物通过根不断地从土壤中吸取水分和养分。土壤可以分为黏土、砂土和壤土。适合黏土的药用植物有泽泻、黑三棱等；适合壤土的有人参、川芎、白术等；适合砂土的有北沙参、川贝母、阳春砂等。

土壤具有一定的酸性和碱性，有些喜欢酸性土壤，如石松、狗脊草、桂皮、柏树等，有些喜欢中性或碱性土壤，如甘草。款冬适合于中性到碱性的土壤，也适合pH 4的酸性土壤。

土壤富含多种矿物质，植物必需的16种营养素如B、Mo、Mn、Fe、Co的含量极低，称微量元素，N、P、K、S、Ca、Mg称大量元素，而C、H、O是构成植物的主要组成元素，一般不作为营养元素。甘草是一种具有良好药用价值的典型植物，喜钙。近年来，有关微量元素在药用植物中的作用已有许多研究。

五、生物因素

医药植物并非仅存在于无生命的环境中，而是存在于任何地区；任何一种植物都会受到其他动植物的影响。如昆虫传粉、动物传播种子、蚯蚓松土，这是动物对植物产生的作用。天麻与蜜环菌共生，肉苁蓉对藜科植物梭梭有一定的寄生作用，使得其在多个群落中的产量比单独群体的产量高，而小麦和洋葱间作则能增加产量，这是植株之间的交互作用。人类在野生药材的人工变种、引种、试种和品种选育方面起着重要作用。

总而言之，医药植物的生长和发育都是与光照密切相关的；由于水、空气、土壤、生物等因素的交互作用，以及多种生态因素的共同作用，使药用植物的地域范围得以确定。我国现在使用60%的药量来自自己种植的中草药，同时也在进行标准化的种植，了解中草药与生态环境之间的关系，可以让我们更好地认识到中草药品质的差别，从而减少盲目的引种和试种，促进中药品质的提高。

| 第二节 | 生态因子对药用植物次生代谢物的影响 |

一、地理因子的影响

药材分布与地理位置、纬度有关。在特定的经纬位置、地势和地形以及在自然地理环境中，光照、温度、湿度等自然因素对其生长起着至关重要的作用。从表面上来看，地理因素对植物生长有一定的影响，但其本质是通过次生代谢产物的累积，进而对药材质量产生一定的影响。随着环境的不断变化和环境压力的变化，使植物在一定程度上失去了与其他物种竞争的能力。因此，对某些地理因素的调控，既可以对药材的次生代谢产生影响，又能促进道地药材的形成。

二、气象因子的影响

（一）光线

日照时数、光照质量、光照强度对植株的生长发育起着重要作用。光强对不同药材中活性物质累积的作用存在差异。有些是刺激，有些是压制。结果表明，在遮阴条件下，颠茄的阿托品含量可达0.703%，而关键酶——查耳酮合成酶在紫外线和蓝光的作用下，类黄酮合成途径中的苯丙氨酸、查耳酮和其他分支点的酶的积累或活化增强，导致类黄酮、丹宁、木质素等含量增多。

此外，光质还能显著改变药用植物的次生代谢。在相同的光合作用下，白光加蓝光和白光补红光均可增加丹参根中的 丹参酮（DB）含量。

光照时间对药用植物的次生代谢有很大的影响。对一些药用植物来说，随着光照时间的延长和缩短，其药物代谢产物的含量也会发生变化。

（二）气温

气温对植物生长和发育的影响，不仅取决于气温本身，温度还会引起湿度等其他生态因素的变化，从而影响植物的生长和次生代谢产物的积累。

温度适宜，有利于淀粉等无氮物质的合成，而温度较高，有利于生物碱、蛋白质等的合成，温度越低，不饱和脂肪酸含量越高。在药物的细胞培养过程中，温度与其活性组分的含量有着很大的关系。

（三）湿气

水分是植物生命活动必不可少的物质，在不同的湿度条件下，其生理、化学过程都会发生变化，从而影响植物的次生代谢，并对其活性物质的积累产生一定的影响。干旱是一种主要的次生代谢产物累积方式。干旱对银杏叶片中槲皮素的含量有明显的促进作用，但对其生长有抑制作用。而干旱对植物的次生代谢物质的影响则与胁迫程度和发生时间的长短密切相关。短期干旱处理能提高植物的次生代谢物含量；但长期的胁迫，就会产生相反的效果。

三、土壤因子的影响

植物的生长与土壤的状况有着密切的关系，土壤的物理、化学性质以及所含有的多种元素对其生长发育和次生代谢产物的积累起着重要的作用。

（一）土壤结构

不同类型的土壤对水分的保持和渗透性能都不尽相同，因此，要根据不同的生理需求，选用不同的土壤进行水分渗透。土壤可分为砂土、黏土和壤土。砂土渗透性较好，但土壤水分和肥料的保墒作用较弱，根系药用植物更适合砂土；黏土具有较好的保水保肥性能，但渗透性较差，不利于根状药用植物的生长；壤土排除了砂土、黏土等缺点，适合种植根茎类药材。

（二）丰富的要素

药用植物所需的营养物质很多，其来源是土壤自身及外部肥料。在这些因素中，外部肥料会在一定程度上影响药物活性成分。

（三）微量元素

微量元素在一定程度上影响植株的根养分和生理代谢，同时也是药用植物活性物质的主要组成元素。

（四）土壤中的微生物

土壤微生物是一种十分活跃的生物，它既是土壤自然产物的转化者，又是其营养来源，对土壤的物质和能量的循环转换具有十分重要的影响。植物根际土壤微生态系统是由植物根系、微生物、土壤颗粒以及根系及微生物所产生的化学成分组成的。在该生态体系中，根与微生物是一种相互依赖的关系，而微生物的降解与转化则是影响植物生长的关键因素。

第六章

药用植物培养的基本技术

第一节　药用植物组织培养技术

在无菌条件下，将离体的植物器官（organ）、组织（tissue）、细胞（cell）、胚胎（embryo）或原生质体（protoplast）培养在人工配制的培养基上，在人工控制的条件下进行培养，使其脱分化产生愈伤组织，再逐步分化出器官并长成完整的植株的方法，统称为植物组织培养（plant tissue culture）。由于植物组织培养是在试管内进行的，而且培养的是脱离植株母体的培养物，因此也称为离体培养（in vitro culture）或试管培养（test-tube culture）。植物组织培养开始于20世纪初，是以植物生理学为基础发展起来的一项技术。经过各国科学家多年的辛勤探索，现在几乎所有的植物，其器官、组织或细胞都能离体培养成功，其应用也涉及农业、林业、畜牧业、药业等与人们生活息息相关的行业之中，成为一个十分活跃的研究领域。

一、药用植物组织培养的基本原理

药用植物组织培养所依据的理论是细胞的全能性（totipotency）。该理论是Schleiden和Schwan分别在1838年和1839年的细胞理论中提出的，即离体细胞在生理上、发育上具有潜在的"全能性"。这一理论阐明了一个植物体内所有活的细胞，在一定的离体条件下可以逐步失去原有的分化状态，转变为具有分化能力的胚胎细胞，再增殖而分化成完整植株的潜在能力。此理论经过一个世纪的发展，已逐步完善，并对其理论实质及实现途径有了更加清晰的认识，也得到了广泛的证实。现在所认为的细胞的全能性是指植物的每个细胞都具有该植物的全部遗传信息和发育成一个完整植株的潜在能力。

一个已分化的细胞或组织若要表现其全能性，一般要经历两个过程：脱分化和再分化。所谓脱分化（dedifferentiation）是指植物离体的器官、组织、细胞在人工培养基上，经过多次细胞分裂而失去原来的分化状态，形成无结构的愈伤组织或细胞团，并使其回复到胚性细胞状态的过程。脱分化的难易与植物的种类、组织和细胞的状态有关。一般单子叶植物和裸子植物比双子叶植物难；成年细胞和组织比幼年细胞和组织难；单倍体细胞比二倍体细胞难。所谓再分化（redifferentiation）是指离体培养的植物组织或细胞可以由脱分化状态再度分化成另一种或几种类型的细胞、组织、器官，甚至最终再生成完整的植株的过程。

具有全能性的细胞大体上分为3类，即受精卵（合子），发育中的分生组织细胞（包括幼嫩器官细胞），雌、雄配子及单倍体细胞。

二、药用植物组织培养的基本技术

除少数几种植物材料外，一般组织培养都可以诱导形成愈伤组织，但诱导具有器官分化能力、产生胚状体或分化出幼苗的愈伤组织的植物和组织种类受到了很大限制。目前，选择不同材料进行植物组织培养的目的一是探索新的培养技术和方法；二是应用于工农业生产实际。药用植物的组织培养和一般植物的组织培养就技术本身而言并没有什么本质的区别，在此我们就基本的设施和技术介绍如下。

（一）植物组织培养的基本设施

组织培养实验室是进行植物组织培养最基本的设施。实验室设计是由工作的目的和规模决定的，要合理布局，通常按自然工作程序先后安排成一条连续的生产线，避免有的环节倒排增加日后工作的负担或引起混乱。实验室的规模一般应根据科研或生产的需要来确定，房屋可规划为准备室、无菌操作室、培养室等。

（二）常用工具和器皿的准备、清洗和灭菌

1. 常用工具和器皿的准备

（1）接种工具的准备　根据培养方法不同，使用的接种工具也不同。在进行植物组织培养时，常使用的工具有下列几种：①镊子。尖头镊子，适于解剖和分离叶表皮之用；枪形镊子，其腰部弯曲，适于转移外植体和培养物之用。②剪刀。大小解剖剪和弯头剪，适于剪取材料之用。③解剖刀。有活动和固定的两种，活动的可以更换刀片，适于分离培养物之用；固定的适于大的外植体解剖之用。④接种铲。用不锈钢丝制成，常用于试管中愈伤组织的转移。⑤酒精灯。用于金属工具的灭菌和在火焰无菌圈内进行无菌操作。

（2）培养容器的准备　植物组织培养所用的玻璃器皿种类、规格较多，根据条件和需要可采用各种培养瓶皿作培养容器，现已经开始使用一次性透明聚乙烯培养容器。常用的培养容器有下列几种：①三角瓶。适于做各种培养，如液体和固体，大规模培养或一般培养使用。②试管。适于进行花药和单子叶植物长苗培养。③培养皿。适于作简单的固体平板培养、胚和花药培养和无菌发芽。④角形培养瓶。适于液体培养用，如单细胞和原生质体的浅层培养。⑤"T"形管。一种常用的旋转式液体培养试管。"T"形管随旋转床转动而变动位置，培养液移动，使培养物均匀得到养分和空气。⑥罐头瓶。各种罐头瓶都可作为试管苗繁殖用的培养瓶。⑦微室培养器。由载玻片、玻璃杯和盖玻片组成。

2. 玻璃及塑料器皿的清洗

新购置的玻璃器皿只有在彻底清洗之后才能使用。清洗玻璃器皿传统的方法是用洗液（重铬酸钾和浓硫酸的混合液）浸泡约4h，然后用自来水彻底清洗，直到不留任何酸的痕迹。使用洗液时，应避免洗液冲稀或黑棕色变为蓝绿色而失效。洗液具有很强的氧化性、酸性和腐蚀性，使用时必须小心。不过现在大多使用特制的洗涤剂。把器皿放在洗涤液中浸泡足够的时间（最好过夜），先以自来水彻底冲洗，再以蒸馏水漂洗。如果用过的玻璃器皿在管壁上或瓶壁上黏固着干掉的琼脂，最好将它们置于高压灭菌锅中在较低的温度下先使之融化。如果要重新利用曾装有污染组织或培养基的玻璃器皿，极其重要的一环是不开盖即把它们放入高压灭菌锅中灭菌，这样可以把所有污染的微生物杀死。即使带有污染物的培养容器是一次性的消耗用品，在丢弃之前也应先进行高压灭菌，以尽量减少细菌和真菌在实验室中的扩散。将洗净的器皿置于烘箱内在大约75℃的温度下干燥后，贮存于防尘橱中。在进行干燥的时候，各种玻璃容器如三角瓶和烧杯等都应口朝下放置，以使里面的水能尽快流尽。如果要同时干燥各种器械或易碎和较小的物件，应在烘箱的架子上放上滤纸，将他们放置于纸上。

3. 常用工具和器皿的灭菌

培养器皿常常和培养基一起灭菌。若培养基已先灭菌，而只需单独进行容器灭菌时，可采用高压蒸汽灭菌法，也可将其放置于烘箱中在160～180℃下干热处理3h。干热灭菌的缺点是热空气循环不良和穿透很慢。因此，不应把玻璃器皿在烘箱内放得太拥挤。灭菌后待烘箱冷却下来后再取出玻璃器皿。对于一些聚丙烯、聚甲基戊烯、同质异晶聚合物等塑料器皿也可在121℃下反复进行高压蒸汽灭菌。聚碳酸盐（polycarbonate）经反复高压蒸汽灭菌后机械强度会有所下降，因此每次灭菌的时间不应超过20min。

对于无菌操作所用的各种器械，如剪刀、镊子、解剖刀、解剖针等，一般的消毒方法是先在95%（或70%）乙醇（酒精）中浸泡一下，然后置于火焰上灼烧，待冷却后使用。这些器械不但在每次操作前后要这样消毒，在操作期间也还要消毒几次。

（三）培养基及其配制

培养基是植物组织培养重要的基质，它一方面要满足植物细胞的生长，另一方面还要使细胞能合成和积累尽可能多的次生产物，也就是说，培养基必须满足细胞生长和生产必需的营养条件。由于各种植物的遗传特性、生物学特性和生态学特性不一样，因而各种植物需求的营养成分也不尽相同，对培养基成分要求也有差异。但无论如何，培养基中的营养成分、培养基的酸碱条件、培养基的渗透压、培养基的无菌条件等，都与培养成功与否有关。

1. 培养基

培养基为外植体提供营养物质，它通常由两部分组成。一是基本培养基，包括大量元素和微量元素（无机盐类）、维生素、氨基酸、碳源和水。迄今为止，基本培养基的配方有几百种，但较常用的仅有一二十种，如MT、MS、SH、White、N₆等。二是完全培养基，即在基本培养基的基础上，根据各种不同实验的要求，附加一些物质，如各种植物生长调节剂（BA、ZT、KT、2,4-D、NAA、IAA、IBA、GA等），以及其他的有机附加物，包括有些成分尚不完全清楚的天然提取物，如椰乳、香蕉汁、番茄汁、酵母提取物、麦芽浸膏等。

2. 培养基的配制与灭菌

（1）培养基母液的配制　配制培养基时通常使用两种方法，一是直接称取法，即按照培养基的配方，逐一称取需要量，加水溶解，此法较复杂，由于每次配制时加入的微量元素和有机物量较少，故易出差错。二是母液法，即先按类或单个成分配成10倍或100倍定量的母液，再取母液配成需要的培养基，此法简便，误差小，目前较多采用。所以下述内容主要以母液法为主介绍培养基配制的有关内容。

进行植物组织培养时，常将培养基分成4类混合的母液分别配制，这4类母液分别是：①大量元素混合母液，即含N、P、K、Ca、Mg、S的6种盐类的混合溶液，可配成10倍母液，用时每配1000mL培养基取100mL母液。配制时一方面要注意各种化合物必须充分溶解后才能混合，混合时要慢，边搅拌边混合；另一方面要注意混合时化合物的先后顺序，特别是要将Ca^{2+}与SO_4^{2-}、HPO_4^{2-}错开以免产生$CaSO_4$、$CaHPO_4$等不溶性化合物沉淀。②微量元素混合母液，即含除Fe以外的B、Mn、Cu、Zn、Mo、Cl等盐类的混合溶液，因含量低一般配成100倍甚至1000倍的母液，用时每配1000mL培养基取10mL或1mL母液；配时也要注意顺次溶解后再混合，以免沉淀。③铁盐母液，铁盐必须单独配制，若同其他无机元素混合配成母液，易造成沉淀。过去铁盐都采用硫酸亚铁、枸橼酸铁、酒石酸铁等，现今都采用螯合铁，即$FeSO_4$和Na_2-EDTA的混合物。配法是将5.57g $FeSO_4 \cdot 7H_2O$和7.45g Na_2-EDTA溶于1000mL水中，用时每配1000mL培养基取5mL母液。④有机化合物母液，主要是维生素和氨基酸类物质，这些物质即可单独配成母液，也可混合配成母液，单独配成母液时其浓度为1mL含0.1mg、1.0mg、10mg化合物，用时根据所需浓度适当取用；混合配成母液时，也按顺序加入配成100倍母液，用时每配1000mL培养基加10mL母液。

（2）植物激素的配制　每种激素必须单独配成浓度为1mL含0.1mg、0.5mg

或1.0mg激素的母液，用时根据需要取用。由于多数激素难溶于水，因此配制时不能直接加入水中溶解，必须先加入少量乙醇、NaOH或HCl使其溶解后再溶于水中。各种激素的配制方法为：①IAA、IBA、GA₃先溶于少量95%乙醇，再加水定容至一定浓度。②NAA可溶于热水和少量95%乙醇中，再加水定容至一定浓度。③2,4-D不溶于水，可用1mol/L的NaOH溶解后，再加水定容至一定浓度。④KT和6-BA先溶于少量1mol/L的HCl中，再加水定容至一定浓度。⑤ZT先溶于少量95%乙醇中，再加热水定容至一定浓度。

（3）培养基的配制　①依次加入混合母液中的各种成分，即先量取大量元素母液，再依次加入微量元素母液、铁盐母液、有机化合物母液，然后加入植物激素和其他附加成分，最后用蒸馏水定容至所需要配制的培养基总体积的一半。②融化琼脂，即称取应加入的琼脂和蔗糖，融化后加入①中的培养基中，加水定容至所要配制的体积。③用pH计或pH试纸测pH，并用0.1～1.0mol/L的NaOH和HCl对培养基的pH进行调整，一般以5.4～6.0之间为好。④分装，将配好的培养基分装于培养容器内，分装时不要把培养基倒在瓶口上，以防引起污染，然后用棉塞或特制封口纸封好瓶口。⑤用高压灭菌锅进行灭菌，一般在1.11458×10^5Pa的压力，121℃温度下灭菌15～20min。⑥待冷却后从灭菌锅中及时取出，放在同培养室接近的温度下。固体培养基应放平，以免形成斜面。

植物组织培养离不开培养基，而培养基的配制十分烦琐，目前国内外市场上已有专用的粉状脱水培养基（dry medium）产品出现，它将配方中的各营养成分混合、干燥、粉碎而形成一种无水粉状混合物，使用时称取一定量粉末，加入水溶解即成。如果条件允许，购买方便，使用这种培养基可大大减小配制培养基的烦琐程序，节省较多的时间。

（4）培养基的灭菌　组织培养的培养基由于含有高浓度的蔗糖，能供养很多微生物如细菌和真菌的生长。因此，微生物一旦接触培养基，它们的生长速度都比培养的植物组织要快得多，最终将把植物组织全部杀死。这些污染微生物还可能排泄对植物组织有毒的代谢废物，从而影响植物组织的生长。因此，必须保证培养器内部有一个完全无菌的环境。为了达到这个目的，应该注意不要与微生物工作者或病理工作者共用组织培养工作区，另外一经发现有污染，应立刻将污染的培养物拿出培养室进行处理。

将装有培养基的瓶子用专制封口纸或封口棉塞封好，置于高压锅中，由培养基达到要求温度的时刻算起，在1.11458×10^5Pa的压力下消毒15～40min。灭菌取决于温度，而不是直接取决于压力。所需的时间随着要消毒的液体的容积而变化。在冷却被消毒的溶液时，如果压力急剧下降，超过了温度下降的速率，就会使液体滚沸，从培养器中溢出。另外，只有当高压灭菌锅的压力表指针回到零（温度不高于50℃）后，才能打开灭菌锅。

（四）外植体的制备

组织培养的材料称为外植体（explant），其主要形式有器官、胚胎、单细胞、原生质体等。近年来利用各种外植体进行培养有许多成功的报道。从植物体切取的外植体可以是植物体各个部位的组织块，诸如分生组织、形成层、木质部、韧皮部、表皮、皮层、胚乳组织、薄壁组织、髓部组织以及经诱导产生的愈伤组织等；也可是来自从种子萌发所形成的小苗，植物的芽、叶和茎的切段，花的各部以及植物根的切段等器官。由于种子与植物的各部分器官、组织一般都是暴露在自然环境之中，故在制备外植体之前，须先对这些材料进行表面灭菌处理，切割后，即成外植体。

1. 除菌（或消毒）

用于培养的外植体，如果不是取自于种质库和现成的无菌培养材料，而是来自温室或田间（野外）采集，则这些材料带有各种微生物。除菌就是既要把外植体表面的微生物彻底灭死，又要求尽可能少伤害外植体组织和表层细胞的一种技术，所以又称为表面灭菌（或消毒）。不同的培养材料其表面灭菌的程序大体是相同的，只是不同培养材料所用的消毒药品的浓度及所用时间有些不同。由于灭菌剂的种类不同，其杀菌率不同，所以在使用不同药剂时，需要考虑使用浓度和处理时间，对不同植物种类的不同外植体，处理也有所不同。

2. 切割

从母本植株上摘取的材料一般较大，而且也不规则，培养时需切成一定大小的小块或小段，才能接种。一般切成的小块大小为0.5cm×0.5cm，小段的长度为0.5cm。

较大的材料肉眼观察即可操作分离，较小的材料需要在实体解剖镜下放大操作。分离工具一定要放好，切割动作要快，防止挤压使材料受损伤而导致培养失败，也要避免使用生锈的刀片，以防止氧化现象产生。接种时要防止交叉污染的发生，通常在无菌纸上切割材料。有时将用过而已污染的滤纸继续使用，或已用过的工具未继续消毒而继续使用，在这种情况下极易产生一连串交叉污染现象。因此，刀片和镊子等切割用的工具使用一次应放入75%（或95%）乙醇中浸泡，然后烧灼放凉备用。

<table>
<tr><td>第二节</td><td>药用植物组织培养中
存在的问题与对策</td></tr>
</table>

　　植物组织培养指在无菌条件下，利用人工培养基对外植体进行培养的现代生物技术。因其实用价值高，尤其在名优花卉、林果木、特色蔬菜及特色中药材等植物的快繁和脱毒苗生产上，具有其他技术手段无法比拟的优势。随着组织培养技术的深入发展，试管育苗必将成为中药农业和林业上一项快繁的重要途径，在我国许多医药科研和生产单位正迅速开展此项技术工作。但在组织培养过程中，特别是许多初期从事植物组织培养的工作者，因不能掌握组织培养工作中的一些技术环节，常导致工作失败或延误工作进程，使试验无法进行下去，给科研和生产造成巨大经济损失。因此，这里就组织培养过程中公认的污染和褐变难题发生原因及控制措施进行叙述。

一、污染的原因及对策

　　污染（contamination）是组织培养过程中外来微生物迅速繁殖滋长，从而导致培养物感染的现象，是组织培养过程中经常遇到的问题之一。不能把污染率降低到可以接受的范围，也就意味着这项工作宣告失败。因此，控制污染成了组织培养中的首要技术。影响污染的因素多种多样，如外植体的种类，取材的季节、时间，预处理方法，消毒药剂的种类、浓度，消毒时间、消毒方法，培养基和器皿灭菌，操作人员、工作环境的要求，超净工作台的工作质量等都与污染密切相关。但从污染的性质来看，其病原主要分为细菌和真菌两大类，其中细菌主要有棒杆菌、短杆菌、葡萄球菌等，真菌主要有地霉、曲霉、毛霉、根霉、青霉等。

（一）真菌性污染及对策

　　真菌与其他微生物不同，其种类繁多，在自然界中分布非常广泛。绝大多数真菌对营养要求较低，在适宜的条件下就能生长繁殖，如稍不注意，就可造成实验室污染，从而影响组织培养工作的正常进行。一般情况下，不认真遵守实验室无菌规则或操作不慎引起污染，是造成实验室污染的主要原因。如长时间不处理真菌污染的平皿和试管等器材，真菌孢子很容易扩散到空气中；对实验台或净化台不及时消毒处理；甚至有极少数人把带有活真菌的培养皿等实验器材，不经灭菌就直接洗涮、抛弃等均可引起真菌污染。真菌污染可通过完善操作规程、改善培养环境、严格操作程序来克服。

（二）细菌性污染及对策

细菌性污染的主要表现是培养材料附近出现黏液状和发酵泡沫状物体，或在材料附近的培养基中出现混浊和云雾状痕迹，一般在接种后1～2天即可发现。细菌性污染比较复杂，可分为外源细菌污染和内生细菌污染。

1. 外源细菌性污染及对策

外源细菌性污染一般是指外植体带菌、培养基灭菌不彻底、操作不慎而造成的污染。因此要避免污染的发生就要从下述几方面加以注意：首先操作人员在培养基的制备、接种、培养等过程中，严格按照无菌操作顺序操作，特别是培养基的灭菌要保证要求的压力和时间。其次，对外植体带菌引起的污染，要根据不同情况区别对待。因为此类污染与外植体的种类、取材季节、部位、预处理方法及消毒方法等密切相关。一般情况下，取材以春夏生长旺季、当年生的嫩梢为佳，且取材应尽量选择晴天中午进行，或取离体枝梢在洁净空气条件下抽芽，然后从新生组织中取材接种。另外，胚也是一个极好的外植体材料，因为不易污染且具有极幼嫩的分生组织细胞。外植体的彻底消毒是控制污染的前提，应根据不同材料选择合适的消毒剂和消毒方法，有些特殊材料还需进行预处理，为达到最佳消毒效果，对于材料内部带菌的组织，有时还需在培养基中加入适量抗生素。总之，通过努力，污染完全能控制在可接受的范围。

2. 内生细菌性污染及对策

植物内生细菌（endophytic bacteria）是指那些在其生活史的一定阶段或全部阶段生活于健康植物的各种组织和器官的细胞间隙或细胞内的细菌，可通过组织学方法或从严格表面消毒的植物组织中分离或从植物组织内直接产生扩增出微生物DNA的方法来证明其内生，被感染的寄主（至少是暂时）不表现出来外在病症。在植物组织培养中，由于材料内部（细胞内或细胞间）的内生细菌不能被一般的表面消毒方法所清除，随着材料带入培养过程，从而引起的污染称为内生细菌污染或内源细菌污染。内生细菌污染多见于木本药用植物的组织培养之中，解决或减少组织培养中内生细菌污染的关键在于防治，其措施主要如下。

（1）外植体的前处理　外植体的前处理即是通过某种措施使得外植体带菌少，抗污染力强，然后选取适宜的外植体进行培养。对于有些木本植物而言，由于长期暴露在室外，因大气中种种污染源致使严重带菌，因此可行室内栽培或在取材的前一段时间先将露地栽培植株样本掘出，剪除一些不必要的枝条，改为室内栽培，喷布杀虫剂和杀菌剂、施肥，加强管理，以减少表面和内生细菌的污染。如有人在采集外植体前用敌菌丹（captafol）或异菌脲（iprodione）杀菌剂处理田间的披散山龙眼母树，使污染从对照的90%减少至

14%（Rugge，1995年）；也有人在采集材料前，向番木瓜植株喷1000mg/L的庆大霉素（gentamicin），采芽后再用庆大霉素进行处理，同样取得了较好的效果（Mondal，1994年）。

如果是对母枝或外植体的前处理，则主要有以下3条措施：第一，就是将田间采集的枝条用水冲洗干净后插入无糖的培养液或自来水中，使其发枝，然后以这种新抽的嫩枝作为外植体；第二，在无菌条件下对采自田间的枝条进行暗培养，待抽出细长的黄化枝条时取材；第三，用抗生素进行预培养。朱广廉对相思树的芽和茎段灭菌时，用皂液刷洗和乙醇杀菌后，转入0.2%苯菌灵（benlate）和0.2%链霉素溶液中，在摇床上振荡过夜，再用80%乙醇和0.1%升汞分别杀菌1min和15min，灭菌获得了满意的效果。另外也有用其他方法对母枝进行预处理的报道。但也有报道，羧苄西林（carbenicillin）、庆大霉素、卡那霉素（kanamycin）、万古霉素（vancomycin）浓度为5～50mg/L对预防地黄的污染无效。或许与使用浓度较低有关。

（2）灭菌方法的改进　常规消毒灭菌难以杀死外植体中的内生细菌，因此，许多学者根据内生细菌的生存特点尝试了一些简单有效的灭菌方法。这里介绍4种在实践中应用得到证实的方法：①真空减压灭菌。利用真空减压抽走植物组织中的空气使消毒剂更易侵入，从而增强杀菌效果。②磁力搅拌、超声波振动灭菌。这种方法为减少在外植体表面形成的气泡，在浸泡时采用磁力搅拌和超声波振动，从而使消毒液和植物材料紧密接触，以达到彻底消毒的目的。如对紫杉（Taxus cuspidata）的枝条用0.1%升汞磁力搅拌15～20min，再用无菌水磁力搅拌清洗，降低了污染率。③多次消毒（灭菌），就是用不同的消毒剂多次浸泡外植体材料，以除去内生菌。④使用混合的消毒液，即把不同的消毒液按照一定比例混合，然后再用来处理外植体。Singh等（1992年）对宽叶紫荆木的茎段用含聚乙烯吡咯烷酮（PVP）、枸橼酸、维生素C（抗坏血酸）、多菌灵、氨苄西林（ampicillin，Amp）或氯霉素（chloramphenicol，Chl）的混合液预处理，既可减少酚和乳汁的分泌，也减少了污染。对马蹄莲的根用克菌丹（captain）、代森锰锌（mancozeb）、抗生素ABM1和亚胺青霉烯（imipenem）进行预处理起到了抑制内生菌生长的作用（Kritzinger，1998年）。

（3）采用酸化培养基或在培养基中加入其他抑菌剂的方法　酸化培养基就是利用大多数细菌（欧文菌属除外）在介质pH<4.5时不能生长的原理，抑制细菌生长。如在紫菀属、鸢尾属、蔷薇属植物组织培养中，将培养基的pH由5.8调至3.9～4.3，可防止大量的细菌污染（Cooke，1992年）。在培养基中加入其他抑菌剂，如甲基硫菌灵、甲霜灵、多菌灵等，同样也可达到抑制细菌生长的目的。

许婉芳等（1999年）在使用杀菌剂对金线莲组织培养中微生物污染的抑制实验中发现，50%多菌灵的效果优于70%甲基硫菌灵和25%甲霜灵，其抑菌率达100%，且能促进金线莲生长。周俊辉等对细菌抑制的实验表明，丙酸钠、磷酸钠均能耐高温高压，0.3%的丙酸钠有较好的抑菌效果。

（三）常见污染方面的问题及对策

1. 接种前培养基出现大量污染

在组织培养时往往有接种前培养基就出现大量污染的现象，一般这种污染有两种情形：一是菌落只存在于培养基表面且多为真菌，这可能是由于瓶塞不严或放置培养基的空气环境中孢子过多所致；另一种情形是菌落存在于培养基内，这很可能是由各种贮存母液的污染而引起的。另外，培养瓶不洁净或灭菌不彻底也会导致培养基在未接种时即有大量污染。针对上述污染表现的状况，在培养基制作的相应环节上予以注意，就能克服污染的发生。

2. 接种后真菌大面积污染，其菌落位置不定

这种现象可能是接种室的孢子过多或超净台的滤布不洁所致。因此，在日常工作中应经常更换或清洗滤布，并用甲醛熏蒸接种室（将约50mL的甲醛倒入10g左右的高锰酸钾中，使甲醛蒸气散发出来，密闭接种室门窗24h）或用过氧乙酸喷洒接种室并密闭过夜。

3. 接种后在外植体周围出现真菌污染

这种现象往往是外植体消毒不彻底而导致的污染。为此，外植体消毒时一定要针对所选材料选好消毒剂，并严格掌握消毒时间，对一些表面凹凸不平甚至有茸毛的外植体可采用消毒液中滴加吐温－80的办法增加渗透性以提高杀菌效果。对一些特别脏的外植体可在流水下冲洗30min后再行消毒。一般来说，耐受力强的外植体，用0.1%～0.2%升汞效果比较理想。

4. 接种后在外植体周围出现细菌污染

通常镊子带菌或操作台及操作人员的手未消毒干净均会导致这种现象发生。所以要求操作人员严格按照操作规程进行消毒。一般接种前先开启紫外灯30min，然后再开启超净台15min后，用75%乙醇擦洗台面，再将镊子蘸取乙醇后烧红做到彻底消毒，接种时镊子使用1次后（或接完1瓶）即要消毒1次，操作过程中要经常用75%乙醇擦洗手部。

5. 接种前或接种后在培养基表面出现皱褶的白色菌落

这种菌落一般由芽孢杆菌生长形成，它们在条件不适于生长时会形成一种休眠体即芽孢，由于芽孢的耐热力非常强，因而高温灭菌30min并不能杀死它们。一般情况下这种休眠体会存在于培养瓶壁或各种母液中。所以应采取一切措施确

保各种母液均未污染，如培养瓶很久未用或积尘较多，应先在蒸汽锅中于121～123℃下灭菌1h左右后再使用。

二、褐变现象产生的机制及对策

在组织培养切割材料时，组织中的酚类化合物在多酚氧化酶（polyphenol oxidase，PPO）的作用下被氧化产生棕褐色的醌类物质并向培养基中进行扩散，以致培养基逐渐变成褐色，外植体组织也随之进一步变褐而死亡的现象称为褐变（browning）。褐变主要发生在外植体，在植物愈伤组织的继代、悬浮细胞培养以及原生质体的分离与培养中也经常发生，褐变产物不仅使外植体、细胞、培养基等变褐，而且对许多酶有抑制作用，从而影响培养材料的生长与分化。褐变的发生与外植体组织中所含的酚类化合物多少和PPO活性有直接关系。在完整的组织和细胞中，两者是分隔存在的，切割使切口附近细胞受到伤害，酚类化合物外溢，因酚类化合物很不稳定，在酶的催化下迅速氧化，形成褐色醌类物质，进一步与组织中的蛋白质发生聚合，导致整个组织代谢紊乱，甚至死亡。

（一）褐变现象产生的影响因素

影响植物组织培养褐变的因素是复杂的，随植物的种类、基因型、外植体部位及生理状态等的不同，褐变的程度也有所不同；培养基种类、继代次数、外植体接种于培养基中的放置方式、灭菌技术、光照以及培养基中的附加成分等，均对组织培养过程中的褐变现象有影响。在此，我们仅就操作过程中褐变产生的诸多影响因素叙述如下。

1. 外植体的选择

一般情况下不同种植物、同种植物不同类型、不同品种在组织培养中褐变发生的频率、严重程度都存在很大差别。外植体的部位及生理状态不同，接种后褐变的程度也不同。所选材料的年龄、取材部位、材料的大小，以及外植体受伤害程度等均能对褐变产生影响。木本植物、单宁含量或色素含量高的植物容易发生褐变。这是因为酚类的糖苷化合物是木质素、单宁和色素的合成前体，酚类化合物含量高，木质素、单宁或色素形成就多，而酚类化合物含量高也导致了褐变的发生，因此，木本植物一般比草本植物容易发生褐变。已经报道发生褐变的植物中，大部分都是木本植物。也有试验证明，幼龄材料一般比成龄材料褐变轻。如在泡桐和康乃馨刚长成的实生苗上切取茎尖进行培养，接种后褐变很轻，康乃馨基本没有褐变，泡桐的褐化程度也极低；而取成龄树上的茎尖进行培养褐变则较严重，泡桐可达15%左右。

2. 培养基成分及培养条件

组织培养的培养基有固体、半固体和液体3种形式。许多试验证明，液体培养基可有效克服外植体褐变，若在液体培养基中再加上滤纸做成纸桥，则效果更好。其主要原因是在液体培养时外植体溢出的有毒物质可以很快扩散，因而对外植体造成的危害较轻。另外，在初代培养时，培养基中无机盐浓度过高可引起酚类外溢物质的大量产生，导致外植体褐变，降低盐浓度则可以减少酚类外溢，从而减轻褐变。无机盐中有些离子，如Mn^{2+}、Cu^{2+}是参与酚类合成与氧化酶类的成分或辅因子，因此盐浓度过高会增加这些酶的活性，酶又进一步促进酚类合成与氧化。为了抑制褐变，在初代培养期使用低盐培养基，可以收到较好的效果。再者，处在黑暗条件下初代培养，生长调节剂的存在也是影响褐变的主要原因，此时去除生长调节剂可减轻褐变。6-BA或KT不仅能促进酚类化合物的合成，而且还能刺激多酚氧化酶的活性，而生长素类如2,4-D、IAA可延缓多酚合成，减轻褐变发生。最后，抗氧化剂和吸附剂会抑制褐变现象的发生。培养基中加入抗氧化剂可改变外植体周围的氧化还原电势，从而抑制酚类氧化，减轻褐变；加入药用炭和PVP（聚乙烯吡咯烷酮）作为吸附剂可以去除酚类氧化造成的毒害效应。

培养条件不适宜，如温度过高或光照过强，均可使PPO的活性提高，从而加速被培养的组织褐变。高浓度CO_2也会促进褐变，其原因是环境中的CO_2向细胞内扩散，使细胞内CO_3^{2-}增多，CO_3^{2-}与细胞膜上的Ca^{2+}结合，使有效Ca^{2+}减少，导致内膜系统瓦解，酚类物质与PPO相互接触，产生褐变。

3. 茎尖的大小

一般情况下茎尖<0.5mm时，褐变严重，达70%以上；而随着切割长度逐渐增大，褐变逐渐减轻，以7~15mm较轻，成活率达87%。另外，切取外植体时还要考虑其粗度，外植体较细时可切短些，较粗时可切长些。

4. 外植体受伤害程度

外植体受伤害程度也直接影响组织培养材料的褐变，外植体所受的伤害主要包括两个方面：一是机械伤害，二是化学伤害。机械伤害主要是对外植体进行切割时造成的，因此为了有效防止褐变，在切割材料时应尽可能减小伤口面积，并缩短切口暴露在空气中的时间。化学伤害是指接种时的各种化学消毒剂对外植体造成伤害，从而引起褐变。最常用的化学消毒剂有乙醇、升汞、次氯酸钠等，各种消毒剂对材料的伤害程度不同，如乙醇消毒虽然效果较好，但易对材料造成伤害从而导致褐化，升汞则对外植体伤害比较轻。因而，选择合适的消毒剂和消毒方法至关重要。从理论上讲，外植体消毒时间越长，消毒效果越好，但有些消毒剂消毒时间过长可直接杀死外植体材料，随着消毒时间的延长而使得外植体的褐变变得较为严重，因而，消毒时间应掌握在一定范围内，才能保证较高的外植体存活率。

（二）褐变的主要机制

褐变的发生与外植体组织中所含的酚类化合物多少和多酚氧化酶活性有直接关系。很多植物，特别是木本植物都含有较多的酚类化合物，这些酚类化合物在完整的组织和细胞中与PPO分隔存在，PPO定位于植物叶绿体的类囊体和其他类型质体的基质中，而植物体内PPO的底物存在于液泡中，且通常处于潜伏状态，因此，PPO与底物被区域化分开，在正常状况下比较稳定。只有当植物体内发生生理紊乱或组织受损时，PPO与底物的亚细胞区域化才被打破。PPO的底物被激活，在PPO的作用下，底物与氧发生反应产生醌。在组织培养建立外植体时，切口附近的细胞受到伤害，其分隔效应被打破，酚类化合物会外溢。对于外植体本身来讲，酚类从外植体切口向外溢出是一种自我保护性反应，可诱导植保素或物理屏障的形成，以防止微生物浸染组织。但酚类很不稳定，在溢出过程中与多酚氧化酶接触，多酚氧化酶被激活，在其催化下迅速氧化成棕褐色的醌类物质和水。醌类物质又会逐渐扩散到培养基中，会在酪氨酸酶等酶的作用下，与外植体组织中的蛋白质发生聚合，进一步引起其他酶系统失活，从而导致组织代谢活动紊乱，生长停滞，最终衰老死亡。

褐变作用按其发生的机制分为酶促褐变和非酶促褐变，目前认为植物组织培养中的褐变主要是由酶促引起的，主要是由PPO和它的底物进行作用的。酶促褐变必须具有酶、底物和氧3个条件。

引起褐变的酶有PPO、过氧化物酶（peroxidase，POD）、苯丙氨酸解氨酶（phenylalanine ammonia lyase，PAL）等，但最主要的是PPO。引起褐变的底物主要是酚类化合物，按其组成可分成3类：第1类是苯基羧酸，包括邻羟基苯酚、儿茶酚、没食子酸、莽草酸等；第2类是苯丙烷衍生物，包括绿原酸、肉桂酸、香豆酸、咖啡酸、单宁、木质素等；第3类是黄烷衍生物，包括花青素、黄酮、芦丁等。

（三）克服褐变现象的对策

从理论上讲，酶促褐变可以通过以下3种方法加以抑制：一是除去引起氧化的物质——氧；二是捕捉或减少聚合反应的中间物；三是抑制有关的酶。一般情况下可考虑采取以下措施防止褐变。

1. 选择适当的外植体

选择适当的外植体是克服褐变的重要手段。通常外植体应有较强的分生能力，在最适宜的细胞脱分化和再分化培养条件下，使外植体处于旺盛的生长状态，便可大大减轻褐变。不同时期、不同年龄的外植体在培养中褐变的程度不同，成年植株比实生幼苗褐变的程度严重，夏季材料比冬季及早春和秋季的材料褐变的程度强。而冬季的芽进入深休眠状态，不太容易生长，所以最好选用早春和秋季的材料作为外植体。取材时还应注意外植体的基因型及部位，选择褐变程度较小的品种和部位作外植体。

2. 对外植体进行预处理

预处理就是对较易褐变的外植体材料，进行培养前特殊处理的过程。根据褐变的影响因素，把外植体材料放在特殊培养基、特殊条件下预培养，或者是经过特殊的处理手段处理后，然后再接种到培养基上培养，以减轻醌类物质的毒害作用。处理程序大致是：外植体经流水冲洗后，放在 $2 \sim 5 ℃$ 的低温下处理 $12 \sim 24h$，再用升汞或70%乙醇消毒，然后接种于只含有蔗糖的琼脂培养基中培养 $5 \sim 7$ 天，使组织中的酚类物质部分渗入培养基中。取出外植体用0.1%漂白粉溶液浸泡10min，再接种到合适的培养基中，如果仍有酚类物质渗出，$3 \sim 5$ 天后再转移培养基 $2 \sim 3$ 次，当外植体的切口愈合后，酚类物质减少，这样可使外植体褐变减轻。

3. 选择适宜的培养基和培养条件

培养基的选择要适宜，注意培养基的状态、类型。培养基的组成如无机盐、蔗糖浓度、激素水平与pH等也要适宜，培养基中添加的抗氧化剂或吸附剂的种类和用量也应根据不同的培养材料进行恰当选择。初期培养可在黑暗或弱光下进行，因为光照会提高PPO的活性，促进多酚类物质的氧化，因此外植体在黑暗中培养可防止褐变的发生。另外，还要注意培养温度不能过高，温度过高可使多酚氧化酶活性提高，从而加速外植体的褐变。

4. 添加褐变抑制剂和吸附剂

在组织培养中，在培养基中加入一些抗氧化剂、PPO的抑制剂或吸附剂等，或用抗氧化剂进行外植体的预处理或预培养，均可大大减轻醌类物质的毒害。

目前，组织培养中应用的抗氧化剂的种类很多，不同抗氧化剂的效果有所不同。这些抗氧化剂包括：维生素C、维生素E、人血白蛋白（血清白蛋白）、枸橼酸、硫代硫酸钠（$Na_2S_2O_3$）等。在外植体接种之前，在抗氧化剂溶液中浸泡一定的时间，也会收到较好的效果，但时间过长同样也会对外植体产生毒害作用。

PPO的抑制剂主要是一些有机酸，硫脲、二氨基二硫代甲酸钠、2-巯基苯丙噻唑、氯化钠等也是PPO的抑制剂。关于用抑制剂来防止褐变的报道有很多，刘曼西等（1991年）研究了有机酸对马铃薯PPO活性的影响发现，有机酸有抑制PPO活性的作用，还原剂如维生素C、半胱氨酸等也有较强的抑制作用，一定浓度的枸橼酸、苹果酸和α-酮戊二酸均能显著增强还原剂的抑制作用。黄浩等（1999年）认为水解乳蛋白（lactalbumin hydrolysate，LH）的抗褐变机制与两方面的因素有关：一是弱酸性物质可与酚类的羟基作用形成酯类，从而减少PPO作用底物的含量；二是LH竞争性地与底物结合。在水稻细胞的培养基中添加植酸（PA）可防止褐变，PA分子中众多的羟基所产生的抗氧化作用使生色物质的含量下降或PA与PPO分子中的Cu^{2+}络合，从而降低了其活力。添加SO_2和亚硫酸盐可抑制许多酶，包括PPO、脂肪氧化酶、抗坏血酸氧化酶等。亚硫酸盐可以直接抑制酶，它与反应的中间体相互作用，阻止中间体参与反应形成褐色色素，或者作为还原剂促进醌向酚的转变，同时还通过与羧基中间体反应，从而抑制了非酶促褐变。

聚乙烯吡咯烷酮（polyvinylpyrrolidone，PVP）是酚类物质的专一性吸附剂，在生化制备中常用作酚类物质和细胞器的保护剂，它可以去除酚类氧化造成的毒害效应。它的主要作用在于通过氢键、范德华力（van der waals force）等作用力把有毒物质从外植体周围吸附掉。药用炭是一种吸附性较强的无机吸附剂，能吸附各种微量物质和微小颗粒，粉末状的药用炭与颗粒状的药用炭相比吸附性更强，因而可用来防止组织培养中细胞褐变的发生和发展。药用炭除了有吸附作用外，在一定程度上还降低光照强度，从两方面减轻褐变。和抗氧化剂一样，不同吸附剂在不同植物上有效程度不同。

5. 进行细胞筛选和多次转移

在组织培养过程中，经常进行细胞筛选，通过细胞筛选可以剔除易褐变的细胞。一般是在外植体接种后1～2天立即转移到新鲜培养基中或同一瓶培养基的不同部位，这样能减轻醌类物质对培养物的毒害作用，连续转移5～6次可基本解决外植体的褐变问题。此法比较经济简单易行，应是首选克服褐变的方法。

第七章

药用植物原生质体培养与细胞杂交

第一节 # 原生质体培养

植物细胞与动物细胞的重要区别之一就是植物细胞具有细胞壁，除去细胞壁后由细胞膜包裹着呈球形的"裸露"的部分，就是原生质体。原生质体培养（protoplast culture）是指将母体植株的细胞去壁后，把这种"裸露"细胞放在无菌条件下，使其进一步生长发育的技术。它包括材料的选择与预处理、原生质体分离与纯化、原生质体的鉴定与活力测定、原生质体培养与植株再生等几个关键环节。

一、材料的选择与预处理

（一）材料的选择

从理论上讲，任何植物组织和器官都可以作为分离原生质体的材料。但在实际工作中，只有生长旺盛、生命力强的组织和细胞才是获得高质量原生质体的最佳起始材料。这些材料主要包括植物幼嫩的叶片、茎尖，双子叶植物萌发种子的子叶、胚根和胚轴，花粉和雌配子体等性细胞，以及由外植体诱导产生的处于生长旺盛期的愈伤组织和悬浮培养细胞等。

愈伤组织和悬浮培养细胞由于生长快速而稳定，环境条件影响小，易于获得大量高质量的原生质体，成为最常用和有效的起始材料。一般处于生长旺盛期的愈伤组织表面光滑有光泽，结构致密或疏松，呈淡黄色或白色。这种愈伤组织分离得到的原生质体生命力强，易于再生不定芽。一些中草药原生质体培养的经验还证明，以胚性愈伤组织为起始材料是诱导胚状体发生并获得再生植株的关键，如党参、白芷、柴胡、百脉根等。胚性愈伤组织是指具有产生胚状体（embryoid）能力的愈伤组织，胚状体则是指愈伤组织在离体培养过程中产生的一种形似胚（embryo）、功能与胚相同的结构。胚状体起源于单一细胞，具有分化明显的根端和芽端，可以在不附加任何激素的培养基上萌发，发育成完整植株。胚性愈伤组织外部形态因植物基因型的不同而异。总的来说，色泽新鲜、结构松脆、呈颗粒状的愈伤组织多为胚性愈伤组织。显微镜下观察，可见构成这类愈伤组织的细胞大小均匀、细胞壁薄、核大、质浓、液泡呈小的圆球形。用胚性愈伤组织建立的胚性悬浮培养细胞制备原生质体，也是许多中草药原生质体培养采用的主要方式，并成为许多药用植物原生质体培养获得成功的关键，如小茴香、枸杞子、光棘豆、短毛独活等。

（二）材料的预处理

为获得良好状态的供体材料，必要时应对植株或离体材料进行预处理和预培养，其目的是提高原生质体产率和代谢活力；逐步降低植物细胞水势，增强原生质体培养时对培养基高渗透压不利影响的耐受力；使游离原生质体更能适应新的培养条件。目前采用的预处理方法有以下几种。

1. 预培养法

预培养是指在分离原生质体前，先把材料在一定配方的培养基上进行培养的方法。如把羽衣甘蓝叶撕去下表皮，置于诱导愈伤组织的培养基上，预培养7天后再分离原生质体，产量虽低于对照，但培养时细胞分裂频率显著提高，并很快形成能生根的愈伤组织。从控制的生长室中生长的木薯植株上选取充分伸展的叶片，漂浮在含1mmol/L CaCl₂、1mmol/L NH₄NO₃、1mg/L NAA和5mg/L 6-BA的水溶液上，避光培养48h后，再用于分离，获得高产而具高度活力的原生质体。培养后90%以上原生质体能再生细胞壁，60%～75%细胞分裂并形成愈伤组织，部分还分化出了不定芽。黄杉子叶在含高浓度（500mmol/L）NAA和15μmol/L BAP的营养液中预培养8～14天后，原生质体产量显著提高。苜蓿小叶下表皮被撕去后，置含葡萄糖、木糖、丙酮酸钠、枸橼酸、苹果酸、延胡索酸、2,4-D和ZT的琼脂培养基上，置暗中培养36～48h，能大大提高原生质体的产量和植板率。

2. 暗处理法

暗处理是指将材料放在黑暗条件下预培养一段时间后再分离原生质体的方法。如切下豌豆枝条，置于维持一定湿度的暗室中预培养1～2天，所得原生质体存活率较高，并能继续分裂。把生长旺盛的甘蔗植株置于暗处生长12h后，再取茎尖分离原生质体，对以后原生质体生长有利。用同样方法把甘蔗幼苗置于低湿度暗室中处理12～24h，从其具有不完全叶的顶端组织中获得经培养能再生愈伤组织的原生质体。玉米幼苗置暗中生长36～48h，也有利于叶肉原生质体的分离。

3. 药物及添加物处理法

药物及添加物处理法是指将材料先在药物或添加物中处理，然后再进行原生质体分离的方法。如将燕麦叶置于含环己酰亚胺（cycloheximide）溶液中预处理后，能提高原生质体产量、抗自溶性和代谢活力。而用单冠毛菊的悬浮培养细胞也发现，在培养基中加入含硫氨基酸（L-半胱氨酸和L-蛋氨酸）有利于原生质体产量的增加，而其他氨基酸如精氨酸、谷氨酰胺的作用较小。

4. 萎蔫处理法

萎蔫处理法是将离体叶片置日光或灯光下照射2～3h，使叶片稍微萎蔫，以易于撕去下表皮，从而有利于叶肉细胞壁的降解。

5. 更新培养法

有些植物的愈伤组织细胞积累大量淀粉，在分离原生质体前必须在无糖或低糖培养基上更新培养一段时间，才能得到理想的原生质体制备物或增加原生质体的产量。

二、原生质体分离与纯化

（一）原生质体分离的基本技术

高质量的原生质体是获得理想培养效果的根本保证。因此，去除细胞壁时应尽量保持原生质体的完整与活力。

细胞壁是植物细胞特有的一层保护组织，主要由纤维素、半纤维素、果胶质和少量蛋白质等成分组成。根据细胞壁与原生质体剥离方式的不同，可以将原生质体分离的方法分为机械法和酶解法两种。

1. 机械法

机械法是原生质体研究早期所采用的方法。所谓机械法，是指用物理的方法将植物的细胞壁破坏或去除以得到原生质体的方法。其基本操作程序是：首先用高渗溶液处理植物细胞，使之发生质壁分离。发生质壁分离时原生质体会缩成球形，此时如用剪刀将细胞剪碎，或用刀将细胞切破，就可能切开一些细胞的细胞壁，而不损伤内部的原生质体，获得少量完整的原生质体。机械法的优点是仅用物理方法损伤细胞，避免了外加酶制剂对离体原生质体结构和代谢活性的不利影响，对原生质体的生长有利。缺点是需要手工操作，难度较大，而且只能从高度液泡化的细胞中分离得到有限的原生质体，无法获得分生组织等不能进行质壁分离的组织细胞的原生质体，使取材也受到一定限制。由于难以进行原生质体的大量制备，机械法现已不常用。

2. 酶解法

1960年，英国诺丁汉大学科学家Cocking教授首次用纤维素酶从番茄幼苗根尖中游离出大量原生质体，开创了酶解法制备原生质体的先河。所谓酶解法，就是在具有一定渗透压的溶液中用细胞壁降解酶对细胞壁进行消化，然后用离心或过滤等方法将原生质体与细胞碎片等杂质分开的方法。该法的优点是操作简便，原生质体完整性好、活力强、产量高；缺点是酶制剂及其中的某些成分会对原生质体产生毒害作用，影响到原生质体的正常生长。

酶解法分离原生质体有顺序法和直接法两种。将几种酶制剂分别配制成酶溶液，依次作用于植物细胞，使细胞壁逐步降解而得到游离原生质体的方法称为顺序法。顺序法分离烟草叶肉原生质体时，叶片洗净和表面灭菌后，用镊子撕去下表皮并切成小块，首先放入0.5%果胶酶Macerozyme R-10（含0.3%葡聚糖硫酸钾和0.7mol/L甘露醇，pH 5.8），抽气减压3min，让酶液渗入组织，于25℃下保温15min（保温时轻轻振荡），这时溶液内有少量从破损的细胞流出的细胞内含物。倒去酶液，重新加入新配制的酶液，以后每30min更换一次酶液，约2h细胞酶解完毕。离心，收集细胞，用洗涤液（0.7mol/L甘露醇、0.1mmol/L CaCl$_2$，pH 5.4）洗涤数次。收集的单细胞再加入2%纤维素酶onozuka R-10（0.7mol/L甘露醇配制，pH 5.4）保温2~3h，此时可以得到游离的原生质体，洗涤液洗涤2次，100g离心1min，最后将原生质体悬浮在培养液内备用。直接法是将几种酶制剂配制于同一酶解液中，同时作用于植物细胞使细胞壁降解而获得游离原生质体的方法。顺序法由于操作复杂而无明显优点已很少使用，直接法则由于操作简便而有效被广泛应用。

（二）原生质体纯化

酶解后的原生质体需要先进行纯化，以除去多种杂质和酶制剂。常用来纯化原生质体的方法主要有以下几种。

1. 过滤-离心法

过滤-离心法（filtration-centrifugation method）综合利用了杂质与原生质体孔径大小和沉降系数不同的特点而将原生质体从杂质中分离出来。操作时首先用40~100μm孔径的网筛过滤细胞混合液，除去孔径较大的未消化细胞、细胞团和筛管、导管等杂质；再低速（一般为500r/min以下）离心1~5min，使原生质体下沉，细胞碎片留在上清液中，小心吸去上清液；随后用洗涤液（一般为不加酶制剂、其他成分与酶解液相同的高渗液，如CPW盐等）悬浮沉淀，低速离心，吸去上清液。如此反复3~4次，最后一次用培养液悬浮并洗涤原生质体。这种方法的优点是操作简便易行，缺点是原生质体纯度相对较低。

2. 漂浮法

漂浮法（floating method）利用原生质体比杂质密度小的特点，使原生质体浮于液体的上层而与杂质分开。操作时首先将酶解混合液与一定渗透压的溶液（如25%蔗糖或山梨醇溶液）混合，轻轻混匀，静置；原生质体浮于液体表面后，用吸管收集；随后用洗涤液和培养液分别悬浮洗涤一次。这种方法的优点是制备的原生质体比较纯净，缺点是原生质体丢失较多。

3. 梯度离心法

梯度离心法（gradient centrifugation method）又称为密度梯度离心法（gradient densities centrifugation method）。该法利用了物质在具有密度梯度的溶

液中离心时，会逐渐沉降到与自身密度相同区域的特性。操作时首先用特定的介质产生一定范围的密度梯度，由于原生质体与杂质密度不同，离心后会悬浮到不同的介质密度区。纯化原生质体通常选用聚蔗糖（Ficoll）溶于其他盐类（如CPW盐）和7%山梨醇中产生6%～9%密度梯度。酶解后的混合液在这种梯度介质中低速离心时，原生质体会浮于液体上方，细胞残片等逐渐沉于下层；此时用吸管吸取上方原生质体，再用洗涤液和培养液洗涤，就可以得到纯化的原生质体。这种方法优点是收集的原生质体的纯度高、数量多；缺点是需要特定的介质产生密度梯度。

4. 沉降法与漂浮法结合法

沉降法与漂浮法结合法（sedimentation-floating method）利用了原生质体与杂质沉降系数和密度的差异，通过在两种不同溶液（洗涤液和纯化液）中离心使原生质体得到纯化。操作时先将酶解混合液低速离心，原生质体由于沉降系数较大而沉于试管底部，吸去上清液；将得到的原生质体悬浮于纯化液中（含21%蔗糖的洗涤液）离心，此时由于原生质体密度较小而漂浮在液体表面；收集原生质体，再重新悬浮于洗涤液中，离心，收集沉于底部的原生质体。如此重复1～2次，就可得到纯净的原生质体。

三、原生质体鉴定与活力测定

（一）原生质体鉴定

原生质体鉴定主要是判断是否获得了细胞壁解离完全的真正的原生质体，常用方法有以下两种。

1. 低渗爆破法

没有了细胞壁的保护，原生质体对外界环境渗透压的变化较为敏感，极易吸水胀破。把原生质体放入低渗溶液中，显微镜下观察其吸水胀破过程。如果原生质体还带有部分细胞壁，则原生质体从无壁部分吸水向外膨胀直到胀破，破碎后留下的残迹仍保持半圆形的细胞壁；如果原生质体不带有细胞壁，胀破后其残迹是无形的。

2. 荧光染色

荧光增白剂与细胞壁中纤维素结合在荧光显微镜下会发出绿色荧光。利用这一特性可用荧光增白剂来检测植物细胞脱壁的效果。操作如下：把原生质体放置在离心管中，加入0.7mol/L甘露醇配制的0.05%～0.1%荧光增白剂溶液染色5～10min，用离心法洗去多余染料；荧光显微镜下观察（波长360～440nm），有绿色荧光表明有纤维素存在，说明原生质体解离不完全；发红色荧光表示细胞为无纤维素的真正的原生质体。

（二）活力测定

植物原生质体活力的高低是衡量原生质体质量的重要指标之一。测定原生质体活力可以通过以下方法进行。

1. 胞质环流法

显微镜下观察原生质体是否存在胞质环流可判断原生质体的活力。有胞质环流的为活细胞，否则为死细胞。此法的优点是简单直观，缺点是不易将原生质体与带有部分细胞壁的细胞区分开。

2. 渗透压变化法

若将原生质体放在渗透压低于原生质渗透压的溶液中，其体积能膨胀；放在较高渗透压的溶液中其体积会收缩，这样的原生质体为活原生质体，而不改变体积者为死细胞。

3. 染色

活细胞的原生质体膜具有选择性吸收环境中某些物质的能力。根据所用活性染料的不同又可分为酚藏花红（phenosafranine）法和伊文思蓝（evan blue）法。有活性的原生质体能吸收酚藏花红（浓度为0.01%）而显红色，没有活力的不能吸收染料而显白色；伊文思蓝法则正好相反，有活力的细胞不吸收伊文思蓝（浓度为0.25%）为无色，没有活力的细胞吸收染料而呈蓝色。

4. 氧电极法

氧电极法综合利用了活细胞能进行光合作用和呼吸作用的能力。有活性的原生质体在光照下可进行光合作用而放氧，无光照时进行呼吸作用而耗氧。因此，可用氧电极通过测定氧的变化来确定细胞是否具有活力。

5. 荧光素双醋酸酯染色

荧光素双醋酸酯（fluorescein diacetate，FDA）本无荧光，无极性，可透过完整的原生质体膜，进入原生质体后，被酯酶分解为具荧光的极性物质荧光素，它不能自由出入原生质体膜。因此，FDA处理后有活性的原生质体便产生荧光，而无活性的原生质体不能分解FDA，无荧光产生。FDA染色由于准确率高而成为目前最常用的方法。

（三）活力计算

原生质体活力通常用有活力的原生质体占总观察原生质体百分数来表示，即：

$$原生质体活力（\%）= \frac{有活力的原生质体数}{观察的总原生质体数} \times 100\%$$

四、原生质体培养与植株再生

植物原生质体研究的主要目的之一是获得完整的再生植株。原生质体只有在适宜的外界环境下才能再生出细胞壁，进行正常的细胞分裂和增殖，进而再生出完整小植株。由于没有细胞壁的保护，原生质体对外界的反应极为敏感，培养基的组成、培养条件和培养方法等都会影响其正常的生长发育。因此，与植物组织、器官和细胞培养相比，原生质体对培养过程中各种条件的要求更为苛刻。

（一）原生质体的培养基

植物原生质体培养中，KM8P、NT、LS、MT、MS和B_5等是最常用的几种培养基，中草药的原生质体培养亦是如此。这些培养基的成分主要包括渗透压稳定剂（碳源）、无机盐、有机成分和激素等。

1. 渗透压稳定剂（碳源）

适宜的渗透压是原生质体存活和进一步分裂生长的必要条件。培养基中需要一定浓度的渗透压稳定剂来维持原生质体的稳定。渗透压过高，原生质体会发生皱缩直至失去活力；渗透压过低，原生质体会膨大并破碎。常用的渗透压稳定剂有蔗糖、葡萄糖、甘露醇及山梨醇等糖类物质，它们既保持了培养基的渗透浓度，又是原生质体生长发育所必需的碳源。

2. 无机盐

无机盐是培养基的主要组成成分，包括氮、磷、钾、钙、镁、硫和铁等常量元素，以及锰、锌、钼、铜和钴等微量元素。一般认为，比细胞培养基中含量低的常量元素对原生质体的培养较为有利。Ca^{2+}和NH_4^+对原生质体的培养影响最大，Ca^{2+}能保持原生质体膜的电荷平衡，较高的Ca^{2+}浓度能提高原生质体的稳定性，应用常量元素减半的MS培养基时，Ca^{2+}的浓度一般并不降低。氮源是植物细胞不可缺少的营养，但较高的NH_4^+浓度对原生质体的发育极为不利。实验证明，降低培养基中NH_4^+浓度能明显促进原生质体的持续分裂。许多中草药原生质体培养基还采用去除铵盐而用有机氮如谷氨酰胺、水解酪蛋白或氨基酸等作为氮源，如银杏雌配子体原生质体采用去除NH_4NO_3附加1000mg/L谷氨酰胺MT培养基、毛花猕猴桃原生质体采用去除NH_4NO_3附加100mg/L水解酪蛋白的MS培养基等，均取得了很好的实验结果。

需要注意的是，不同植物对无机盐种类的反应不完全一样，如人参细胞原生质体在含MS无机盐培养基中不能分裂或分裂频率很低，党参原生质体在MS培养基中也很少分裂，而MS培养基的常量元素和微量元素却是一些伞形科植物如白芷、短毛独活等原生质体最适宜的成分。可见，培养基中无机盐成分需根据实际情况进行调整。

3. 有机成分

原生质体的生长发育需要氨基酸、维生素等有机成分。KM8P培养基就是为适应低密度原生质体培养而设计的含有丰富有机成分的培养基，其中含有维生素、氨基酸、有机酸、核苷酸、糖及糖醇等。有文献报道，水解酪蛋白、谷氨酰胺和羟脯氨酸等可以提高紫草和水飞蓟原生质体的分裂频率；有机酸（如丙酮酸、苹果酸、枸橼酸、延胡索酸等）能提高烟草原生质体的植板率；多胺（如腐胺、精胺、亚精胺及精氨酸等）可以促进巴旦杏原生质体分裂。但是，不同植物对有机成分的反应也不尽相同，如尸胺有利于燕麦原生质体的稳定，却不利于巴旦杏的细胞分裂。所以，有机成分的种类和浓度也需根据具体情况适当增减。

4. 激素

培养基中的激素组成对原生质体细胞壁的再生、细胞分裂、细胞团形成乃至以后的器官分化都是非常重要的，不同材料的原生质体培养对激素种类和浓度的要求差异很大，没有统一的标准。尽管如此，也并非没有一定的规律可循。总的来说，生长素和细胞分裂素是原生质体生长所必需的，而且两者的搭配要适当。培养前期，为启动细胞分裂，生长素的作用往往更为重要，对原生质体生长的影响也最大。如在草木樨状黄芪的原生质体培养时，培养基中2,4-D的浓度为1.0mg/L左右时，最有利于原生质体的分裂和愈伤组织的形成；浓度过低则不利于原生质体存活和分裂，并且褐化现象明显；浓度过高虽可提高原生质体的存活率和分裂频率，却不利于细胞团的进一步发育和分化。

5. pH

pH也是影响原生质体及再生细胞生理活动的因素之一，多数植物原生质体培养适宜的pH为5.6~5.8，也有个别例外，如水飞蓟原生质体培养时pH提高至6.0~6.2有利于原生质体分裂。

原生质体在培养中对营养成分的需求既有共性，又存在差异。这些差异可能与不同植物细胞生物代谢途径不完全相同有关，而这又与植物的遗传特性密切相关。因此，在对新物种的原生质体进行培养时，可参考植物系统进化中较为相近物种的组织或细胞培养所用培养基的组成。中草药原生质体培养时，还需注意有些物质的添加可能会促进或抑制其有效活性成分的生物合成，这对于高产株的育种极为重要。中草药原生质体培养如能结合有效成分分析进行将会更有意义。

（二）原生质体培养条件

原生质体在培养初期极其脆弱，如果光、温度、湿度等培养条件不适合会引起培养基成分的变化，对原生质体正常生长发育不利。

1. 光照

原生质体的培养初期适宜在黑暗或弱光下进行。一般带有叶绿体的原生质体初期培养时最好置于散光下，光照强度可控制在400~1500lx，形成愈伤组织后可改变为2000lx以上，以后逐渐与植物组织细胞培养接近。

2. 温度

一般25~28℃较为适合。尤其是初始培养温度宜低不宜高，当细胞壁形成后，细胞才可以忍受较高温度。

3. 渗透压

刚游离出来的原生质体培养时必须保持高渗透压状态，形成细胞壁后渗透压可逐步降低。高等植物原生质体可在培养2周后开始逐步降低渗透压，低等植物如真菌、海藻类原生质体，可在培养第4~6天后逐渐降低渗透压，过早或过晚降低渗透压都对原生质体正常的生长发育不利。

（三）原生质体培养方法

原生质体培养方法有多种，可分为固体培养、液体培养、固液结合培养3大类。

1. 固体培养法

固体培养法（solid medium culture）就是将原生质体包埋在固体培养基中进行培养的方法。操作时首先将热融的含凝胶剂的培养基冷却到适宜温度，再与悬浮在培养液中的原生质体悬液等量混合，倒入平板，形成1~2mm厚的薄层，凝固后原生质体即被包埋在凝胶剂培养基中。固体培养法培养时，由于原生质体被机械地彼此分开并固定了位置，避免了细胞间有害代谢产物的影响，并便于定点观察和追踪单个细胞的发育过程。缺点是通气性差，不易补加新鲜培养基。

琼脂、藻酸盐、琼脂糖等都可以用作凝胶剂，但以琼脂糖的效果最佳。琼脂糖不仅熔点低，而且能促进原生质体再生细胞分裂，是一种优良的培养基凝胶剂，在原生质体培养中的应用日益广泛。固体培养法还可以分为琼脂糖平板培养法、饲养培养法和固体共培养法等。

2. 液体培养法

液体培养法（liquid medium culture）就是将原生质体直接悬浮在液体培养基中进行培养的方法。这种方法操作简便，对原生质体伤害小，便于添加新鲜培养基和培养物的转移，是目前较为常用的原生质体培养方法之一。缺点是原生质体在培养基中分布不均匀，容易造成局部密度过高或原生质体相互粘连而影响进一步的生长发育，尤其是难以定点观察单个原生质体的发育过程。因此，液体培养法多适用于容易分裂的原生质体的培养。液体浅层静置法和微滴培养法是液体培养法中最为常见的两种。

3. 固液结合培养法

固液结合培养法（solid-liquid medium culture）是将固体培养和液体培养结合的培养方法。利用固液结合培养可以使固体培养基中营养成分（或细胞的代谢产物）慢慢地向液体中释放，以补充培养物对营养的消耗；而液体培养物中所产生的一些有害物质，也可被固体部分吸收，有利于原生质体的生长。固液结合培养法主要有双层培养法、饲养层培养法、琼脂糖珠培养法、琼脂糖岛培养法、琼脂糖包埋法和纤维支柱培养法等。

（四）原生质体发育与植株再生程序

原生质体长成肉眼可见的愈伤组织后，就可以转移到分化培养基上诱导器官分化。分化培养基与原生质体培养基的区别在于：不加高浓度的糖类作渗透压稳定剂；生长素浓度逐渐降低，同时逐渐强化细胞分裂素作用。此时可以借鉴已建立的相同或相关材料组织培养中植株再生的培养条件。

原生质体分裂增殖至再生成完整植株是一个连续的过程，可人为地分为几个阶段：细胞壁再生、细胞分裂、愈伤组织或胚状体的形成和植株再生。

1. 细胞壁再生

原生质体培养首先修复或形成新的细胞壁。适宜的培养条件下原生质体在短时间内开始膨胀、叶绿体重新排列。显微镜下观察，可发现原生质体逐渐由球形变成椭圆形，这标志着细胞壁的形成。细胞壁修复或细胞壁再生的时间因材料、培养方法等因素的不同而存在很大差异，从几小时到几天不等。

2. 细胞分裂

细胞壁形成后，紧接着就发生细胞分裂（cell division）。此时在显微镜下观察可见细胞质逐渐增加，色素体扩大，细胞颜色变深，最初在细胞中央形成横隔板，继而一分为二，这就是细胞分裂。不同材料来源的原生质体出现细胞分裂的时间不同，如硬紫草原生质体在培养后1～2天开始分裂，银杏雌配子原生质体需要4～6天，山杏则需要5～6天。培养方法也影响着细胞的分裂时间，同样是硬紫草原生质体，用液体浅层静置培养时1～2天即可出现第1次分裂，若用双层培养法则需要6～7天才开始分裂。

3. 愈伤组织或胚状体的形成

细胞不断分裂首先形成小细胞团，持续地增长就会形成愈伤组织或直接形成胚状体（embryoid）。无论是形成愈伤组织还是形成胚状体、细胞良好的生长状态都是植株再生的根本保证。一般来说，避光培养时为淡黄色、光照培养下呈黄绿色的疏松颗粒状愈伤组织，胞质较丰富，细胞的核质比高，细胞活力强，是生长良好的细胞，进一步诱导可以分化出不定芽或直接形成胚状体。

4. 植株再生

植株再生（regeneration of plantlet）有器官分化和胚状体发生两种途径。器官分化途径主要是通过调节培养基中生长素和细胞分裂素的比例，应用分步诱导的方式（如首先诱导出不定芽，再诱导不定根）获得再生植株。如菊花花瓣原生质体、中华猕猴桃叶肉原生质体的再生植株。胚状体诱导途径主要是来自胚性愈伤组织和胚性悬浮培养细胞的原生质体再生植株的发生途径，它不需分步诱导，可直接经胚状体发育成完整的小植株。目前用这种方法获得再生植株的中草药有多种，如党参、白芷、短毛独活等。

胚状体发生与器官分化相比，具有结构完整、再生植株多、成苗率高、生长速度快等特点，对植株再生具有重要意义。选用胚性愈伤组织或胚性悬浮培养细胞为起始材料是原生质体培养诱导胚状体发生的关键。诱导胚性愈伤组织的材料主要是分化潜力大的外植体，如未成熟的胚、幼花序、幼叶或成熟胚等。

五、药用植物原生质体培养

酶法制备原生质体大大促进了原生质体的研究，使该领域进入到迅速发展的阶段。由于在原生质体分离、培养、融合和转化等的研究中所取得的成果，植物原生质体研究成为植物组织和细胞培养中最为活跃的研究领域之一。1970年日本的Takebe和Nagata首次对烟草叶片原生质体进行培养获得再生植株。据不完全统计，至今已有46科160多属360多种植物（包括亚种、变种）的原生质体培养成功获得了再生植株。作为经济植物的一类，药用植物的原生质体培养也已广泛展开，并取得一定成果。

药用植物有效成分的稳定和提高是关系到中药材质量的主要问题，也是人们在中草药遗传育种中最关注的问题。原生质体培养在这方面的应用虽然大多数仍停留在基础研究阶段，但已显示出一些颇有价值的前景。通过原生质体培养能得到由单细胞衍生出来的体细胞克隆，这是药用植物筛选高产、稳定细胞系的良好途径。Constable等对长春花单一叶片原生质体衍生的76个细胞系生物碱含量的研究结果发现，由原生质体衍生的细胞系所含生物碱谱的变异要比来源于不同植株上诱导产生出来的愈伤组织及细胞悬浮物小。类似的结果也出现在天仙子原生质体培养中。Fujita等利用原生质体培养，筛选出15个紫草宁高产的细胞系，其最高活性为亲本的两倍，且在继代培养中稳定表达。

由此可见，原生质体培养是筛选有效成分高产细胞系的新思路。由这种高产的细胞系进一步诱导获得的再生植株，则可能成为有效成分含量提高的植物品系，这也是许多科研工作者孜孜以求的目标。

（一）药用植物原生质体培养现状

原生质体培养在遗传育种和培育优质细胞系中的重要意义已为科研工作者所重视，20世纪60年代我国就已有中草药原生质体培养的报道。迄今，国内外学者已在多种药用植物的原生质体培养方面取得可喜的进展，许多较难操作的物种诸如木本植物的红豆杉、银杏，单子叶植物中的百合、萱草等都取得了阶段性的结果。

我国现有的药用植物资源分属于菌类、藻类、地衣类、苔藓类、蕨类及种子植物等不同的植物类群，虽然不同植物原生质体对培养过程中各种因素的要求存在着明显的差异，但属于同一科属的植物或材料来源相同的原生质体在培养过程表现出的某些共性或相似性，也可以为我们应用该技术培育品质优良的中草药资源提供便利。

（二）几种重要药用植物的原生质体培养

灵芝、人参、半夏和银杏都是重要而常用的中草药，分属于菌类、双子叶、单子叶和裸子植物；就制备原生质体的起始材料来看，灵芝为菌丝体，人参为悬浮培养细胞，半夏为叶片，银杏为雌配子体。这4种植物原生质体培养工作具有一定的代表性，可以为其他中草药原生质体培养提供一些有益的借鉴。现就这4种中草药的原生质体制备、培养过程及研究现状进行介绍。

1. 灵芝的原生质体培养

灵芝（*Ganoderma lucidum*）是真菌类植物，以滋补强壮、扶正固本、延年益寿等独特功效而驰名中外。灵芝不仅含有人体必需的氨基酸、脂肪酸、常量及微量元素、维生素C、维生素E等营养成分，还含有灵芝多糖、三萜、核苷、生物碱等多种生物活性物质。现代药理研究表明这些活性成分具有抗肿瘤、抗衰老、抗菌、抗病毒以及提高人体免疫力等重要功能，因此成为近年来研究的热点之一。如何利用生物工程手段对灵芝菌株进行种质改良以提高子实体或菌丝体中生物活性成分的含量，是目前迫切需要解决的问题。由于灵芝孢子萌发困难，以此作为育种对象效率低下且方向性差。以灵芝原生质体进行遗传育种，既可以采用诱变方式，也可以利用细胞融合进行，且采用诱变育种时其突变频率将大大提高，为获得优质高产的灵芝菌株提供了更多可能。

在灵芝原生质体制备和再生研究中，酶解和再生的条件因菌株的不同而不尽相同，以下方法具有一定的普遍性。

（1）材料准备　无菌状态下，液体培养灵芝菌丝体。当其处于对数生长期时，将菌液转入离心管，3000r/min离心10min，0.6mol/L甘露醇洗涤3次，收集幼嫩菌丝。

（2）酶解液配制　用于游离灵芝原生质体的酶解液选用2.5%溶壁酶（lywallzyme）与0.5%崩溃酶（driselase）的复合酶，0.6mol/L甘露醇为渗透压稳定剂，pH 5.8，经0.45μm微孔滤膜过滤除菌，冰箱放置备用。

（3）原生质体制备　按300mg湿菌丝加1mL酶解液的比例在收集到的菌丝中加入酶解液，30℃酶解2.5h；G3砂芯漏斗过滤，4000r/min离心10min，所得沉淀即为原生质体；0.6mol/L甘露醇洗涤沉淀2次，得到纯净的原生质体；用0.6mol/L甘露醇悬浮沉淀，血细胞计数板计数。

（4）原生质体培养　首先取一定量计数后的原生质体悬液接种于液体培养基中培养3～5天，再采用单层平板培养法或双层平板培养法进行培养。培养基选用MYG培养基（麦芽糖10g/L，葡萄糖4g/L，酵母粉4g/L，溶于0.6mol/L甘露醇中）或纤维二糖培养基（纤维二糖15g/L，蛋白胨2g/L，酵母粉4g/L，溶于0.6mol/L甘露醇中）。单层平板培养是指将原生质体悬液直接涂布在含1.5%琼脂的培养基固体平板上；双层平板培养是指接种前先在培养皿内铺一层含1.5%琼脂的固体培养基，冷凝后，将原生质体悬液与预热的半固体状态的培养基（含0.2%琼脂）混匀，倾倒于固体培养基底层平板上，形成一固体薄层。用上述方法于26～28℃培养3天后，即可在平板上看到再生的灵芝菌落。

真菌类植物中有许多具有药用价值，在我国有着悠久的应用历史，如茯苓、灵芝、冬虫夏草、马勃、鬼笔等。现代医学研究证明，它们含有多种不同的有效药用成分，在增强机体免疫力、保护肝脏、抑制肿瘤等方面具有独特的作用。因此，不仅是灵芝，其他药用真菌的研究也逐渐引起国内外学者的重视。而药用真菌优良品种的培育也将是一个不容忽视的研究领域，灵芝成功的经验可以为真菌原生质体育种及不同菌株的杂交育种提供有益的参考。

2. 人参的原生质体培养

人参（*Panax ginseng*）为五加科植物，以干燥根入药，有效药用成分有人参皂苷、生物碱、萜类和人参多糖等。人参具大补元气、固脱生津、安神益智之功效，是名贵的滋补强壮药物，目前大量用于药物、食品、化妆品等许多方面，有着巨大的经济价值。由于人参生长缓慢（长达5～7年），且对生长环境要求苛刻，给传统育种和大规模生产带来困难。随着植物组织与细胞培养技术的发展，利用生物技术提高人参或其培养物中人参皂苷的含量并用于工业化生产，成为这一领域科研工作者所致力研究的方向。人参的组织培养工作早在1964年就已开展，现在已成功从愈伤组织获得了再生植株；细胞培养和毛状根培养方面也取得可喜成果，原生质体培养在育种方面诱人的前景也吸引了一部分科研工作者。人参原生质体的培养开始于1988年。1991年Angel等获得了人参原生质体的再生植株。下面以前人工作为基础对人参原生质体培养获得再生植株的过程进行介绍。

（1）材料准备　用于游离人参原生质体的起始材料为悬浮培养细胞。收集培养细胞，用不含酶制剂的洗涤液（6mmol/L $CaCl_2$、0.7mmol/L KH_2PO_4、0.6mmol/L甘露醇）悬浮并洗涤1次，重新悬浮于洗涤液并静置5～10min，低速离心，收集细胞。

（2）酶解液配制　酶解液组成为：2%纤维素酶（cellulase）、0.7%果胶酶（Pectinase）、6mmol/L $CaCl_2$、0.7mmol/L KH_2PO_4及0.6mmol/L甘露醇，pH 5.6～5.8。0.45μm微孔滤膜过滤除菌，冰箱放置备用。

（3）原生质体分离　按1g起始材料10mL酶解液的比例将配制好的酶解液加到收集的悬浮培养细胞中，轻轻混匀，28～30℃轻轻振荡消化2～3h；400目铜网过滤除去未消化的细胞团及细胞碎片，500g离心5min，沉淀原生质体，吸去上清液。先用洗涤液或CPW盐溶液洗涤2～3次，低速离心，沉淀即为游离的原生质体。梯度密度离心法进行纯化，原生质体液体培养基KM8P、67V或MS等洗涤1次，重新悬浮在适当体积液体培养基中。血细胞计数板计数。

（4）原生质体鉴定及活力检测　低渗爆破或荧光染色鉴定细胞壁解离效果结果，荧光素双醋酸酯染色检测原生质体活力，并计算活力百分数。

（5）原生质体培养　人参原生质体培养基选用67V-D，其成分为67V的无机盐、KM8P的有机成分及维生素，附加椰乳2ml/L、甘露醇2%、葡萄糖11%、2,4-D 0.2mg/L、玉米素0.5mg/L、6-BA 0.5mg/L和NAA 0.1mg/L（pH 5.8）。培养条件为22～25℃下黑暗培养，培养方法采用液体浅层静置培养，培养过程中逐渐降低渗透压：培养3天时添加0.5mL新鲜培养液，以后每隔7天添加0.2mL新鲜培养液，培养液中甘露醇和葡萄糖浓度逐渐降低。35天后可见到几十个细胞团，转移到67V-D培养基上小细胞团生长较快，再过25天便可长成2～3mm的小愈伤组织，再转移到MS或N6固体培养基上即可形成较大的愈伤组织。

（6）器官分化和植株再生　将愈伤组织转移到附加1.5mg/L 2,4-D、5mg/L IAA和5mg/L盐酸硫胺素的67L固体培养基上，分化出再生根和幼芽的瘤状物，这种瘤状物转至含0.5mg/L 2,4-D和0.2～0.5mg/L BAP的67V固体培养基，光照（800lx）培养，部分瘤状物可逐渐形成单一或丛生的人参再生枝叶。将这些枝叶转移到生根培养基中诱导生根，可获得再生小植株。

人参的原生质体研究开始较早，但直到1991年才有再生植株的报道。实验发现，基本培养基中无机盐对人参原生质体的分裂也至关重要。用MS或B_5的无机盐，原生质体不能分裂或分裂频率很低。实验还表明，以生长旺盛且分散性好的愈伤组织或悬浮培养细胞为起始材料、培养温度为22～25℃（不超过27℃）、培养过程中不断添加新鲜培养液、提供充足氧气、渗透压逐渐降低以及保持培养液pH稳定等都是影响人参原生质体培养的重要因素。

3. 三叶半夏的原生质体培养

三叶半夏（*Pinellia ternate*）为天南星科多年生草本单子叶植物，以块茎入药，具润燥化痰、降逆止呕、消痞散结之功效，是中医临床常用的化痰止呕药。半夏块茎除淀粉外，还含有半夏蛋白、鞣质、生物碱、黑尿素、原儿茶醛、多种氨基酸及18种微量元素等多种成分。现代药理研究发现，半夏还具有抗肿瘤、抗生育、降血脂等多种重要功能，半夏蛋白的抗早孕效果也引起国内外学者重视。为保护这一日益匮乏的药材资源，科研人员在人工栽培、组织培养与快速繁殖等方面进行了大量的研究。半夏的原生质体培养始于1986年，并已获得再生植株。这里以吴伯骥等人的工作为基础，介绍三叶半夏原生质体再生植株的操作过程。

（1）材料准备　游离原生质体的起始材料为三叶半夏刚展开的叶片，取材前先于日光下萎蔫1h左右。取材后先做无菌处理：流水冲洗，70%乙醇消毒1min，用10%次氯酸钠灭菌20min，无菌水冲洗3次。再用平头镊撕去表皮，用解剖刀切成1～2mm见方的小片，置于无菌培养皿中。

（2）酶解液配制　酶解液组成为2%纤维素酶，2.5% Macerozyme R-10，0.4%葡聚糖硫酸钾，5mmol/L $CaCl_2$，0.65mol/L甘露醇，pH 5.6～5.8。微孔滤膜过滤灭菌，冰箱保存备用。

（3）原生质体分离　按1g鲜材10mL酶液的比例将适量酶解液加入盛有叶片小块的培养皿中，封口膜（parafilm）封口，于30℃轻轻振荡消化2.5～4h。200目铜网过滤除去未酶解的细胞团及碎片，500r/min离心，沉淀即为原生质体。用不含酶的洗涤液洗涤沉淀2次，培养液洗涤沉淀1次。将纯化的原生质体悬浮在适当体积的培养液中，血细胞计数板计数。

（4）活性测定　取少量原生质体悬液，加入少许FDA，混匀，室温下静置10min，荧光显微镜下观察。原生质体发黄绿色荧光的为有活力的，发红色荧光的为无活力的。这种方法制备的活性原生质体可达89.5%。

（5）原生质体培养　培养方法为固液双层培养，液体培养基为1/4MS除去NH_4NO_3，附加维生素、肌醇、水解酪蛋白、生物素、蔗糖、葡萄糖等，渗透压稳定剂为0.4mol/L甘露醇，激素为1mg/L的2,4-D和0.5mg/L的KT。固体培养基为1/2MS无机盐，除糖醇外其他成分与液体培养基相同，激素为0.1mg/L的2,4-D和0.1mg/L的KT。于25℃下黑暗培养，植板密度为每毫升（0.1～1.0）×10^5个。培养过程中每隔10天左右添加0.5mL左右新鲜培养液，3周后可见80～100个细胞的细胞团形成。

（6）器官分化（胚状体形成）与植株再生　将细胞团转入含0.5mg/L 2,4-D的液体培养基中振荡培养，1个月后将形成的1～2mm的愈伤组织；再转入B₅固体分化培养基（附加1mg/L KT 0.5mg/L IBA），3～4周可见绿色小芽和小苗从愈伤组织中分化产生。将小芽切下，转入生根培养基中可得到完整的再生植株；小苗直接转入MS固体培养基，可逐渐长大成完整植株。

半夏再生植株的发生途径有器官分化和胚状体发生两种。如前所述，胚状体发生途径具有多种优点，而诱导胚状体的发生与材料的基因型（如伞形科植物）、起始材料（如胚性愈伤组织、胚性悬浮细胞）等多种因素有关。前人实验发现，诱导胚性愈伤组织培养基中激素的选用也是影响细胞生理状态的重要因素，不同的材料对激素的反应相差很大。伞形科植物如当归、防风、白芷、短毛独活等胚性愈伤组织诱导中生长素起着决定作用，2,4-D的效果明显好于NAA和IAA，其浓度以1～2mg/L为宜。有文献报道培养基中还原态氮对胚状体的发生有利，水解酪蛋白和多种氨基酸有明显的促进效应。

4. 银杏雌配子体的原生质体培养

银杏（Ginkgo biloba L.）又名白果、公孙树、鸭脚子、鸭掌树，属于单科属种乔木，为最古老的中生代孑遗的稀有植物之一，在我国有多种经济用途。银杏果实和叶中含有丰富的黄酮类、萜内酯等活性成分，这些物质对中枢神经、血液循环、呼吸、消化等系统都具有很强的药理作用，也有抗菌、消炎、抗过敏、清除自由基等功能。目前对于银杏的研究已成为国际上植物药理研究的热点课题之一。实现高产、优质、高效良种的选育是更好地利用银杏这一资源的关键，同时选育药用有效成分产率高的细胞系进行离体培养，进一步发展成为工业化生产，也是银杏研究领域的重要方向。实践证明，利用人工有性杂交育种及辐射诱变育种是植物品种改良的重要途径，银杏雌配子体的原生质体培养，可以为人工诱变、选育次生代谢物产量高的细胞株系奠定基础。

陈学森等从1993年开始对银杏雌配子体的发育及原生质体分离、培养进行了研究，下面以他们的工作为基础，介绍银杏雌配子体原生质体制备与培养现状。

（1）材料准备　用于制备原生质体的起始材料为新鲜的处于游离核期的银杏胚珠。取材后首先用自来水冲洗30min，蒸馏水冲洗3次后；再转移到超净工作台上，用1mol/L HCl浸泡1～2min，10%次氯酸钠溶液中灭菌25min，无菌水冲洗3次，置于无菌培养皿中，用消毒过的解剖刀切开胚珠，取出雌配子体，置于无菌培养皿中。

（2）酶解液配制　酶解液组成为1%纤维素酶（cellulase），1%果胶酶，0.7mol/L甘露醇，6.0mmol/L $CaCl_2$，0.7mmol/L KH_2PO_4，3.0mmol/L MES，pH 5.6，过滤灭菌。

（3）原生质体分离　将2mL酶解液加入放有雌配子体的培养皿内，同时加入2mL 0.7mol/L的MT液体培养基，使酶解液中酶制剂终浓度为0.5%。培养皿用封口膜封固后置于摇床上，以30r/min速度（27±2）℃下避光酶解4～5h。混合液用140目及320目不锈钢网各过滤一次，除去未酶解的细胞团；原生质体用CPW13（甘露醇）-CPW25～35（蔗糖）界面梯度离心纯化，纯化的原生质体用培养液洗涤1次，1000r/min离心收集原生质体。

（4）原生质体活性检测　每1mL原生质体加入25μL FDA混匀，10min后检测荧光反应，发绿色荧光的为具有活性的原生质体。获得的银杏雌配子体原生质体活性可达87.3%。

（5）原生质体培养　基本培养基选用改良MT（去掉NH_4NO_3），附加0.35mol/L甘露醇，0.25mol/L葡萄糖，1000mg/L谷氨酰胺，1.0mg/L BA，3.0mg/L NAA，5mg/L维生素C。培养方法为液体浅层静置培养，植板密度为每毫升（0.5～5.0）×10^5个。培养2～3天，细胞壁开始形成，4～6天，出现第1次分裂，培养6～8周，形成肉眼可见的细胞团。此时降低培养基的渗透压，添加含糖0.3mol/L的新鲜培养基，并转入弱光下培养，细胞可继续分裂，但5个月后细胞生长缓慢。

银杏雌配子体的原生质体培养对筛选优质细胞系及遗传育种具有重要意义，虽至今尚未获得再生植株，但如果能筛选到活性成分含量提高的细胞系，也将为工业化生产银杏有效成分奠定坚实的基础。

近些年来，以花粉、雌雄配子体的原生质体培养和融合（见"第七章第二节细胞杂交"）取得了一定成果，但多限于理论研究方面，如原生质体制备、细胞骨架结构研究、雌雄配子体的分离等，而药用植物性细胞的原生质体研究更鲜有报道。但植物性细胞兼有自然生殖能力和单倍体等特点，在遗传育种中具有不可替代的价值，其应用潜力和前景值得我们重视。

第二节 ## 细胞杂交

植物细胞杂交又称体细胞杂交（somatic hybridization）或细胞融合（cell

fusion），是将不同遗传型植物的体细胞融合在一起，通过对杂种细胞的筛选、培养，期望得到杂种合体的一种手段。由于植物细胞具有细胞壁，一般情况下很难融合，只有在脱去细胞壁后，才能融合，所以植物的体细胞融合也称为原生质体融合（protoplast fusion）。原生质体融合技术是指以植物的原生质体为材料，在离体条件下通过物理、化学等因素的诱导，使同一物种或不同物种的两个原生质体融合在一起，培养并获得杂种细胞的过程，它是在植物原生质体培养的基础上发展起来的一项应用技术。通过原生质体融合可以把两个带有不同基因组的细胞结合在一起，与有性杂交相比，无疑可使"杂交"的亲本组合范围大大扩大，使传统育种方法不可能做到的某些基因可以得到组合，因而有可能成为植物的远缘杂交育种的新途径之一。该技术在中草药育种上的研究开始较晚，但也获得了一些种内、种间、属间甚至科间的杂种细胞系或杂种植株。

一、诱导原生质体融合

诱导原生质体融合是指将植物原生质体制备出来以后，利用物理或化学的方法促使两个亲本原生质体聚集并发生融合的过程。这种融合可以发生在种内也可以发生在种间，甚至属间、科间。从理论和实际的角度来看，异种之间诱导融合的意义更为重要。

（一）原生质体融合方法

原生质体融合是体细胞杂交的关键技术环节，诱导植物原生质体融合的方法可以分为化学法和物理法：①化学法，是利用一些化学试剂特殊的诱导作用，促使原生质体聚集，细胞膜融合，进而使整个原生质体也发生融合的方法。根据所用融合剂的不同，化学法又可分为硝酸钠融合法、多聚化合物（如多聚赖氨酸、多聚-L-鸟氨酸等）法、高pH-高Ca^{2+}法、聚乙二醇（polyethylene gycol，PEG）法、PEG与高pH-高Ca^{2+}结合法等。硝酸钠溶液是最早应用于细胞融合的化学试剂，由于它对细胞本身的毒害作用，而且诱导的融合效率不高，故已不再使用。PEG与高pH-高Ca^{2+}溶液结合使用而形成的PEG与高pH-高Ca^{2+}结合法因具有较高的融合效率和融合效果，是目前最为常用的化学法。②物理法，是指利用电场，或显微操作、离心、振动等机械力促使原生质体融合的方法。其中以显微操作、离心、振动等机械力的融合技术目前已很少单独使用，而应用电场力的电融合技术具有融合效率高、重复性强、对原生质体伤害小等优点，成为目前最为常用的方法之一。电融合（electrofusion）是利用原生质体在非均匀交流电场和瞬时高频电场脉冲相继作用下形成紧密接触的串珠及细胞膜发生可逆性降解的特性而诱导细胞融合的方法。

（二）对称性融合与非对称性融合

原生质体培养及体细胞杂交是基因组转移的重要途径，它不仅可以通过对称性融合进行核基因组的重组，也可以通过非对称性融合进行核外遗传物质——胞质基因组的转移与重组。对称性融合（symmetric hybridization）是指将两亲本完整的原生质体进行融合的技术；非对称性融合（asymmetric hybridization）是将一个亲本原生质体用X线、γ射线或紫外线等照射处理，使其部分遗传物质失去作用，然后与另一完整原生质体进行融合的技术。一般来说，非对称性融合多产生不对称杂种（asymmetric hybrid）和胞质杂种（cytoplasmic hybrid）；对称性融合多形成对称杂种——核杂种（nuclear hybrid），由于多种因素的影响，对称性融合也会产生不对称杂种。

核杂种是由双亲完整原生质体融合，所有遗传物质均匀混合和重组形成的对称杂种，它们往往可以形成遗传稳定的异源四倍体（二亲本各有二倍染色体）。不对称杂种是由于一方亲本染色体或胞质基因组全部或部分被排除而形成的杂种细胞。有性不亲和的远缘种间、属间甚至科间细胞融合产物中常会产生不对称杂种。胞质杂种是去掉核后的细胞质与另一完整细胞融合形成的杂种，它具有了两个亲本全部的胞质遗传物质和一方亲本的核遗传物质。

对称融合形成的对称杂种在导入有用基因（或优良性状）的同时，也带入了亲本的全部不利基因（或性状），一个杂种中有两套不尽相关的基因并不是实验所希望的。不对称杂种含有受体细胞的全部遗传物质，而只有供体细胞的部分遗传物质，能将胞质遗传物质在种间、属间甚至科间进行转移与重组，具有有性杂交和基因工程所无法比拟的优点。作物的一些重要经济性状，如胞质雄性不育、胞质白化、抗除莠剂（如莠去津），以及链霉素抗性、林可霉素抗性、泰攀蛇毒素（taipoxin）抗性等的抗性基因多由胞质基因控制。可见通过原生质体融合进行细胞质基因重组，是一条转移胞质基因的简单途径，在转移抗逆性状，雄性不育性状转移，进行作物改良，实现远缘重组，创造新型物种方面具有重要的意义，在作物品种改良中显示出广阔的应用前景。

近年来，人们开发了"供体/受体"融合系统、"配子/体细胞杂交"和"胞质体/原生质体"融合等非对称融合技术。其中"供体/受体"融合系统（"donor-receptor" fusion system）最初由Zelcer等（1978年）提出，后为Sidorov等（1981年）进行了改进。其原理是基于生理代谢互补，即利用高致死剂量的电离辐射，如X线、γ射线或紫外线等照射供体原生质体，使其细胞核纯化，但细胞质完整无损；再用碘乙酸或碘乙酰胺处理受体原生质体，暂时抑制细胞的分裂。双亲原生质体融合后，只有融合体能够实现代谢上的补偿，进行持续分裂，形成愈伤组织或再生植株。这些融合体本身就是各种各样的不对称杂种和胞质杂种。该技术的优点是双亲不需任何选择标记，适用范围广，可行性强。缺点是由于植物对辐射的敏感性在种间甚至品种间都会存在很大差异，适宜的辐射剂量难以掌握。

"配子/体细胞杂交"（gamete-somatic hybridization）是植物性细胞操作的重要组成部分，近十几年来也取得了较大进展，最初植物性细胞与体细胞的融合是从小孢子四分体的实验开始的。Pirrie和Power（1986年）首次将黏毛烟草（*Nicotiana glutinosa*）四分体原生质体与烟草（*N. tabacum*）叶肉原生质体融合获得种间杂种植株。此后，幼嫩花粉原生质体以及成熟花粉原生质体与体细胞原生质体的融合也先后获得再生植株。

"胞质体/原生质体"融合法（cytoplast-protoplast fusion）是产生不对称杂种的另一有效方法。所谓胞质体是指去核后的原生质体。该方法由Maliga等（1982年）提出，制备胞质体是该方法的关键技术。最近Lesney等提出了一种能够从悬浮状原生质体大量制备胞质体的方法，为这一融合技术的应用提供了方便。其优点是避免了电离辐射对原生质体产生的不利影响，缺点是制备胞质体存在一些技术性的困难。

获得不对称杂种和胞质杂种的其他途径还有：利用分别由核基因和胞质基因组编码的抗药性状，通过双重抗性选择获得胞质杂种；原生质体直接摄取外源裸露或经脂质体包被的细胞器；通过显微注射或电刺激实现细胞器转移等。

二、融合体的检测与筛选

原生质体发生融合过程中会产生几种不同类型的融合体：同核体、多核体、异核体。同核体是同源细胞原生质体的融合体，它们的基因型和表现型完全一样。异核体是非同源原生质体的融合体，含有双亲细胞核和细胞质全部的遗传物质，也即对称性融合体。多核体含有双亲不同比例的核物质，以一个亲本的遗传物质为主，另一亲本只有部分遗传物质，即两亲本间发生的是非对称融合。除此之外，还存在着未融合的亲本细胞等，而只有双亲原生质体融合的异核体才是有用的融合体。

因此，融合体的检测和筛选是植物体细胞杂交技术的又一重要环节。对于融合筛选杂种细胞，需要根据不同的实验对象设计具体的筛选方案和选择体系。多年来发展的选择方法可以分为两大类：互补选择法和机械分离法。

1. 互补选择法

互补选择法（screening with complementation）是研究最多的一种筛选方法。

它利用或诱发各种缺陷型或抗性细胞系作为原生质体融合实验的两个亲本，用选择培养基对融合体进行培养而将互补的杂种细胞选出来。根据互补性状的不同可分为遗传互补筛选法和抗性互补筛选法。

2. 机械分离法

机械分离法（screening with physical methods）是利用两亲本原生质体直观而又不同的表型特征将杂合的融合体与亲本分离的方法。根据表型特征的不同又可分为物理特性筛选法、生长特性筛选法、荧光标记结合显微镜操作法等。

三、杂种植株的鉴定

融合细胞检测与筛选之后进行培养形成愈伤组织进而诱导再生成完整植株的过程，还有可能出现一方亲本的遗传物质丢失的现象。因此，获得的杂种植株还需要进一步鉴定，以证明其含有双亲的遗传物质。杂种植株的鉴定方法主要有下列几种。

1. 形态学鉴定

形态学鉴定是根据杂种与亲本植株的表现型（如植株高矮、叶片的大小与形状、花的形状与色彩等）进行鉴定的方法。该法虽然直观简便但不宜单独使用，因为细胞与组织培养过程中即使没有发生原生质体融合也可能出现变异，所以需要与其他鉴定方法结合使用。

2. 细胞学鉴定

植物的染色体数目与形态是恒定的，基于此，通过观察杂种植株染色体数目、长短、大小、染色反应、染色体配对等情况，并与亲本染色体进行比较，也可以鉴定出杂种植株。较为简便的操作是：取生长旺盛的愈伤组织或再生植株根尖或叶片，用0.1%秋水仙碱处理1～2h，卡诺氏固定液固定24h，然后用1mol/L盐酸在60℃下水解12min，经卡宝品红染色后压片，显微镜下观察。这种方法的局限性在于愈伤组织阶段的细胞也可能会产生染色体变异，而且，如果发生融合的亲本是种内或者近缘的，也很难从染色体数目和形态上进行区别，特别是染色体小且数目较多时更是如此。对于亲缘关系较远的植物组合，如果双亲的染色体差异大，细胞学观察方法可以提供可靠的依据。葡萄与狭叶柴胡的体细胞杂交实验中，愈伤组织染色体数目87%左右为20～38，柴胡愈伤组织染色体数88%为9～12。融合再生的19个细胞系在早期（5个月左右），无论是对称还是非对称融合产生的克隆，其染色体数目无明显差别，90%左右分布在21～50之间，其再生幼叶基部染色体数目70%在20～48之间。8个月以后，检查后期再生完整植株的愈伤组织及幼叶基部发现，染色体数目明显减少，90%以上分布在18～28之间，证明为杂种植株。

3. 同工酶谱分析

同工酶（isoenzyme）是指生物体内普遍存在的、分子结构不同而催化同一反应的酶，它们是种特异的基因产物。体细胞杂种的同工酶谱往往是双亲酶谱的总和，同时表现双方特有的酶带，有时还会出现两个亲本都没有的新酶带。通过对几个同工酶的综合分析，可为杂种植株提供有效的证据。操作时首先提取待检测细胞或植株的总蛋白质，然后用适当浓度（如10%）的聚丙烯酰胺凝胶电泳（PAGE）进行分析。常用的同工酶有酯酶、谷草转氨酶、超氧化物歧化酶等。需要注意的是，实验要针对所用植物材料选择合适的同工酶，同时还要注意酶谱的稳定性和重复性，以及可能影响样品的各种因素，如取样部位、生理状态以及光强、温度等。如酯酶应用在石防风与柴胡杂交、葡萄与柴胡科间体细胞杂交、波缘叶烟草与枸杞属间原生质体融合再生杂种植株的鉴定中，分别筛选到了相应的杂种植株。

4. 分子生物学方法

分子生物学技术为植物杂种植株的鉴定提供了新的方法。应用于杂种鉴定的分子生物学方法主要有随机扩增多态性（randomly amplified polymorphism DNA，RAPD）分析、Southern杂交技术、5S rDNA间隔序列差异分析、限制性内切酶的酶切片段长度多态性的指纹图谱等。各种方法的原理虽有差异，但都是以杂种植株兼备了双亲的遗传物质为基础。这些方法操作时都需要提取待测样品的总DNA，提取方法可参照《分子克隆》等书籍。

RAPD利用多条随机引物，分别以两亲本和杂种植株的总DNA为模板进行随机扩增。杂种植株由于含有两亲本的DNA，而兼有两亲本的条带。根据杂合体的带型与双亲DNA带型的异同，可以确定待测植株是不是真正的杂种植株。根据带型的差异，该法还能检测出杂种植株是对称融合体还是非对称融合体。如苜蓿与红豆草的体细胞杂种的RAPD检测结果为，杂种的RAPD扩增片段与苜蓿相同的有20条，与红豆草相同的有6条，另有9条为新的扩增产物。这表明，杂种RAPD多态性接近于苜蓿亲本，但也存在红豆草亲本的特异性片段，因此是非对称杂种。新条带在杂种植株中的出现，表明杂种组合除综合了两亲本的核物质外，染色体还可能发生了重组，并倾向于排除红豆草亲本的DNA。

Southern杂交技术在杂种植株鉴定中的应用，需要两个亲本各自的特异性探针。由于DNA分子杂交只发生在探针和与之互补的DNA序列之间，因此，如果杂种植株的Southern结果具有两个亲本的特异性片段，就能充分说明杂种融合了双亲的遗传物质。这比单纯从DNA片段长短来分析多态性的RAPD更具有说服力。

5S rDNA外显子部分在生物体内较为保守，但它的间隔序列由于进化过程中选择压力较小，物种间存在明显差异，尤其是在远缘物种之间。利用保守的5S rDNA区域设计引物，分别以两个亲本和杂种的总DNA为模板，对间隔区域进行PCR扩增，如果杂种具有双亲的特征序列，或者还出现新的序列，则表明其为真正的杂种植株。

5. 其他方法

除了以上介绍的几种方法，还可以根据杂种植株与亲本的其他特性，如对某些药物、病毒的抗性，雄性不育性状的传递，某些表现型如叶片颜色在子代中的遗传规律等，对杂种植株进行鉴定。一般来说，杂种鉴定总是根据实验材料的特点，选择几种方法结合进行，以得到科学和可靠的结果。

<table>
<tr><td>第三节</td><td>杂种植株的遗传与育种应用</td></tr>
</table>

传统的有性杂交是通过雌雄配子结合，实现双亲遗传物质转移和重组的常规育种手段。这一育种技术在植物育种工作中发挥了巨大的作用。但是，诸如远缘杂交的有性不亲和、双亲花期不育、雌雄不育等难以克服的障碍严重地阻碍了这一技术在植物育种中的应用。基因工程技术虽然能定向转移少数几个基因，但目前对于控制作物的许多重要农艺性状的多基因系统还无能为力。以原生质体融合为基础的体细胞杂交技术可以克服有性杂交遇到的前述障碍。体细胞杂交技术虽然有其随机性的缺陷，但由于可转移细胞核中的染色体组、染色体片段，或者细胞质中的叶绿体DNA和线粒体DNA，因而使可利用的基因资源十分广泛。

一、植物体细胞杂交与遗传育种

早期体细胞杂交工作主要集中在茄科植物上，随后又广泛进行了十字花科芸薹属（*Brassica*）和拟南芥属（*Arabidopsis*）以及伞形科的胡萝卜属（*Daucus*）和欧芹属（*Petroseliaum*）等的体细胞杂交。随着一些经济作物原生质体培养的成功，体细胞杂交研究也取得进一步进展。卫志明等用野生大豆与栽培大豆进行体细胞杂交，获得17株成熟植株，按株系收集种子，进行扩繁选择，连续3代分析，选到一个产量比亲本栽培种高17%，成熟期提前8天，具有抗大豆花叶病能力的大豆。在禾谷类作物方面，夏光敏等首先利用小麦与高冰草原生质体对称融合获得了类似高冰草的杂种植株。随后，他们又通过非对称融合分别获得了小麦与簇毛麦、小麦与高冰草、小麦与新麦草和小麦与羊草的外形偏向于小麦的不对称体细胞杂种植株，并且从小麦与高冰草的体细胞杂种得到了可育的种子。木本植物的体细胞杂交研究相对较晚，也取得了一定的成果，已得到的体细胞杂种主要以柑橘类植物为代表。在柑橘的体细胞杂交上，自1985年首次获得特罗维塔（trovita）甜橙与枳的属间体细胞杂交种以来，已培育出100余个体细胞杂交种，其中有近缘植物如非洲樱桃橘属（*Citropsis*）、澳洲指橙属（*Microcitrus*）、九里香属（*Murraya*）等与柑橘属（*Citrus*）的体细胞杂种。我国学者邓秀新等对此做了系统的工作，得到了一些既抗寒、又抗高温并表现良好抗病性且繁殖能力强的植株。20世纪80年代以来，X线或γ射线在非对称性体细胞杂交中广泛应用，通过照射双亲之一（供体）的细胞，使其染色体消减，以减小双亲的不亲和性。1996年，夏光敏等人首次将紫外线用于小麦的属间体细胞杂交，成功获得了不对称杂种植株。

二、药用植物体细胞杂交在品种改良中的应用

药用植物原生质体融合，可以将与药用植物有效成分有关的遗传物质导入到其他物种中去，实现有效成分基因在不同科属间相互转移，达到改良中药材的目的。目前这方面的工作大多还是集中在一些植物细胞融合和体细胞杂交的遗传学研究方面，如颠茄（*Atropa*）（+）烟草（*Nicotiana*）、天仙子（*Hyoscyamus*）（+）烟草（*N. tabacum*）、小酸浆（*Physalis minima*）（+）毛曼陀罗（*Datura innoxia*）等。体细胞杂种后代次生代谢途径的改变、有效药用成分的积累和新型药物的合成方面，仍有待进一步研究。

近年来，植物体细胞杂交技术由于"供体/受体""配子/体细胞""胞质体/原生质体"等非对称性融合方法的应用，增加了体细胞杂交成功的机会，通过部分核基因或胞质基因的转移而实现改良中草药品质的研究也随之增加。谢航等将枸杞（*Lycium barbarum* L.）愈伤组织制备的原生质体用^{60}Co-γ射线处理后，与经碘乙酰胺（IOA）失活的波缘叶烟草（*Nicotiana undulate* L.）原生质体在PEG诱导下进行融合，得到了9个可能的杂种细胞系，并再生成完整的小植株；霍丽云等用260μW/cm^{2}紫外线照射狭叶柴胡原生质体作为供体，与石防风原生质体用PEG法诱导融合，对杂种进行的形态学、染色体及同工酶分析表明，得到的5个再生植株为不对称杂种；此外还有狭叶柴胡与葡萄、狭叶柴胡与川西獐牙菜、枸杞与烟草、百脉根与水稻等原生质体的非对称性体细胞杂交也获得了杂种再生植株。

豆科百脉根属植物的体细胞杂交有不少成功的报道。Aziz等用电激融合百脉

根（*Lotus corniculatus* L.）和带有外源*npt* Ⅱ 的转基因细叶百脉根（*L. tenuis* L.）原生质体，在含卡那霉素的选择培养基上筛选到杂种细胞，并获杂种植株，与亲本相比，杂种植株具有明显的杂种优势和高的固氮活性。Wright等将百脉根（*Lotus corniculatus* L.）和*L. conimbricensis*的原生质体融合，也获得了杂种植株。三叶草属植物由于原生质体再生植株困难，仅获得了红车轴草（*Trifolium pratense*）（＋）杂种车轴草（*T. hybridum*）和红车轴草（*T. pratense*）（＋）狐尾车轴草（*T. rubens*）的杂交系。

苜蓿（*Medicago sativa*）与红豆草（*Onobrychis viciaefolia*）的原生质体融合也得到了属间体细胞杂种植株。红豆草叶片含有凝缩单宁物质（CT），它对防止反刍类家畜的气胀病有重要作用，而苜蓿属的植物叶中均不含CT。通过体细胞杂交，已得到了不引起反刍类家畜发生气胀病的优良苜蓿。Li等将叶肉原生质体用碘乙酰胺（iodoacetamide）处理使之失活，同时用γ射线处理红豆草悬浮培养细胞的原生质体，通过电激融合，获得不对称杂种植株。所获再生植株中，43株测到红豆草的DNA特异片段，且细胞学检测多为非整倍体（33～78），还在一杂种植株内检测到CT的存在（占叶干重的0.03%）。徐子勤等通过PEG诱导红豆草抗羟脯氨酸的细胞系原生质体与苜蓿根癌农杆菌702转化系的原生质体融合，选择得到非对称属间体细胞杂种愈伤组织，分化出17株小植株，并且对属间体细胞杂种进行了分子生物学鉴定。其他如百脉根与大豆原生质体融合也得到了不对称杂种植株。

这些工作为原生质体融合技术奠定了理论与实践的基础。随着原生质体培养技术和融合技术的不断革新，体细胞杂交技术在中草药遗传育种的应用将会更为广泛和深入。

第八章

药用植物的细胞培养与发酵工程技术

第一节 　药用植物细胞培养的基本技术

　　自从20世纪30年代植物细胞培养方法问世以来，该领域取得了许多巨大的进展，产生了许多具有实用价值的培养技术。我们可以应用这些技术进行作物改良，选育性状优良的新品种，提供新的植物快速繁殖方法，可以通过遗传操作获得具有新性状的品种，可以生产植物来源的各种产品以及保存具有重要价值的或濒于灭绝的物种等。根据植物细胞培养中的培养对象不同，可将药用植物细胞培养分为细胞悬浮培养、单细胞培养和原生质体培养。

一、药用植物细胞培养的主要材料和条件

（一）外植体和细胞培养材料的选择

　　不同外植体的愈伤组织诱导能力和诱导的愈伤组织合成次级代谢产物能力均不相同，所以，在利用植物细胞悬浮培养生产次生代谢产物时，选择能诱导出生长快速且具有较高次生代谢产物合成能力的愈伤组织的外植体是非常重要的。如Mischenko等在茜草（*Rubia cordifolia*）愈伤组织培养过程中发现，来源于叶柄和茎的愈伤组织中蒽醌累积量比来源于茎尖和叶的愈伤组织高。另外为了通过细胞培养从植物中获得人们感兴趣的化合物，还要收集大量相应植物的样本进行提取、鉴定和分析，从中筛选出一些有用次生代谢产物的高产植株，然后再选择其幼嫩的植物器官、组织、愈伤组织、细胞团或原生质体作为外植体。

　　由于药用植物细胞培养不仅需要高成本的生物反应器，而且维持细胞适宜的生长和生产条件需要高昂的费用，因此，从培养成本来看，药用植物细胞培养对象的确定，首先应该从两个方面考虑：①确定培养对象时应在含有人们所需的某种药用成分的植物中选择含量相对较高的种类。因为在植物界中，同一种药用成分不仅在同属不同种的植物中存在，而且在不同属，甚至在不同科的植物中存在。②选择具有较高市场价格和资源匮乏的植物细胞培养。在已知的30000种天然产品中，来源于植物的产品超过80%，大约比微生物产品多4倍，比源于动物的产品就更多了。但是，在通过细胞培养得到的产品中，相对来源于动物细胞培养的产品而言，植物细胞培养生产的是低等或中等价值的产品，昂贵的产品不多，因此通过细胞培养获得的药用成分应尽可能选择具有较高市场价格的种类，因为这种高昂价格的原因之一，显然是天然资源的匮乏。

（二）培养基

1. 培养基

药用植物细胞悬浮培养常用的基本培养基主要有MS、B_5、NT、TR、VR、SS、SCN、SLCC等。

2. 培养基的组分对次生代谢产物的影响

培养基的组成是药用植物细胞培养产生和积累次生代谢产物的重要因素（Ramachandra，2002年）。对于同一个植物物种而言，用于愈伤组织培养的培养基往往适用于悬浮培养，但在某些情况下，悬浮培养的要求更为严格。原种培养时，尽可能用简单培养基，这样做虽然可能导致细胞生长缓慢，但有利于其活力的稳定。

（1）**糖水平**　植物细胞培养通常生长在有碳源的非自养的条件下。培养基中的蔗糖浓度影响次生代谢产物的积累量。在鞘蕊花（*Coleus blumei*）的培养中，蔗糖浓度为25g/L和75g/L时，可使迷迭香叶宁酸的产量分别为0.8g/L和3.3g/L。在食用土当归（*Aralia cordate*）的细胞悬浮培养中，浓度50g/L的蔗糖会降低花色素苷的产量，而在蔗糖浓度为30g/L时则有利于花色素苷的积累。

（2）**硝酸盐和铵盐水平**　在细胞的悬浮培养中，氮的浓度影响着蛋白质和氨基酸的产量。植物组织培养基如MS、LS和B_5中均含有硝酸盐和铵盐作为氮源。但是，硝态氮和铵态氮的比例会对植物次生代谢产物的产量带来显著的影响。比如，NH_4^+/NO_3^-的比率减少可以提高紫草素和花青苷的产量，而NH_4^+/NO_3^-的比率增高，则会增加小檗碱和辅酶Q的产量。减少总的氮含量可以使小朱椒（*Capsicin frutescens*）中的辣椒素、海巴戟（*Morinda citrifolia*）中的蒽醌、葡萄中的花色素苷的产量增加。在白花除虫菊（*Chrysanthemum cinerariaefolium*）两相培养中如果完全去除硝酸盐，会诱导除虫菊酯的积累增加两倍。

（3）**磷酸盐水平**　培养基中磷酸盐浓度是影响细胞培养产生次生代谢产物的主要因素。高浓度的磷酸盐有利于细胞生长，但不利于次生代谢产物的积累。培养基中限制性地添加磷酸盐可以诱导产品或形成产品的关键酶的生成。减少磷酸盐含量可以诱导长春花（*Catharanthus roseus*）中阿里马斯和酚醛塑料、烟草（*Nicotiana tabacun*）和骆驼蓬（*Peganum harmala*）中哈马生物碱的形成。相反，增加磷酸盐含量可以刺激毛地黄（*Digitalis purpurea*）中洋地黄毒苷的合成。

（4）**生长调节剂**　一般来说，生长调节剂的浓度是影响次生代谢物产量的关键因子，植物生长素或细胞分裂素浓度的改变，或者植物生长素/细胞分裂素比率的改变都会影响植物细胞培养中次生代谢产物的形成和积累。大量的例子表明2,4-D会抑制次生代谢产物的形成。比如，在细胞悬浮培养中用NAA或者IAA

代替2,4-D，可以增加杨属（*Populus*）植物中花色素苷、烟草（*Nicotiana tabacum*）中烟碱、紫草（*Lithospermum erythrorhizon*）中紫草素以及海巴戟（*Morinda citrifolia*）中的蒽醌的形成。但也有个别相反的事例，如在胡萝卜（*Daucus carota*）的悬浮培养中，2,4-D能刺激类胡萝卜素的生物合成，在*Oxalis lineari*s的愈伤组织培养中，2,4-D也能刺激花色素苷的生成。细胞分裂素对不同的物种和不同的代谢途径有不同的影响。在细胞培养中细胞分裂素增加可使*Haplopappus gracilis*中花色素苷的产量增加，但是抑制杨属植物中花色素苷的形成。许多研究指出赤霉素和脱落酸抑制花色素苷的产量。

（5）其他有机添加物　在培养基中添加椰子汁（CW，5%～20%）、酵母提取物（YE，0.01%～0.1%）、麦芽提取液（MW，0.01%～0.1%）等对药用植物愈伤组织的诱导和细胞培养也有一定的作用。

（三）培养条件

培养条件如光照、温度、培养基的pH以及氧分压等对许多次生代谢产物的形成累积均有影响（Ramachandra，2002年）。

1. 温度

在通常条件下，诱导愈伤组织和进行细胞培养的温度范围在17～25℃。但是不同的植物种类可能有不同的最适温度。Toivonen等发现降低培养温度可以增加以细胞干重为单位的脂肪酸的总量。温度保持在19℃，是洋地黄毒苷转化成异羟基洋地黄毒苷原（地高辛）的最适温度，而在毛花洋地黄（*Digitalis lanata*）细胞培养中紫花洋地黄苷A形成的适宜温度达到32℃。Ikeda等发现，烟草细胞培养中的辅酶Q产量在32℃时比在24℃或28℃时要高。Ciurtois等报道长春花（*Catharanthus roseus*）细胞培养生成粗制生物碱的产量在16℃是在27℃的12倍。

2. 光照

不同植物细胞悬浮培养对光照条件的要求不同。胡萝卜（*Daucus carota*）和杂交葡萄细胞培养生产花色素苷需要充足的光照（Seitz and Hinderer，1988年）。在欧洲野菊（*Matricaria chamomilla*）的愈伤组织培养中光照影响倍半萜的组成成分。在柠檬（*Citrus limon*）的愈伤组织培养中除去光照可以增加单萜的积累量。

3. 培养基的pH

培养基的pH应该在高压灭菌前调到5～6。培养基中氢离子的浓度会随着培养的进行而发生变化。在氨的吸收过程中pH会下降，在硝酸根的摄取过程中pH会上升。红叶藜（*Chenopodium rubrum*）光能自养细胞悬浮培养的结果表明，当外界的pH从4.5增加到6.3时，胞质的pH上升3.0个单位，液泡的pH上升1.3个单位。

常用的培养基缓冲能力很弱，在悬浮培养时，pH常有很大波动。如在pH 4.8~5.4的培养基中进行细胞悬浮培养时，培养基会迅速变得接近中性，故加入EDTA使铁和其他金属离子长期处于可利用状态是十分重要的。硝态氮和铵态氮之间的调整也可作为稳定pH的一种方法。加入一些固体缓冲物，如微溶的磷酸氢钙、不溶的磷酸钙和碳酸钙也是稳定pH的一种方法。

4. 搅拌和通气

搅拌和通气是大规模细胞培养中至关重要的因素。Kreis等报道了在气升式生物反应器中培养20天以后，50%的溶氧量可以使得生物碱的产量达到约3g/L。通气速率增加会直接减少生物碱的产量。在植物细胞培养中，气升式生物反应器和搅拌式生物反应器产生的次生代谢物产量相当。在搅拌式生物反应器中，搅拌的方式是至关重要的。

气体环境的组成会影响悬浮培养中挥发性产品的产量。Kobayashi等报道在鼓泡塔反应器中对东亚唐松草（*Thalictrum minus*）进行悬浮培养，当CO_2浓度为2%时，不仅有效地阻止了细胞褐变，而且可以维持小檗碱的产量。

二、药用植物细胞悬浮培养系的建立和高产细胞株的筛选方法

在药用植物细胞悬浮培养中，采用生长快、有效成分含量高、适合悬浮培养的细胞株进行培养，是取得成功的关键。因此，在起始培养中首先要选取适合于悬浮培养的细胞株。

（一）愈伤组织诱导和继代培养

愈伤组织是药用植物细胞培养物的主要来源，其诱导方法通常是将外植体在无菌操作条件下接种至含有生长调剂物质（如1~2mg/L的NAA或2,4-D）的MS培养基上，在25~28℃条件下暗培养。利用愈伤组织作为药用植物细胞悬浮培养物的来源具有明显的优越性：①在所有植物组织中，除冠瘿组织外，愈伤组织是生长最快的，且愈伤组织的细胞具有次生代谢产物生物合成的全能性；②愈伤组织结构疏松，在液体培养基中易于分散，适于悬浮培养和发酵培养，走工业化生产的道路；③容易通过继代培养建立无性繁殖系，并可在超低温（-196℃）下长期贮藏，许多植物如人参、海巴戟天、紫草等的愈伤组织都能在继代培养了10年以后，还能迅速生长并保持了次生代谢物合成的能力；④便于单细胞克隆的建立、优良无性系的筛选和成本的降低从而提高生产率。

许多研究工作证明次生代谢物的合成是可以诱导的，但是通过脱分化形成的愈伤组织产生次生代谢物的能力往往是不稳定的，一个细胞系的生长和产生次生

代谢物都具有明显的多基因协作的特征，其遗传性的稳定不仅需要稳定的外部条件，而且需要足够的继代时间，Bouque（1998年）等把从补骨脂获得的能够产生异黄酮的217个不同愈伤组织细胞系进行培养，精确测定其各种参数，包括生长停滞期的长短和在一定时间内的生长速率，结果表明在逐渐增殖的217个细胞系中，90%的细胞聚集体在经过16次继代（48周）后，生长开始稳定下来，当它们一旦成为稳定的细胞系后，就再不会变回到不稳定的状态。不同种的细胞培养达到愈伤组织遗传性稳定所需的时间有很大差异，Fett Neto等（1994年）在东北红豆杉（*Taxus cuspidate*）细胞培养的研究中报道，这一过程需要两年的时间。

（二）液体悬浮培养的建立

首先选择一块外观疏松、容易碎裂、生长快的浅色愈伤组织，放到液体培养基中振荡培养，也可选用无菌的幼苗或吸涨的胚胎，放在玻璃匀浆器中，破碎后将悬浮液放入液体培养基中振荡培养。

合适的起始细胞密度是成功建立液体悬浮培养的重要因素。使悬浮培养细胞能够增殖的最少的接种量称为最低有效密度或临界的起始细胞密度。起始细胞密度随培养材料、原种培养的条件、原种保存时间的长短、培养基的成分的不同而有所不同。

（三）用振荡法或酶法游离出单个细胞或小细胞团进行继代培养

经过1～2周的液体悬浮振荡培养后，得到了第1代悬浮培养物。其中既有游离的单细胞，又有较易破碎的细胞团，也有大的组织残块，应当尽量提高培养物中单细胞所占的比例。所以在继代培养时，需要用细口的移液管或注射器，只吸出游离的单细胞或小的细胞团来接种。必要时可加入少量果胶酶，使组织块分散成单个细胞。这时培养基中和瓶壁上有大量单个细胞和小细胞团，可把它们收集后，转移到新鲜培养基中，放在摇床上再次进行继代培养。也可将第1代细胞悬浮液停止振荡，让培养物静置几秒钟，使大的细胞块和组织块沉于容器底部，取上部悬浮液进行接种，或在无菌条件下用纱布、不锈钢网过滤，用滤液接种。对于分散性不好的材料，往往经多次转移培养后，分散程度能大大提高。

在继代培养中应通过正交试验设计多种培养基，着重调整培养基中的植物生长物质的含量，以便确定合适的培养基。

（四）高产细胞株的筛选

将悬浮培养物通过约80μm不锈钢网过滤，除去细胞团块。滤液中含有的细胞，经离心或静止沉淀，浓缩成密度为每毫升2×10^3个的悬浮液。融化含0.5%～1.0%（根据琼脂的质量而定）琼脂的培养基，待温度降到约40℃时，将此培养基和细胞滤液以等量混合并迅速倒入直径为6cm的培养皿中，使其成为一薄层。

待琼脂冷却凝固后，细胞就会均匀地分布在培养皿中。密封皿口，进行培养。在培养皿中，单个细胞经持续分裂，形成许多细胞株。这时优先选择生长快、结构疏松、分散好的细胞株，再经次生代谢物的定量测定，从中筛选出次生代谢物含量高的细胞株。由于细胞的次生代谢物含量一般都很低，往往要采用十分精密的微量分析方法。常用的有薄层色谱、高效液相色谱、放射免疫等测定方法。

三、药用植物悬浮细胞的继代培养

根据在培养过程中是否更换新鲜培养液，将悬浮细胞继代培养分为批量培养和连续培养，两种培养方式各有优点，可根据需要进行选择。

（一）批量培养

批量培养（batch culture）是进行细胞生长和细胞分裂的生理生化研究常用的培养方法。批量培养的细胞材料生长在固定体积的培养基中，除空气和挥发性代谢物可以同外界完全交换外，其他过程都是在一个封闭系统中进行培养。培养基要进行适当的搅拌以维持游离细胞及细胞团在培养基中的均匀分布，并促进它们与大气进行气体交换。在批量培养整个过程中，细胞数目会不断发生变化，呈现出一定的细胞生长周期。在整个生长周期中，细胞数的增加呈S形曲线。一开始是延迟期，细胞很少分裂；接着是对数生长期，细胞数目迅速增长；然后进入增长速率保持不变的直线生长期；再经过增长逐渐减慢的减慢期，达到最后增长完全停止的静止期。若要进行下一批细胞培养，必须另外进行继代培养，一般在达到静止期时需要立即进行继代培养，有的在静止期之前，增殖减慢时即需继代，有的甚至在对数生长的末期就要及时进行继代，以求加速细胞增殖。在植物细胞的指数生长曲线中，前期缺少次生代谢产物的生成，大多数次生代谢产物都在静止期合成。其原因是前期生长活跃时碳循环分配主要用于主要代谢产物的合成，特别是细胞结构的合成和呼吸作用，当细胞生长停滞时，将不再需要大量的糖类用于主要的代谢物的合成，次生代谢产物的合成开始活跃起来。这时可以频繁地观察到一些在生长期和延迟期没有出现，而在静止期出现的新的酶促反应。

从培养开始到静止期，整个周期的长短是由细胞起始密度、延迟期的长短、生长速率等所决定的。在常规细胞培养中，细胞起始密度应在每毫升（0.5～2.5）×10^5个，许多细胞系经过18～25天的培养，全部细胞平均分裂4～6次，细胞密度增加到每毫升（1～4）×10^6个。如果用贮存细胞接种培养则需21～28天才能完成此增生过程。这是因为贮存细胞在继代培养时处于静止期的原因。相反，如果采用对数期的细胞接种并进行培养，就可大大缩短培养的天数，一般只需6～9天，因为它没有延迟期或只有很短的延迟期。

批量培养常用的培养装置有：①摇床。有空气恒温摇床、水浴恒温摇床和无恒温装置的摇床。摇床广泛用于药用植物悬浮细胞培养中，易于碎裂的愈伤组织块，可以用摇床的连续振荡来得到分散的细胞悬浮液，摇床也可用于细胞的继代培养。摇床的振荡速度一般为40～120r/min。②转床。用T形瓶作为培养容器，为了增加培养液的体积，也可以用奶头瓶代替T形瓶作为培养容器。将培养瓶垂直固定在培养架上，以1～5r/min的速度使培养架缓慢旋转，培养瓶则呈360°转动，细胞培养物可保持均匀分布并保证养分和氧气的充足供应。

（二）连续培养

在培养过程中，不断抽取悬浮培养物并注入等量新鲜培养基，使培养物不断得到养分补充和保持其恒定体积的培养称为连续培养（continuous culture）。连续培养有3个优点：①由于不断加入新鲜培养基，保证了养分的充分供应，不会出现悬浮培养物发生营养不足的现象；②可在培养期间使细胞长久地保持在对数生长期中，细胞增殖速度快；③适于大规模工业化生产。

连续培养通常采用大罐发酵培养法（large-fermentation process），根据培养时加入及倒出培养液的方式不同，将连续培养分为半连续培养法和连续培养法。半连续培养法（self-continuous culture）指每隔一定时间后倒出一定量的悬浮液，并同时补充等量的新鲜培养液。这相当于批量培养时频繁地进行再培养。连续培养法又有封闭式连续培养和开放式连续培养之分。封闭式连续培养（sealed continuous cultiration）是将新鲜培养液和旧培养液以等量进出，并收集排出细胞，放入培养系统继续培养，培养系统中的细胞数目不断增加。开放式连续培养（opened continuous cultivation）是在连续培养期间，新鲜培养液的注入速度等于细胞悬液的排出速度，细胞也随悬浮液一起排出，当细胞生长达到稳定状态时，流出的细胞数相当于培养系统中新细胞的增加数。因此，培养系统中的细胞密度保持恒定。

在开放式连续培养中一方面可根据悬浮液浑浊度的提高来注入新鲜培养液；另一方面可按照某一固定速度，随培养液一起加入对细胞生长起限制作用的某种营养物质，使细胞增长速率和细胞密度保持恒定。这种方法叫化学恒定法（chemical constant detect）。化学恒定法的最大特点是通过限制营养物质的浓度来控制细胞的增长速率，而细胞生长速率与细胞特殊代谢产物形成有关。因此，只要弄清这一关系，就可以通过化学恒定法控制一种适宜的细胞生长速率，生产出较高产量的某种特殊代谢产物，如蛋白质、有用药物等。这个方法在大规模细胞培养的工业上有较大的应用潜力。另外，根据细胞悬液中浑浊度的提高来注入新鲜培养液的方法叫浊度恒定法（turbidimetry）。用浑浊度控制细胞密度的灵敏度较高。当培养系统中细胞密度超过此限时，其超过的细胞就会随排出液一起自动排出，从而能保持培养系统中细胞密度的恒定。浊度恒定法的特点是，在一定限度内，细胞生长速率不受细胞密度的约束，生长速率决定于培养环境的理化因子和细胞内代谢的速度，是研究细胞代谢调节的良好培养系统。它可在生长不受主要的营养物质限制的条件下，研究环境因子（如光线和温度）、特殊的代谢物质和抗代谢物质以及内在的遗传因子对细胞代谢的影响。

四、药用植物悬浮细胞的同步培养

悬浮细胞的同步培养（synchronous culture）是指通过一定的方法，使得悬浮培养的细胞分裂趋于一致的技术。完全的同步化要求所有的细胞都同时通过细胞周期的某一特定时期，由于培养的植物细胞在大小、形状、细胞核的体积、DNA含量以及细胞周期的时间等方面都有很大的变化，这种变化使得研究细胞分裂、代谢、生化及遗传问题复杂化了。因此，人们试图通过物理和化学的方法达到同步培养的目的。

同步化程度常用百分率表示，计量方法是：①某一瞬间处于细胞周期某一特定点上的细胞所占的百分率；②在一定时间内，通过细胞周期某一点（如进入有丝分裂）的细胞百分率；③全部细胞通过细胞周期某一点（如有丝分裂后期）所需时间占整个细胞周期时间的百分率。评价一种方法是否优良，主要是根据诱导后细胞同步分裂的多少以及同步持续时间的长短。

悬浮细胞同步化的方法大体上分为物理和化学方法两类（孙勇如，1989年）。物理方法是依据细胞的物理特征如单细胞或细胞团的大小以及培养的环境条件如光和温度等设计的。化学方法是依据抑制剂来阻止细胞完成细胞周期，从而使细胞积累在细胞周期的某一特定时期而设计的。下面介绍几种方法的操作步骤。

（一）体积选择法

体积选择法（volume selection）是根据细胞聚集体的大小不同而进行细胞同步化培养的方法。培养的植物细胞在形状和大小上是不规则的，并常聚集成团，这些差异使植物细胞根据体积来进行选择十分困难，但若根据聚集体的大小来选择则是可行的。其过程如下：①将悬浮细胞培养在MS基本培养基（附加0.5μmol/L 2,4-D）中。②培养7天后，将细胞依次在直径47μm和31μm的尼龙网上过滤。③收集直径为31μm尼龙网上的细胞和细胞团，放入离心管中，并加入等体积的MS液体培养基。④在含有10%和18%的水溶性聚蔗糖（Ficoll）不连续密度梯度（含2%蔗糖）的离心管中轻轻加1mL细胞悬浮液，于180g下离心5min。⑤分别将漂浮在10% Ficoll上层、中间层和底层的细胞收集到各个离心管中，再分别加入10mL培养基。50g离心30s，收集底部细胞。⑥重新加入液体培养基洗涤3次，以完全除去悬浮液中的Ficoll为准。⑦部分分离的细胞是匀质的。将此细胞转移到诱导胚状体的培养基上4～5天后即可诱导同步胚胎发生。

（二）冷处理方法

冷处理方法（cold treatment）是根据温度刺激能提高培养细胞同步化程度的原理而设计的培养方法。其步骤如下：①将10mL的细胞培养物转移到100mL液体培养基中。②将培养物放在摇床（155r/min）上，27℃下振荡培养，直至细胞分裂达到静止期。③继续培养40h后，将培养物放在4℃条件下冷处理3天。④加入10倍的27℃条件下温育的新鲜培养基，27℃条件下培养24h。⑤重复冷处理3天。在27℃条件下培养，经2天后细胞处于同步化生长状态。

（三）营养饥饿法

营养饥饿法（nutritional deficiency）是指根据悬浮培养物中必需的营养物质消耗尽后就会使细胞生长进入静止期，重新加入新鲜培养基后，或在完全培养基中继代培养会使细胞恢复生长并达到同步化的原理而设计的方法。饥饿法是一种简单的，特别对假挪威槭悬浮培养细胞的同步化很有效的方法。其过程如下：①让细胞在缺乏某一种营养元素的培养基中生长至静止期。②继续培养1～2周，这时细胞处于饥饿状态。③将细胞转移到10倍体积新鲜的完全培养基中，细胞能同步生长2～5个细胞周期。

（四）生长素饥饿法

生长素饥饿法（auximone deficiency）是指在生长素缺乏时重新加入生长素和细胞分裂素使细胞同步化生长的方法。生长素缺乏能引起有丝分裂指数和细胞数周期性地增加。此方法最早用于胡萝卜和假挪威槭悬浮培养细胞的同步分裂。其过程是：①在静止期收集细胞。②用无生长素或无细胞分裂素的培养基洗涤细胞3次。③在无生长素或无细胞分裂素的培养基中继代培养，直至MI值为0。MI为有丝分裂指数，在一个细胞群体中，处于有丝分裂的细胞占总细胞的百分数称为有丝分裂指数（mitotic index，MI）。④将细胞转移到含有4.5μmol/L生长素或1.2μmol/L细胞分裂素的新鲜完全培养基中培养，经3天后MI能提高5～10倍。

（五）抑制和抑制解除法

抑制和抑制解除法（inhibition and termination）是指暂时阻止细胞周期的进程，使细胞积累在某一特定时期，一般采用DNA合成的抑制剂，如5-氟脱氧尿苷、胸腺嘧啶核苷、羟基脲等。将这些物质附加于培养基中能使细胞停留在G_1期和S期之间。一旦抑制得到解除，细胞就会同步进入下一个阶段。5-氟脱氧尿苷已用于大豆、烟草、番茄等悬浮培养细胞的同步化试验。其具体操作是：①悬浮培养物继代培养1天后，向细胞密度为每毫升5×10³~3×10⁶个的培养物中加入5-氟脱氧尿苷（终浓度为2μg/mL）和胸腺嘧啶尿苷（1μg/mL）。②培养12~24h。③用新鲜培养基洗涤3次，以除去5-氟脱氧尿苷和胸腺嘧啶尿苷。④加入含有胸腺嘧啶尿苷（2μg/mL）的新鲜培养基，继续培养10~24h，向培养物中加入秋水仙碱（0.005%），经过一个细胞周期后，MI值能提高5~10倍。

第二节 药用植物细胞的大量培养

植物细胞能积累萜类、黄酮类、苷类、生物碱、醌类、甾体类等多种次生代谢产物，它们大致可归并为萜类、生物碱和芳香族化合物三大类。植物的次生代谢产物中许多具有药用价值。全球约75%的人口依靠药用植物来防病治病。我国的中药材是一个具有数千年历史的医药宝库，传统药材中80%为野生资源。迅速兴起的植物细胞大规模培养技术是保存和利用中药资源的一种有效途径（胡凯，2004年）。目前发现60多种药用植物细胞培养物产生的特定次生代谢产物可作为药物，超过30种次生代谢产物在细胞培养物中的含量达到或超过亲本中的含量。

植物细胞大量培养系统生产次生代谢物的优点主要表现在：①实现工业化生产，不占用耕地；②与植物栽培不同，它采用发酵工业反应器的生产系统和回收工艺，可以不受天气、地理、季节等自然条件的限制；③通过诱变、细胞杂交等技术可以筛选出高产细胞株，配合培养条件的改善，可以获得较高的产量；④通过生物转化作用，可将某些前体及价值较低的化合物转化成价值较高的化合物。总之，使用细胞大规模培养技术可以在可控的和可重复的条件下生产天然药物，而不会受到病虫害、地理、气候、季节等因素的影响。为此，科学家们在植物细胞大规模培养生产有用天然产物方面已做出了大量的工作。1959年美国的Tulecke和Nickll首次提出利用植物细胞培养物合成天然药物，他们详细介绍了用30L鼓泡塔反应器培养植物细胞生产有用次生代谢物质。1967年Kaul和Staba采用发酵罐对阿米芹（*Ammi visnaga*）进行了细胞大量培养的研究，并首次用此方法得到了药用成分呋喃色酮（faranochromes），推动了植物细胞培养的发展。继1983年日本三井石油公司首次利用培养的紫草细胞生产出紫草宁之后，已成功地利用培养的黄连、人参和洋地黄细胞分别生产出小檗碱、人参皂苷和地高辛等，迄今已经对银杏、冬青、长春花、雪莲、白苏等许多植物进行了细胞培养来生产药用次生代谢物质，发酵罐的规模最大已达到75000L。但是，由于植物细胞生长缓慢、污染率高、有效成分含量低、遗传稳定性差、对剪切力敏感和生产成本高等许多问题的存在，使得目前植物细胞培养生产天然药物的工业化仍受到一定的限制。为了加速推进植物细胞培养技术商业化进程，各国科学家在改进培养技术和发展新的培养方法方面不断进行探索，以期得到一种适合于植物细胞工业化生产的方法。抗癌药物紫杉醇的发现以及目前的研究进展使植物细胞培养产业化又出现了新的希望。在这一过程中，如能解决植物细胞大规模培养中遇到的问题，实现工业放大，那么，利用植物细胞大规模培养生产药用成分将大有可为。

一、药用植物细胞大规模培养工艺与技术优化

（一）药用植物细胞大规模培养工艺

药用植物有效成分的生产是在植物细胞大规模培养技术的基础上建立的，它的生产程序包括培养基的选择、细胞株的建立、扩大培养及大量培养等过程。

1. 培养基的选择

培养基直接关系到细胞培养的效果，因此在进行细胞培养之前，一定要选择一种适合于被培养材料快速合成次生代谢物的培养基。目前可采用植物组织培养中广泛使用的一些标准培养基进行筛选，如White、B_5、Nitsch和改良Nitsch、MS以及N_6等培养基。许多研究者在进行筛选时还对这几种培养基的成分进行适当增减，并加以改良。在紫草细胞二步法培养生产紫草宁的研究中，Fujita等（1981年）通过筛选，用MG-5替代LS（细胞生长培养基），用M-9替代White培养基（生产紫草宁衍生物的培养基），紫草宁衍生物的产量多达1500mg/L，含量高达13.6%，其产量是用LS和White培养基进行二步法培养的11.5倍。

2. 高产细胞株的建立

适于大规模培养的细胞株有两个条件：一是细胞生长速度快，二是次生代谢物含量的积累较高。按此标准筛选和建立细胞株的具体方法见本节"二、药用植物细胞大规模培养应用实例"有关内容。

3. 扩大培养

将筛选到的优良细胞株，经多次扩大繁殖可培养出大量的细胞，以作为大规模细胞培养的原种。用作扩大培养的容器为摇瓶，即1000～3000mL的三角瓶。在培养过程中，要经常鉴定细胞株，并进行纯化，防止细胞株退化和变异。

4. 大量培养

大量培养植物细胞有两种方法：即大罐发酵培养法和固定细胞培养法。

（二）药用植物细胞大规模培养过程的优化

1. 两阶段培养技术

培养基的组成是细胞生长和次生代谢产物的形成过程中最直接、最重要的影响因素。众多实验表明，用同一种培养基同时达到细胞的最佳生长和最佳次生代谢产物的积累是不现实的，也是极其困难的，许多次生代谢产物的合成与细胞的生长呈负相关性，研究表明两阶段培养技术（two-stages culture technique，又称两步培养技术）特别适合于生长与生产非耦联关系的植物细胞培养。第1阶段为细胞生长阶段，使用生长培养基，目的是促进生物量的增长；第2阶段为生产培养阶段，使用生产培养基，目的是促进目的产物的生成。两阶段培养技术首先在硬紫草细胞培养中采用，我国在"七五""八五"攻关课题——新疆紫草细胞大量培养生产紫草宁衍生物的研究中也采用了该技术。吴兆亮（1998年）在两阶段法培养红豆杉细胞中发现，第1段培养中紫杉醇生产与细胞生长有部分相关性，而进入第2段后紫杉醇总产量迅速增加，之后增加速率放慢。张浩等（1997年）在黄连细胞培养中采用两阶段培养法取得了较好的效果。利用生长培养基培养3周，再在生产培养基中培养3周后，细胞干重达到了16.72g/L，总生物碱量达到了556mg/L，比第1阶段培养法提高了1.72倍。李弘剑等（1999年）在黄花蒿细胞培养过程中也采用了两阶段培养法，分别在N_6和改良N_6培养基中培养，青蒿素合成量达到了190μg/g。

2. 前体化合物饲喂和诱导子、抑制子等的添加

次生代谢产物积累量少的一个重要原因是植物体内合成代谢处于植物代谢的众多分支之中，因此前体化合物的供给不足和信号诱导缺乏将严重影响次生代谢产物的积累。李弘剑等（1999年）在黄花蒿细胞培养中分别加入前体物质青蒿酸和用植物固醇生物合成抑制剂咪康唑（双氯苯咪唑）、氯化胆碱处理，使青蒿素的产量分别提高了3倍和8倍多。

诱导子（elicitors）包括生物诱导子（biotic elicitors）和非生物诱导子（abiotic elicitors）。非生物诱导子包括某些重金属盐和化学试剂，如稀土元素铈和镧，水杨酸等。在1986年植物组织与细胞培养第六届国际会议上，规定生物诱导子只是指来源于生物的化合物，如真菌的培养基滤液或真菌的孢壁组分等。生物诱导子按来源可分为真菌诱导子和植物内生诱导子。

当植物细胞受到外界环境因素和病原菌胁迫时，都会产生防御性应答反应。植物细胞通过产生特定的次生代谢产物，如植保素、木质素等来建立起有效的防御体系，诱导子能诱导合成编码植保素合成酶的mRNA。所以，诱导子是通过活化编码植保素的基因表达来刺激植保素的积累，使细胞免受损害。因此，通过添

加诱导子能快速、高度专一和选择性诱导植物特定基因的表达，从而积累特定的次生代谢产物。Kim CY等（2001年）在人参培养物中添加一种真菌诱导子（*Botrytis cinerea*），24h后使苯醌的产量达到（46.13±10.42）μg/g（湿重细胞），添加一种酵母制备物12h后，使苯醌的产量达到（65.10±4.96）μg/g（湿重细胞）。周忠强等（2001年）在红豆杉细胞培养中加入诱导子水杨酸和茉莉酸甲酯，前体物质乙酸钠、苯丙氨酸、丝氨酸、甘氨酸、肉桂酸、苯甲酸钠和丙酮酸钠，抑制子氯化胆碱和赤霉酸后，使紫杉醇的产量提高了368.5%。

诱导子浓度能强烈影响细胞的响应。纯化的诱导子化合物在痕量时就有活性，而真菌匀浆物含量要达到5%左右才能得到最佳的诱导效果。通常诱导子在整个培养过程中都要和培养的植物细胞保持接触。次生代谢产物大概在诱导子加入数小时后开始积累，并且随着生物合成酶活力的增加，其积累水平不断增加。12h到5天之间将达到最大的积累水平，通常在此之后会出现一个快速的下降。一些证据表明，诱导子的量和类型可能影响这个时间进程。不同品系的细胞对诱导子的响应是不同的。目前，诱导子反应的最适条件只能从经验上获得，前人的实验结果可能会对开发一个新系统有所启发和帮助。

3. 两相培养技术

两相培养技术（two-phase culture technique）的原理是在培养体系中加入水溶性或脂溶性的有机物，或者是具有吸附作用的多聚化合物（如大孔树脂），使培养体系形成上下两相，要求增加的一相比水相对次生代谢产物有大得多的溶解度或吸附能力，也就是说在细胞外创造一个贮藏次生代谢产物的单元，从而将生成并释放到水相中的次生代谢产物转移到新加的一相中，由此打破产物在胞外水相和胞内的平衡，促使合成更多的产物并释放到胞外水相中，然后被萃取剂萃取或吸附剂吸附，最终达到产物分离的目的。在药用植物细胞培养中，由于大多数的次生代谢产物是疏水性的物质，在培养液中的溶解度很低，不能及时释放到培养液中，造成反馈抑制或被一些酶类水解，因此次生代谢产物的产量很低，不能达到工业化生产的要求。在细胞培养时采用两相培养技术即细胞培养——分离耦合技术，在培养液中加入对细胞无毒性的吸附剂或萃取剂，及时将次生代谢产物分离出培养系统，从而达到较高的产率。

两相培养中萃取剂和吸附剂的选择至关重要。一般遵循以下4个原则（元英进，2002年）：①对植物细胞无害；②对产物有较大的分配系数；③所加有机相与培养液水相间易分离；④高度的萃取或吸附选择性。当然，好的萃取剂或吸附剂还应考虑化学和热力学稳定性，较好的产物回收性能和价格便宜等。但最重要的还是萃取剂或吸附剂对植物细胞生长的影响。只有所加萃取剂或吸附剂对植物细胞生长无有害影响，且能大幅度促进次生代谢产物合成速率的萃取剂或吸附剂才是合适的。

目前使用得较多的吸附剂主要是安伯莱特XAD-4和XAD-7树脂，萃取剂主要是十六烷。Robbins和Rhodes（1986年）报道，在培养基中添加XAD-7树脂来刺激生产蒽醌是不加吸附剂的15倍。在香子兰（*Vanilla fragrans*）细胞悬浮培养中添加XAD-4可以增加香草醛的产量（Knuth and Sahai，1991年）。梅兴国等（2000年）利用两相系统对红豆杉细胞进行培养时，经过40天培养细胞生物量虽比常规培养略低，仅达到17.85g/L干重，但紫杉醇的产量却提高到30.19mg/L。

实际应用中，在遵循上述原则的基础上，对于不同的培养体系要对多种萃取剂和吸附剂进行进一步的筛选并根据实验确定最佳的加入时间和加入剂量。在两相培养中，萃取剂或吸附剂的加入时间至关重要。吴兆亮等（1998年、1999年）在对植物细胞悬浮培养及其两液相培养体系流变学特性和氧传递系数研究的基础上，针对多种有机溶剂研究了红豆杉细胞两液相培养细胞生长动力学和紫杉醇生产动力学，并在此基础上获得了两液相培养红豆杉细胞的工艺条件。在两液相培养中针对十六烷、癸醇、油酸和邻苯二甲酸二丁酯4种溶剂进行了萃取剂的筛选，结果表明，4种有机溶剂的加入均能提高红豆杉细胞生产紫杉醇的能力，十六烷虽然具有较高的Ig*P*值（*P*为有机溶剂在辛醇和水两液相培养体系中的分配系数），但紫杉醇的分配系数相对较小；相反，癸醇的Ig*P*值较小，但具有较高的紫杉醇分配系数，有利于紫杉醇的合成，但对细胞的毒性较大。相对于十六烷和癸醇而言，油酸和邻苯二甲酸二丁酯的Ig*P*值处于两者中间，并且具有较高的紫杉醇分配系数。随后，吴兆亮等优化了油酸和邻苯二甲酸二丁酯的加入时间和加入量，对于东北红豆杉，最佳有机溶剂体积百分数为0.06%，最佳加入时间为细胞生长的中期或末期；对于南方红豆杉，最佳有机溶剂体积百分数为0.08%，最佳加入时间与东北红豆杉细胞相同。在优化条件下，油酸可分别将东北红豆杉和南方红豆杉细胞的紫杉醇产量提高4.15倍和2.39倍，邻苯二甲酸二丁酯分别将东北红豆杉和南方红豆杉细胞的紫杉醇产量提高3.37倍和2.55倍。此外，吴兆亮等还考察了上述两种有机溶剂的毒性，两者均对细胞的生长和紫杉醇的生产有副作用，预处理（将有机溶剂与相应的生长培养基平衡后待用）可以减弱这种副作用。

两液相培养技术与前体饲喂（乙酸钠、苯丙氨酸和苯甲酸胺）联合应用，紫杉醇产量比单独加入有机溶剂或前体时有大幅度的提高。在南方红豆杉细胞培养体系中，单独加入有机溶剂或前体时，紫杉醇产量为对照的3倍多，联合应用两种技术紫杉醇产量为对照的4.37倍。

在两液相培养体系中加入混合糖源（蔗糖+麦芽糖），同样可将紫杉醇产量由单独使用两液相时的3.33倍（与对照相比）提高至对照的4.30倍。在此基础上，吴兆亮等提出了在两液相培养的基础上同时进行前体饲喂和添加混合糖源，取得了良好的效果，将南方红豆杉细胞的紫杉醇产量提高至对照组的5倍多。

（三）药用植物细胞大规模培养过程中的几个问题

目前大多数植物细胞大规模培养生产药物的研究距商业化生产还有一定的差距，主要是培养过程放大中出现的一些问题。

1. 细胞聚集成团

通常，植物细胞明显比微生物个体大，生长慢。植物细胞的长度为10~100μm。因细胞分化后不易分离，而且在间歇培养的后期分泌胞外多糖，所以常易聚集成团。聚集体由2~200个细胞组成，直径能达几毫米。不同细胞系、不同细胞年龄、不同培养条件下细胞团的形式也不同。由摇瓶向气升式反应器放大过程中从悬浮培养液中聚集体颗粒到单个细胞的形态学均发生了改变。另外颗粒的分布也受环境因素的影响。细胞颗粒过大既会影响反应器的混合操作，又会导致大细胞团内部细胞的营养缺乏。但由于一定大小的细胞颗粒对细胞的生长及次生代谢物的形成有利，因而控制细胞颗粒大小是反应器设计与操作应考虑的一个重要因素。

2. 氧气供应

与微生物相比较，植物细胞代谢缓慢，对氧的需求也相对较少。此氧消耗速率以干重计为10^{-6}g/（g·s）数量级，通常认为植物细胞培养物生长需求的临界溶氧浓度为空气饱和浓度的15%~20%，但在高细胞密度和高流体黏度下会降低氧的传质效率。因此，实际所需要的溶氧浓度可能显著高于细胞生长的临界溶氧浓度。氧气供应不足，会抑制培养细胞的生长，但是，生物反应器的通气会产生泡沫，在植物细胞悬浮培养中这个问题尤其严重，研究发现泡沫的生成与通气速率和胞外蛋白含量密切相关。

3. 剪切力

植物细胞体积较大，其中液泡占95%以上的体积，植物细胞的细胞壁主要由纤维素组成，这都使得植物细胞对剪切力非常敏感。植物细胞培养中已发现剪切可以导致细胞活性（生长速率、再生潜能、膜的完整性）降低，胞内成分（蛋白与次生代谢物）的释放，代谢（pH、氧吸收率、ATP水平、代谢物合成、细胞壁组分）的变化以及细胞形态与颗粒模式的改变等。

在大规模培养时，通气和搅拌是产生剪切力的主要原因，剪切力对植物细胞的生长和次生代谢产物的合成均有很大的影响。研究发现搅拌桨的尖端速度超过8m/s时，白苏的细胞就会受到严重伤害，细胞生长和花色素的合成都受到抑制。

细胞对剪切的敏感程度与细胞系有一定的关系，即使同一品系的剪切敏感性也因细胞年龄不同而异。经过长期剪切力条件下培养的植物细胞培养物也可以获得一定的剪切耐受力。在机械搅拌式生物反应器中，不同区域剪切力的大小不同，对细胞造成的影响也不同。通过对植物细胞剪切力敏感性的研究，可以确定植物细胞所能承受的最大剪切力以及适合细胞生长、代谢的临界剪切力，这将有助于反应器与桨型的设计。在解决植物细胞大规模培养中出现剪切力问题时可采用如下的策略，即建立耐剪切细胞株，建立固定化植物细胞培养方法，开发低剪切生物反应器等。

4. 生物反应器的设计与放大

1959年人们第1次提出了大规模植物细胞培养的概念。随后，植物细胞培养反应器及放大领域的研究取得了很大的成功，目前工业上已有用75000L反应器进行紫草宁生产的实例。但是植物细胞培养的反应器设计与放大并不成熟。事实上，由于对生物反应器内植物细胞反应特征及传递特性认识得不够深入，迄今为止利用生物反应器进行植物细胞大规模培养的放大，与其说是科学，还不如说是经验与技巧、基础实验与理论研究远远落后于实用化的进程。因此，针对植物细胞大规模培养的特点，深入研究反应器的性能，并在此基础上建立反应器设计与放大的数学模型和优化模拟方法，是十分必要的。植物细胞反应器的设计必须具有合适的氧传递、良好的流动特性和低的剪切力。对某一细胞株而言，选择反应器首要考虑的因素是细胞的剪切耐受力。植物细胞的抗剪切力比微生物要小得多，所以必须对培养微生物的反应器进行改造或重新设计新型的反应器来适应植物细胞的大规模培养。近年来，开发的新型反应器如转鼓反应器和流化床反应器在某些场合都得到了较好的应用。

二、药用植物细胞大规模培养应用实例

（一）红豆杉细胞培养生产紫杉醇

紫杉醇（taxol）是20世纪70年代首次从短叶红豆杉（*Taxus brevifolia*）树皮中分离到的具有抗癌活性的二萜烯类化合物。紫杉醇能与微管蛋白结合，并促进其聚合，抑制癌细胞有丝分裂，阻止癌细胞的无限增殖。目前利用红豆杉细胞培养生产紫杉醇是一个值得探索的方法（胡凯，2003年）。

1. 红豆杉细胞两阶段法培养生产紫杉醇

（1）主要实验材料 由幼茎诱导的东北红豆杉细胞株系在B$_5$培养基上继代培养。

（2）生长培养基 为B$_5$液体培养基，其中维生素B$_1$、维生素B$_6$、烟酸、肌醇浓度加倍，蔗糖浓度为25g/L，并附加0.5mg/L 6-BA和2g/L水解酪蛋白。

（3）生产培养基　为B_5液体培养基，其中蔗糖浓度为60g/L，并附加0.5mg/L6-BA和1g/L水解酪蛋白。

（4）生产过程　大体分为以下3个步骤：①将红豆杉细胞在25℃、100r/min的摇床上黑暗条件下进行培养。第1阶段（生长培养阶段）是在250mL三角瓶中加入的生长培养基和细胞体积总和为36mL，其中湿细胞为6.11g，培养时间为10天；第2阶段（生产培养阶段）是在第10天加入生产培养基10mL，培养时间为6天。②胞外细胞培养液中紫杉醇含量分析。将分析样品经离心分出细胞和胞外培养液。胞外培养液用高效液相色谱仪进行测定，以反相硅胶柱（5μm C_{18}，200mm×4.6mm），流动相采用乙腈：水（47：53），流速为1mL/min，在227nm下用紫外检测器检测，外标法定量。③胞内紫杉醇含量分析。将上述分离出的细胞放入冰箱冷冻室于－20℃冷冻5天，然后转入研钵加环己烷研磨约10min，弃去环己烷，然后加入20mL甲醇进行超声振荡，离心，残渣再加入甲醇，重复提取3次，合并甲醇。用高效液相色谱仪测定紫杉醇含量（祝顺琴，2004年）。

2. 红豆杉细胞培养研究进展

在红豆杉的细胞培养中，通过筛选高表达的细胞株，大量培养时加入前体物质（Strobel，1992年）、诱导子（Baebler，2002年）、抑制剂等提高紫杉醇的产量。随着分子生物学的发展和紫杉醇代谢酶类的研究，目前趋向于用现代分子生物学的方法来提高紫杉醇的产率。通常用分离和克隆出的关键酶的基因加上强的启动子或者经过其他修饰后，构建在载体上，通过根癌农杆菌（*Agrobacterium tumefaciens*）介导转化到红豆杉基因组中，构建转基因红豆杉植株、冠瘿组织或者紫杉醇高产细胞系（Wildung，1996年；盛长忠，1999年）。或者是通过发根农杆菌（*Agrobacterium rhizogenes*）转化红豆杉枝叶或愈伤组织得到毛状根来生产紫杉醇。

（二）人参细胞培养生产人参皂苷

人参（*Panax ginseng*）为五加科植物，干燥根入药，具有大补元气、固脱生津、安神益智的功能，是一种名贵的滋补强壮药物。它主要含有生理活性很强的生物碱、皂苷、萜类和甾体类物质。

1. 人参细胞的大量培养方法（周立刚，1992年）

（1）实验材料　人参愈伤组织由栽培的人参根诱导，暗培养于添加0.2mg/L 2,4-D、0.1mg/L KT的MS培养基上，培养温度为（26±0.5）℃，25天转代一次，经20～30次继代培养后用于细胞大量培养研究。

（2）培养方法 细胞悬浮培养和发酵培养温度均为（28±0.5）℃，悬浮培养和发酵培养的激素浓度比愈伤组织培养降低一半。培养基在灭菌前均将pH调至5.8。发酵培养在使用过程中可按要求自行调节pH，悬浮培养选择旋转式摇床，转速120r/min，振幅2.5cm，采用500mL容积的三角瓶，内装100mL培养液，发酵培养采用机械搅拌式发酵罐，总容量10L，工作容积4～6L，通气量每分钟为0.6～0.8vvm，搅拌速度为50～60r/min。

（3）生长速率测定 经过一段时间的细胞发酵培养后，将培养液在3000r/min离心10min或过滤收集培养细胞，然后置于−50℃以下冰冻干燥至恒重，为了消除接种量对生长速率计算的影响，采用相对生长速率的计算公式，即 $R=T^{-1}\ln(W_2/W_1)$，R代表生长速率（d^{-1}），W_2为收获物干重（g），W_1为接种物干重（g），T为培养时间（d）。为了观察细胞发酵培养的生长动态，于接种当天和以后每隔3天停止通气一次，每次5min，待细胞全部沉于罐底后用尺子测量沉下来的细胞厚度毫米数，根据发酵罐的直径和沉淀的细胞厚度换算成毫升数，以沉淀的细胞毫升数为指标来估计细胞的生长动态。

（4）总皂苷含量的测定 细胞培养物经冰冻干燥后，粉碎，用正丁醇冷浸2天，经超声波处理10min，用大孔吸附树脂D101脱糖，采用分光光度法测定含量。总皂苷含量以占收获细胞培养物干重的百分数表示，皂苷产率以每升培养液中所含皂苷的毫克数表示，为消除接种量对皂苷产率的影响，皂苷产率还可用每克细胞接种物培养一段时间后所产生的皂苷毫克数来表示。

（5）糖利用率的测定 当细胞培养一定时间后，取培养液，按蒽酮法（袁静明，1975年）测定，消耗糖量除以加入的糖量即得糖利用率。

（6）结果 人参细胞发酵培养的生长速率（$0.138d^{-1}$）和皂苷含量（5.544%）均比悬浮培养高，按每克细胞接种物培养一段时间后所产生的人参皂苷毫克数来计算皂苷产率，则发酵培养为每克接种量439.6mg，悬浮培养为219.8mg，发酵培养明显优于悬浮培养。

2. 人参细胞培养研究进展

早在1964年罗士韦教授就开始了人参愈伤组织的培养。其后，各国的工作者都相继成功获得了人参的愈伤组织。目前主要通过人参细胞悬浮培养和人参毛状根的培养生产各种次生代谢产物。Kim等（2001年）利用人参细胞悬浮培养生产苯醌类物质。Lu等（2001年）利用在人参细胞悬浮培养中加入诱导子使皂苷的含量达到细胞干重的2.07%，是未加诱导子的28倍。目前日本和德国都已获得了关于人参细胞工业化生产的专利，开始了人参细胞大规模培养生产。由于人参细胞在次生代谢产物含量、生长速度和培养条件等方面都无法与人参毛状根培养系统相比，所以目前研究的热点主要集中在人参毛状根培养系统。日本学者Kayo Yoshimastsu（1996年）利用发根农杆菌转化人参叶柄获得在离体条件下生长迅速的毛状根。Yang等（2000年）用发根农杆菌15834转化人参得到一高产毛状根系统。赵寿经等（2001年）在培养用发根农杆菌A4转化的毛状根时，经过14天的培养，鲜重增加7.97倍，人参皂苷含量为10.38mg/g，超过6年生的人参根（6.45mg/g）。同时还利用PCR方法从人参毛状根中扩增并克隆了影响人参皂苷合成的基因rolC（赵寿经，等.2001年），这就有可能在基因水平上对毛状根积累皂苷进行调控，筛选出高表达的毛状根株系。

（三）长春花细胞培养生产生物碱

长春花（*Vinca rosea*）是夹竹桃科长春花属植物，20世纪50年代人们发现其细胞和组织培养物中含有100多种次生代谢产物，其中大多为生物碱，它们具有很强的生物活性，是目前应用最广的天然抗癌药物之一。由于天然含量较低，运用组织培养和细胞工程及其毛状根的培养生产其生物碱是目前研究的主要方向。

1. 利用长春花冠瘿细胞培养生产吲哚生物碱的方法（王淑芳，1999年）

（1）主要实验材料　培养材料为长春花冠瘿细胞。此细胞是将长春花愈伤组织与农杆菌C58共培养时，该细菌中T-DNA片段整合到愈伤组织细胞的核DNA中去，长出的冠瘿细胞。

（2）培养基　MS培养基。

（3）外源刺激物的制备方法　将大丽花轮枝孢菌接种于MS培养基中悬浮培养7天后高压灭菌备用。

（4）生产过程　按照以下4个步骤进行。①长春花冠瘿细胞培养。细胞在加有100mL MS培养液的500mL三角瓶中振荡（100~120r/min）培养，培养液中不加任何植物激素，培养温度25~27℃。②冠瘿细胞生长的测定。收获悬浮培养细胞，真空抽滤至不滴水后称其鲜重（取3瓶细胞鲜重的平均值），表示培养过程中细胞生长的变化。③冠瘿细胞个数的测定。准确吸取细胞均匀分布的悬浮液适当稀释后，放在计数盘中，在显微镜下计数（取3次平均值）。④高效液相色谱法测定长春碱含量（阴健，1993年）。样品用95%甲醇提取，提取液浓缩，加水稀释后用硫酸酸化，再用水饱和的乙酸乙酯提取，用碳酸钠或氨水调水层pH至6.4，再用二氯甲烷提取，提取液减压蒸干，甲醇溶解后点样于碱性氧化铝薄层（110℃活化）上，以苯：甲醇（95：5）展开，挥干喷Dragendroff试剂，刮下斑点，氯仿提取后以氯仿稀释，进样，色谱柱为CN-键合的多孔性硅胶（10μm）填充的不锈钢柱（30cm×3.9mm），流动相为环己烷：氯仿（1：1）（2mL/min），254nm检测，其线性范围为0.2~1.5μg。

（5）生产结果　不同剂量的外源刺激物（elicitor），即大丽花轮枝孢菌的加入均程度不同地提高了吲哚生物碱的含量。其中加入5mL剂量为最好，细胞中吲哚生物碱含量可提高2倍。

2. 长春花细胞培养研究进展

在长春花的细胞培养中加入前体物质如马钱子苷，诱导子如茉莉酮酸、甲壳质、果胶酶等能提高次生代谢产物的积累，并且在1987年利用搅拌式生物反应器培养长春花细胞规模就达到5000L。随着长春花生物碱合成代谢过程的研究，目前已经清楚其基本代谢模式，但是关键的限速酶还正在研究之中（Geerlings，2001年）。Camilo Canel（1998年）和Geerlings（1999年）等研究了异胡豆苷（strictosidine）合成酶和色氨酸脱羧酶在长春花细胞合成吲哚类和喹啉类生物碱中的作用。由于毛状根培养技术在植物次生产物生产方面的广泛应用，近来长春花的毛状根培养系统也经常报道（Morga，2001年；Moreno-Valenzuela，1998年）。

第三节　药用真菌发酵工程的技术与应用

发酵工程是运用生化工程的原理和方法、生物反应器技术及分离纯化技术将生物技术的实验室成果进行工业化开发的一门技术，是生物技术不可分割的一部分。人们通过基因工程和细胞工程技术可以创造出许多具有特殊功能的或多种功能的工程菌株或工程细胞，它们通过酶工程、发酵工程生产出更多、更好的产品，因而发酵工程则是生物技术产业化及大规模生产的关键环节，在生物技术中是必不可少的内容之一。

药用真菌是我国药用植物的重要组成部分，在民间防病治病的实践中有着悠久的历史。它可分为两大类：一类是药食兼用型，如香菇、姬松茸、黑木耳、猴头菌、金针菇、竹荪等；另一类是药用型，如灵芝、云芝、猪苓、麦角菌、冬虫夏草等。在药用真菌的产业化方面，目前的工作偏重在开发保健品方面，在药品的开发方面还处于初级阶段，但已发展成药品的仍有银孢糖浆、冠脉乐银蜜片、云芝肝泰冲剂、竹红菌软膏、香云片、宁心宝、舒筋丸、猪苓多糖片、虫草胶囊、各种灵芝制品等40多种产品。

一、药用真菌的基本生产技术

（一）一般生产技术

药用真菌作为中成药的原料药，主要通过野外采集、人工栽培和发酵生产3个途径获得。从野生资源采集得到的主要有猪苓、雷丸、冬虫夏草、马勃、蝉花等，大部分还是通过人工栽培方法提供大量的子实体。近20多年来，为满足医药市场的需要，采用发酵工程生产药用真菌、菌丝体及其他代谢产物的途径有了很大发展。

我国地理复杂，气候多样，是食药用真菌良好的繁衍和滋生地，蕴藏着极其丰富的药食用真菌物种资源，目前已记载的药食用真菌有871种，分属于53科16目143属。估计全国目前已知近1000种，其中90多种可人工栽培或通过菌丝体发酵培养。由于菌种差异和生产工艺不同，对生产原料和要求条件不尽相同，在生产上可分为子实体栽培和菌丝体发酵两大类。

（二）发酵工程生产技术

发酵工程是利用微生物的某种特性，通过现代化工程技术手段进行工业规模生产的技术，其主要内容包括工业生产菌株的选育、最佳发酵条件的选择和控制生化反应器（发酵罐）的设计和产品的分离、提取和精制等过程。现今药用真菌的发酵技术主要采用两种工艺：即固体发酵和液体深层发酵。

1. 固体发酵

固体发酵（solid fermentation）是指在培养基呈固态，虽然含水丰富，但没有或几乎没有自由流动水的状态下进行的一种或多种微生物发酵过程。其基质是不溶于水的聚合物，它不但可以提供微生物所需碳源、氮源、无机盐、水及其他营养物，还是微生物生长的场所。固体发酵工程在基质特性、染菌控制、水活度的控制、pH的调控、传质与传热等领域的研究取得了较大的进展。

药用真菌固体发酵的基质既提供药用真菌生长所需的营养，同时又因药用真菌的分解或合成而产生新的成分，从而使其性质发生变化，成为新型菌质（庄毅，1994年）。影响固体发酵工程的因素有发酵菌种（药用真菌）、发酵基质（药性基质）和发酵条件（通常为水分、温度、空气等）。将药用菌菌种接种到一定的固体基质上，在一定的环境条件下，经过一定的时间发酵（发酵周期），在特定的质量指标控制下，达到发酵终点，从而产生菌质。这是药用真菌固体发酵的基本特点。药用真菌固体发酵的基本工艺如下。

（1）菌种与种子制备

①菌种：在固体发酵生产之前，首先是向专业机构购买或从自然界分离得到

所需的药用菌菌株，经分离、纯化后，通过栽培试验培育出子实体，并经鉴定无误后才能供给发酵使用，为了保持菌株的特性和获得高产菌株，必须注意菌株的纯化、选育、复壮和保存。

②种子制备：根据使用的目的、生产特点和作用，把菌种区分为母种、原种和发酵种3个类型。母种系由孢子分离或从组织分离培养获得的纯菌种，通常培养在PDA试管斜面培养基上，作为保藏用的菌种，称为一级菌种。PDA试管斜面培养基的制法：将马铃薯洗净，去皮切成小块，称取200g，加水1000mL，煮沸20min后过滤，滤液中加入葡萄糖20g，琼脂20g煮溶，最后补足水分至1000mL，pH自然，用4层纱布过滤，分装入试管，灭菌后摆成斜面，备用。

原种由母种扩大培养而成的菌种，称二级菌种。固体原种系将固体培养基装在750mL小口玻璃瓶（蘑菇瓶）内接菌培养，1支试管母种可扩接8～10瓶原种。也可以用摇瓶培养制成液体原种。

由原种扩大繁殖而成的发酵菌种，称三级菌种。通常用玻璃瓶或塑料袋作容器，将原种接种在固体培养基上进行培养。一瓶原种可扩接60～80瓶的发酵瓶（袋）。也可以采用液体菌种接入固体发酵基质进行培养。

（2）固体发酵　进行固体发酵的发酵培养室、木架、木盘等在使用前均需严格消毒。浅盘、深盘发酵基质的原料和配方与玻璃瓶容器或塑料袋栽培相同。基质一般经0.14MPa高压灭菌，保持1.5～2h，灭菌后的发酵基质立即放到发酵培养室，当冷却到28～30℃时，按1%～5%接种量接种三级菌种。发酵基质和菌种拌匀后装入木盘，每盘约0.5kg，厚度约1cm，上盖一层湿布，防止发酵基质表面水分蒸发过快，发酵过程应注意将温度、湿度控制到较适范围。药用菌固体发酵容器多采用玻璃瓶或塑料袋（聚丙烯塑料袋，耐高温150℃，厚度0.05～0.06mm）。而酶制剂固体发酵或药材基质固体发酵的容器多采用浅盘或深盘。

（3）菌质后处理　固体发酵物，含有大量菌丝体和次生物质及未利用完的基质，称为菌质。菌质中的菌体、基质和代谢产物常融为一体，很难分离。在提取有效成分时，需用粉碎机将菌质粉碎，粉碎料投入提取设备内，进行处理，一般处理的方法有4种。

①提取与分离。菌类中成分比较复杂，临床上应用有效的菌类药都在药理实验指导下，通过提取、分离或精制，常把某一类总成分提出，或提取某组分。一般操作过程为固体发酵物浸提液→离心去渣→微孔过滤器（或折叠式过滤器）→超滤机→离心薄膜蒸发器→喷雾干燥。

②固液分离。有的固体发酵产物经粉碎后，通过板框压滤，把菌丝体与固体

发酵液分开，液体部分经减压浓缩与菌体提取液合并，再浓缩至所需的浓度或浸膏。

③菌质干制。菌质干制常用方法为烘干、干燥、脱水等。干制有利于贮藏，不易腐败变质，活性物质也不因水分减少而受到破坏，使产品能够长期保存。烘干干制技术要点：在固体菌质进入烘房（或脱水机）前，要把烘房（或脱水机）预热。烘房始烤温度一般从35～40℃开始，每小时升高2～3℃，逐步升高，当温度升至55～66℃时，经一段时间水分已蒸发70%左右，这时将温度下降至50～55℃，继续烘至发酵物的水分含量低于10%为止。冷冻干燥的技术要点：将物料先冻结在冰点以下，使水分变成固态冰，然后在低温低压条件下将冰直接升华变成气体而除去水分，从而使发酵物得到干燥。

④粉碎、过筛。粉碎大致有两种形式：一是球磨机粉碎。烘干后的发酵物经球磨机粉碎，过80～100目筛，用塑料袋包装、密封、入库。二是超音速气流粉碎。固体发酵物经脱水处理之后，通过超音速气流粉碎机，在瞬间将物料破碎成1～10μm的超细粉末。

2. 液体深层发酵

液体深层发酵（liquid submerged fermentation）是在抗生素发酵技术基础上发展起来的，沿用了传统的发酵生产工艺。用于接种的斜面菌种是以3～4天菌龄为宜，每500mL摇瓶接入1cm²的菌丝块即可，用摇瓶菌种接种发酵罐的接种量为1%～5%。在进行发酵罐的培养时，投料一般为罐容的2/3，通气量在1∶1～1∶0.5，搅拌速度为100～150r/min。摇瓶种子在适温下振荡培养4～6天后，其发酵过程对无菌操作有更高的要求。培养过程中的搅拌可视具体品种而定。一般来说，采用通气搅拌方式比机械搅拌好，采用间歇搅拌方式比连续搅拌效果好。培养中，碳源方面，绝大多数品种都能利用葡萄糖、麦芽糖、蔗糖及淀粉；氮源方面，药用真菌能利用的有机氮很多，如酵母浸提液、豆饼粉、玉米浆、蛋白胨等。其发酵周期因丝状菌生长速度的原因并无对数生长期，其发酵周期可大致分为适应期、增殖期、平衡期及衰老期。在以菌丝体为目的的发酵生产中，都以菌丝体的得率为控制指标。而对于以次生代谢产物为目的的深层发酵，一般都在目的产物达到最大值时才终止发酵。液体发酵工艺的研究和开发一般分为3个阶段。

（1）实验室的研究　对确定要开发的药用菌菌种进行筛选，通过摇瓶机和实验室自控发酵罐，对菌种性能、培养基组成（包括碳源、氮源、碳氮比、pH、微量元素等）、培养条件（包括温度、通气量、接种量、搅拌速度）等进行试验，摸清深层发酵有关参数和发酵过程代谢变化（包括pH、氨基氮、糖及其代谢产物变化）。上述试验结果对指导中间试验和确定发酵终点有重要的作用。

实验室常用摇瓶机有两种：①往复式（往复速度80～120r/min，冲程为8～12cm）。②旋转式（一般旋转速度60～300r/min、偏心距为3～6cm）。上述摇瓶机都是放在自控温度培养室中，室内有良好的空气循环和卫生条件。有条件单位可采用自动控制小型发酵罐，实验室发酵罐的体积一般为1～3L，罐体是玻璃制造的，大的用不锈钢制成。发酵罐附有测定温度、pH、溶解氧、氧化还原电位、泡沫和液位等参数的传感器。有的发酵罐还配备有计算机，监测和自动控制发酵过程。

（2）中试　摇瓶试验所得的各种参数只能提供发酵生产时参考。由于摇瓶液体培养方式和深层发酵生产条件不一样，一旦放大到发酵罐中试验，就会出现较大差异。摇瓶培养与深层发酵产生差异主要有3方面原因。①氧吸收系数和溶解氧两者相差甚大。菌体发酵的氧吸收系数往往较摇瓶培养高得多，一些对溶解氧要求较高而又敏感的菌株，在摇瓶条件下受到限制，而在发酵罐生产条件下其效果却明显提高。②菌丝的机械损伤。菌丝的损伤是由发酵罐体中有机械搅拌引起的，造成了菌丝细胞破碎，从而造成生产能力的下降。而在摇瓶培养中，菌丝体受到的机械损伤远远低于深层发酵生产。③二氧化碳浓度的影响，深层发酵时不断通入空气，以保证菌丝对溶解氧的需求，而且还促使CO_2排出罐外，以降低罐内液体中的CO_2浓度。鉴于上述机制，实验室发酵参数只是供中试参考的基础数据，还必须在50～250L容积的小发酵罐或更大的发酵罐中进行中间试验。为了实现试验菌株内在生产能力的高效表达，必须对中试条件实施有效控制。在发酵过程中准确检测各种参数，对产物得率、过滤速度、成本、效益等综合因素进行评价，然后再确定该菌株的发酵工艺路线。

（3）工厂化生产　规模的经济性是每项工程设计时必须要考虑的一个重要因素。一般情况下，只要产品有市场，生产规模越大，产品的生产成本越低，工厂生产将在小、中型试验基础上逐步扩大生产规模，一般是15～50m^3，有的达150m^3或更大。发酵罐容积每增加10倍，生产成本将下降37%～60%。但发酵罐容积太大，由于染菌或其他故障造成的损失相应增大，因而增加了风险。为此，目前比较理想的发酵罐容积以100～200m^3为宜。通常生产过程包括：菌种的斜面培养→摇瓶种子培养（500mL）→种子罐培养（通常可分为一级、二级和三级种子罐，罐容约50L、500L、5000L）→发酵罐培养（发酵罐体积5000L～200000L不等）。

二、药用真菌发酵工程技术的应用

（一）灵芝液体深层发酵技术

灵芝（*Ganoderma lucidum*）为担子菌纲，多孔菌科，灵芝属真菌，自古以来就是我国名贵药用真菌。现代医学研究发现灵芝中主要生理活性成分是灵芝多糖、生物碱和三萜类化合物（如灵芝酸）。目前灵芝的液体深层发酵技术已有很大发展。

1. 灵芝液体深层发酵的生产工艺

（1）主要实验材料

①菌种：斜面菌种一般来自孢子分离培养或组织分离培养所获得的菌丝体。灵芝菌丝体外观呈白色茸毛状，在显微镜下菌丝表面有一层白色结晶，是菌丝分泌物，成分是草酸钙。菌丝体具有担子菌特有的"锁状联合"，液体深层培养的菌丝比斜面培养的菌丝具有更多的"锁状联合"，此外还能看到一种形如核桃的厚垣孢子。在液体培养基中，由于菌丝体呈辐射状向四周扩展生长，菌体形成菌球悬浮于发酵液中。

②斜面培养基：通常使用马铃薯-葡萄糖-琼脂培养基（PDA培养基）。

③液体培养基：氮源以花生饼粉较好，黄豆粉次之，玉米粉较差。以葡萄糖和蔗糖做碳源没有显著差异，无机盐对于增加菌体干重是有益的，碳酸钙有利于维持培养基的pH。

配方1：花生饼粉2%，蔗糖2%，硫酸铵0.25%，磷酸二氢钾0.15%，硫酸镁0.07%，碳酸钙0.2%，pH自然。

配方2：玉米粉1%，蔗糖2%，蛋白胨0.2%，酵母粉0.3%~0.5%，磷酸二氢钾0.1%，硫酸镁0.06%，pH自然。

配方3：大麦芽4%，饴糖2%，大豆1.5%，蔗糖1%，pH自然。

在种子罐和发酵罐培养基可加入黄豆油适量（0.1%~0.2%）做消沫剂。

（2）培养条件　最适培养温度27~30℃，通常培养液采用自然pH，在培养过程中逐渐降到最适pH 4~5，当pH降到3.8，即可终止发酵。

（3）发酵液后处理　通常有下列3种处理方法。

方法1　提取多糖：采用离心或板框压滤分离菌丝体与菌液，菌丝体用90~100℃热水提取3次，提取液与菌液合并，真空减压浓缩，加入3倍量95%乙醇沉淀提取灵芝多糖，得粗品，再用Sevag法（谭仁祥，2002年）去除蛋白质，逆向流水透析得精品。

方法2　提供制药原料：将发酵液真空减压浓缩，烘干即可作为制药原料。

方法3 制备浸膏：将方法2烘干的原料用95%乙醇回流提取4h，反复用乙醇提取至提取液无色或微带色。合并提取液，减压回收乙醇，得黏稠状浸膏。

2. 灵芝液体深层发酵技术研究进展

灵芝液体深层发酵技术的研究进展集中在培养基的优化领域。①在碳源的选择方面，葡萄糖及成分较复杂的复合碳源（如玉米粉和酒糟）有利于菌丝体的生长和胞外多糖的分泌（李平作，等.1998年）。分析可能的原因，一是酒糟等碳源中含有的其他营养成分（各种维生素等）有利于菌体的生长；二是酒糟中含有的纤维素、半纤维素和核苷酸类物质作为菌丝体胞外多糖合成的前体而促使胞外多糖的大量合成。玉米粉作为灵芝液体培养碳源，最适浓度为3%（潘继红，等.1997年）。②在氮源选择方面，李平作等（1998年）指出酵母膏、麸皮为最适氮源，而方庆华等（2001年）选择了5g/L的蛋白胨和5g/L的酵母膏；潘继红等（1997年）则认为3%的黄豆饼粉为最适氮源。但相关报道均指出灵芝菌丝体对有机氮源的利用能力要优于无机氮源（Tsujikura，1992年；Lee，1999年）。只有Yang和Liau的报道（1998年）中采用了无机氮源，但是没有报道最终细胞量。③发酵周期为72~108h（潘继红，等.1997年；宋淑敏，等.1999年），最适温度为28℃。较合适的接种量为330mg/L（方庆华，等.2001年）。

（二）云芝液体深层发酵技术

云芝（*Coriolus versicolor*）又称彩色革盖菌，是一种野生的药用真菌，性味微甘、寒。具清热，消炎功效，且具抗癌奇效，云芝提取物制成的云芝肝泰对治疗迁延性肝炎、慢性肝炎有良好的疗效。但野生云芝资源有限，目前除了采用野生云芝和人工栽培的云芝外，主要采用液体深层培养法生产的菌丝体来研制食品添加剂和医疗保健药品、药品等。

1. 云芝的液体深层发酵

（1）主要实验材料

①菌种：云芝（*Coriolus versicolor*）。

②斜面种子扩培培养基：为常规的PDA培养基。

③液体培养基

种子罐配方为：黄豆饼粉1%（加水浸煮20min，取其滤液），葡萄糖2%，蛋白胨0.2%，磷酸二氢钾0.1%，硫酸镁0.05%，维生素B_1 0.001%，pH 6.0。

发酵罐配方为：黄豆饼粉1%，葡萄糖3%，酵母粉0.2%，硫酸铵0.25%，硫酸镁0.1%，磷酸二氢钾0.1%，pH自然。

在种子罐和发酵罐培养基可加入黄豆油适量（0.1%~0.2%）做消沫剂。

（2）云芝多糖提取工艺 利用离心机或板框过滤将发酵液与菌球分离，分别提取胞外多糖和胞内多糖。

①胞外多糖的提取：利用减压或常压浓缩将发酵液浓缩到原体积的1/10～1/8，呈黑褐色稠膏状。待浓缩液冷却后，加入3～5倍体积的乙醇，使混合物中乙醇含量为75%～80%。搅拌后静置12h以上，离心，沉淀物经冷冻干燥得到灰褐色云芝多糖粗提物。上清液蒸馏回收乙醇。

②胞内多糖的提取：将菌球投入到4～5倍水中，在回流条件下，加热浸煮8h，浸煮温度95～100℃，分离菌球与提取液，保存提取液，对菌球进行第2次热水提取6h，分离菌球与提取液，弃菌球，合并两次提取液，浓缩至原体积的1/10～1/8，使提取液呈黑褐色稠膏状，冷却后加入3～5倍乙醇，使混合物中乙醇含量为75%～80%。搅拌后静置12h以上，离心的沉淀物经冷冻干燥得到黑褐色云芝多糖粗提物。上清液蒸馏回收乙醇。

2. 云芝液体深层发酵的研究进展

液体发酵培养基较适宜的碳氮比范围为（15～25）∶1。经实验得出用葡萄糖和蛋白胨为云芝菌丝体的最适碳源和氮源，且有机氮源优于无机氮源，有机氮源中含复合氨基酸的氮源显著好于单一氨基酸氮源（张培玉，等.1998年）。

对液体发酵时pH进行的控制研究指出：pH既影响菌体的生长也影响多糖的合成，在较低的pH时更有利于菌体的生长，而在较高的pH时更有利于多糖的合成，这可能是在较高的pH下，更有利于合成多糖的酶系发挥作用并使得云芝的代谢向合成多糖的方向进行（尤蓉，等.2001年）。通过添加10% NaOH，可以控制pH维持在设定值（李平作，等.2000年）。

中草药是中华民族有史以来就应用于防病治病的药用植物，尽管其细胞培养的研究工作起步较晚，但近年来发展较快，有的已进入工厂化生产的前期准备工作。为了提高此生产代谢物的产量以增加研究和开发的商业价值，人们正试图用发根农杆菌Ri质粒来转化一些药用成分集中在根部的植物。因此，我们可以预测，通过植物细胞培养和遗传转化技术相结合，势必会使细胞培养方法发展成为类似微生物发酵的工业化生产。但是，目前的研究有待于进一步的深入。例如，在细胞培养过程中细胞的不同步是普遍的，选育高产的并且有遗传稳定性的细胞株是非常重要的；培养环境是进行细胞培养的重要环节，必须优化生物反应器的结构、供氧条件和培养的剪切条件以及培养基的成分；建立完整的培养过程的检测系统。总之，植物细胞培养技术随着生化工程的发展越来越受重视，其前景是广阔的，并且人们对生理、生化及遗传特性了解会更深入，一旦目前面临的问题得以解决，植物细胞培养工业化生产药物将大放异彩，造福人类。

第九章

药用植物组织培养技术的应用

<table>
<tr><td>第一节</td><td>药用植物茎培养的技术</td></tr>
</table>

| 第一节 | 药用植物茎培养的技术 |

植物的茎（stem）是植物地上部分的主干和侧枝，在其上着生叶、花和果实。在茎的顶端和叶腋处都生有芽（buds），顶端着生的芽叫顶芽（terminal bud），叶腋处着生的芽叫腋芽（axillary bud），这些芽在茎上的生长有着一定的位置。还有一些芽生长在植物的根、茎（老茎或节间上）或是叶上，这种芽叫不定芽（adventitious bud）。离体茎培养（stem culture）是将从几微米到几十微米的茎分生组织、几十毫米的茎尖或更大的芽、幼嫩的茎段和小块块茎等，从母体植株上切下，放入人工设计的无菌环境条件下，使其生长发育，以至形成植株的技术。根据培养对象不同，可将离体茎的培养分为茎尖培养、茎段（带芽或不带芽）培养及茎块的培养。离体茎培养不仅可探讨茎细胞的分裂潜力和全能性，以及诱发细胞变异，筛选突变体，而且还可通过茎尖培养生产无病毒植株，为挽救优良品种开辟了一条新途径。

一、离体茎培养的基本过程

（一）主要材料

1. 植物的茎

包括茎尖、茎段（带芽或不带芽）及块茎、球茎、鳞茎等。

2. 培养基

常用的培养基有MS培养基（Murashige and Skoog，1962年）、改良White培养基（1963年）、Morel培养基（1955年）、Kassanis培养基（1957年）、农事场培养基和革新培养基。

通常在整个培养过程的各个阶段使用同一种基本培养基，在生根阶段使用盐浓度较低的基本培养基对于根的形成会收到较好的效果。在各种培养基中，使用最多的是MS培养基和它的改良形式。

由于培养物在培养基中不进行光合作用，因此需要培养基提供碳源。使用最多的糖类是蔗糖，有时也使用葡萄糖和果糖以及其他糖类化合物，浓度一般在2%～3%。在大量培养时，为了节省成本使用食用蔗糖往往也能得到同样的效果。目前在快速繁殖中使用最多的是固体培养基，以琼脂作固化剂。由于琼脂来源不同，用量也不相同（0.5%～0.8%），以容器倾斜时固体培养基不迅速变形为宜。对激素的要求，不同的外植体在培养的不同阶段以及采用不同途径增殖时，使用的种类和浓度会有所不同。

3. 其他培养条件

包括光照、温度和湿度等。除特殊要求外，一般在整个过程中都采用日光灯加白炽灯的混合光做光源，光强度在1000～3000lx。光周期使用24h连续光照或16h光照、8h黑暗。在快速繁殖中光照的作用不是满足培养物光合作用的需要，而是用于植物的光形态建成。茎尖的生长点培养要求24～27℃的温度，但因植物不同有时也使用较低或较高温度。一般认为恒定的温度对生长有利，较少采用日夜变温的方法。由于培养容器内的相对湿度在100%，所以对于培养室湿度的要求并不十分严格。可当培养时间较长，特别是北方空气过于干燥时，培养基水分可能丧失过快，这时应注意培养基的保湿，一般可用防湿的铝箔或塑料薄膜包裹；在南方潮湿季节和地区，由于湿度过高，在棉塞或封口纸上真菌生长加快以致透入容器内引起污染，这时要用去湿器和其他方法降低空气湿度，如采用防湿的铝箔或塑料薄膜封口也能达到防止污染的目的。

（二）茎培养的具体过程

1. 茎的获取

茎的获取随不同培养目的而有所不同，一般分为茎尖分离和茎段分离两部分：①茎尖的分离。植物的茎尖是由生长锥、叶原基和幼叶组成的。若用茎尖作为培养对象，则应从未发病植株上，取正在生长的顶芽、萌发芽或球茎的中心芽。将芽放在70%乙醇里浸10min左右，再在2%～10%次氯酸钠溶液中浸5～10min，用无菌水冲洗数次后，在无菌条件下进行解剖。把芽放在解剖镜下，用镊子、刀片、解剖针等工具，逐层把芽外面的幼叶和叶原基除去，使生长点露出，这时要细心，不要弄伤顶端圆锥体，用利刀切下含有1～2个叶原基的0.1～0.2mm长的生长点，然后将生长点接种到固体培养基上。②茎段的分离。在无菌条件下，用无菌的小刀，将茎段切成0.5～1.0cm的带芽切段，若是鳞茎则先切取带小段鳞片的底盘，再切开底盘，使每块底盘上都带有腋芽，然后接种到培养基上。

2. 茎的培养

根据需要获取茎尖、茎段、茎块后，放入固体培养基中进行培养。也可用液体培养基培养，但需用滤纸桥做支持物。一般对培养器皿无特殊要求，接种的茎尖放在25℃培养环境中，光照1000～3000lx，以日光灯为光源，每天光照16h为宜。

（三）离体茎的培养结果

1. 茎尖的发育

离体茎尖的发育有3种情形：①生长太慢。培养的茎尖不见明显增大，但颜色逐渐变绿，最后形成绿色小点。有人认为这时的茎尖处于休眠状态，也有人认为这是由于生长素浓度偏低，或培养温度低所造成的，如果立刻转入生长素浓度稍高的培养基中培养，或适当提高培养温度，就能促进茎尖生长。②生长过旺。接种后茎尖明显增大，1周内即在茎尖基部产生愈伤组织，很少看到茎尖伸长，颜色一直较淡，这说明所用生长素浓度偏高，或光照太弱，温度过高，在这种情况下应立即转入生长素浓度较低的培养基中，或降低温度，提高光照强度，否则会形成半透明的一团愈伤组织，丧失发育能力。③生长正常。接种后茎尖的颜色逐渐变绿，基部逐渐增大，有时形成少量愈伤组织，茎尖也逐渐伸长，大约1个月，即可看到明显伸长的小茎，叶原基也形成可见的小叶，说明生长正常。这时转入无生长调节剂的基本培养基中继续培养，茎尖可不断伸长，并能形成根系，最后发育成完整小植株。

2. 离体茎段及茎块的发育

离体的茎段或茎块经培养后，在其切口处特别是基部切口上先呈现稍许的膨大，以后逐渐长出愈伤组织。继续培养，则由愈伤组织再分化成丛生芽。切割丛生芽成单芽，接种在生根培养基上后，即可获得完整植株。若茎段或茎块带有芽，则茎段的发育类似于植物的扦插。培养后芽不断分化和生长，随着芽的不断生长，在叶腋处会形成腋芽。若反复切割这些腋芽并移植到新的培养基中继代培养，就可在短期内得到大量的芽，最后将芽切割，转入生根培养基上培养，在芽基部可长出根，即成根、茎、叶完整的植株。

二、影响茎培养的因素

（一）植物生长激素

根是植物合成生长激素的主要场所，培养的茎虽然本身能合成少量生长激素，但不能为茎尖、茎段以及茎块芽的生长发育提供足够的内源生长激素。因此，供给外源的生长激素是培养过程中必需的。在常用的激素中，GA_3对某些植物芽的生长是有益的。它的主要作用是对芽的伸长有效，其浓度以小于1mg/L为宜，如在马铃薯块茎的培养前期，少量的GA_3有利于茎尖成活和伸长，但如果浓度过高或使用时间过长，则会产生不利影响，茎尖不易转绿，最后叶原基迅速伸长，生长点并不生长，整个茎尖变褐而死亡。另外，茎尖生长与生长素的作用也有关，2,4-D、IAA、NAA等生长素是必需的，它们能有效地促进芽的生长发育，但是浓度不能太高，一般用0.1mg/L左右即可，高于1.0mg/L，易产生畸形芽或形成愈伤组织。必须指出，不同植物对生长素的反应是不同的。如用0.1mg/L的IAA会使百合产生畸形芽，而用1mg/L的IAA时甘薯却并不产生畸形芽。

（二）茎段的褐变

褐变是植物组织培养的常见问题，也是组织培养的一大障碍，在茎培养中也常见到，特别是在双子叶植物和许多木本植物成年树中的茎培养中尤其严重。有关褐变的机制、危害和一般对策等，在本书的第六章已有详细论述。这里仅就在茎培养过程中防止褐变常采用的方法列举如下：①在培养基中加入适量（1%）药用炭，以吸附部分有害物，降低其不利影响。但由于药用炭会同时吸附其他营养和生长物质，因此会影响外植体的生长和分化。②向培养基中加入抗变色剂，如5% H_2O_2、0.28mg/L维生素C、0.7%聚乙烯吡咯烷酮（PVP），可使琼脂还原脱色。③降低培养室的光强度，可在弱光或黑暗下培养，以降低多酚的氧化速度。④外植体预处理，即把外植体放在抗氧化剂中预处理后再接种。⑤多次转接，将外植体不断接种到新鲜的培养基上。

（三）植株的年龄及生理状态

多年生木本植物随年龄的增加，其分生组织、茎尖和芽培养会越困难，特别是成年树比幼树培养要困难得多。此时，若采用部分返幼阶段、苗龄较低的根蘖苗或不定芽做材料或采取某些措施，如将芽嫁接在实生苗上，修剪，保持高水平的施肥，进行营养繁殖或用细胞分裂素喷洒植株等，则会使培养变得容易一些。另外，植株的生理状态对培养的成败也极为重要。一般在春天植物开始生长，芽膨大而芽鳞片还未开裂时最为合适。为了避免季节变化的影响，在有条件时也可以将植物放在人工控制的恒定条件下培养，使植物保持营养生长状态。

（四）芽的部位

芽在植株上的部位也需注意，某些草本植物，如香石竹和菊花顶芽或上部的芽作分生组织或茎尖培养时成功率较高。

（五）茎尖的大小

茎尖的大小是离体培养成功的一个关键因素，一般情况下离体茎尖越大，越易成活，但病毒越难去除。对大多数植物来讲叶原基是茎尖成活的必要条件，因此，必须在培养中保留叶原基。在马铃薯茎尖培养时，一般切取带1～2个叶原基的茎尖，并且生长点附近的组织尽量少带，这样的茎尖，既保证一定的成活率，又能排除大多数的病毒。另外若把材料放在较低的温度、较强的光照下进行萌发，并取其粗壮的顶芽，就能分离出较大的茎尖，以提高培养的成活率。

| 第二节 | 药用植物茎尖培养的应用技术 |

在植物茎尖培养技术的实际应用过程中，用来描述茎尖培养技术的术语很多，在使用上也比较混乱，有芽尖培养、副芽培养、苗端培养、苗尖培养、分生组织培养、顶端培养等。仔细分析一下，这些术语均不能确切地描述出用于组织培养的外植体的性质，因为仅仅依靠分生组织的圆顶细胞、完整的顶芽或副芽，通常是不能培育出植株的。多数试验表明，要想获得成功，外植体就必须包括分生组织的圆顶细胞及一至数枚叶原基（0.1~1.5mm），因此有人建议使用一个折中的词即茎尖培养（shoottip culture）。

在一些常用的药用植物中，有的由于收种困难或种子的发芽率低，有的由于栽种时耗种量大繁殖系数小（例如贝母、番红花）等原因，造成市场供应紧缺、供不应求的局面。因而，用组织培养方法来繁殖药用植物就引起越来越多人的兴趣。利用组织培养的方法，只要用一小块组织就可以在短期内繁殖出成千上万棵植株，使繁殖的周期大为缩短，而有的野生药用植物驯化为家种药用植物时，在应用组织培养繁殖时其驯化过程也大为缩短。另外，用组织培养方法还可以获得无病毒植株，这早在1953年Morel等就通过实验予以证明。他们通过茎尖培养成功地从感病的植株中重新获得了无病毒植株。还有一个值得提出的优点是，这种近于工厂化生产的方式大大地节省了土地，以每瓶长十几棵苗计算，一间30m^{2}的培养室可放一万多个瓶子，这样就可同时繁殖十几万株苗。

一、药用植物的快速繁殖

药用植物的快速繁殖（rapid propagation），又称离体快繁（in vitro rapid propagation）或试管繁殖（in test-tube propagation），是指将药用植物材料放在试管内，给予人工培养基合适的培养条件，以达到高速增殖的目的，因此也称为快速无性繁殖（rapid clonal propagation）。该技术比常规的繁殖技术能更有效地、甚至高出许多倍地来进行工作。利用茎尖培养来进行快速繁殖时，每一个芽或生长点的分生组织都可看作是一个潜在的植物，这使每个外植体产生的芽常多于常规的方法，每一个繁殖周期又比常规繁殖短得多，一般只要1~2个月，繁殖的数量在一年中常可达几万、几十万甚至上百万。此外，这种技术是在无菌条件下，而且又是一个非常小的空间内来进行大量繁殖的，所以人们把这种繁殖技术称之为微型繁殖（micropropagation）技术。也正是由于繁殖体的微型化，利用多层的集约化培养架，可在有限的空间生产大量的植株。对于某些技术已经完善的植物，每平方米的培养面积每年约可生产数以万计的株苗，一个熟练工人每年约可生产数万支试管苗。

植物的离体快繁的过程最早是由Murashige在1974年提出的，他认为离体快速繁殖的过程分为3个阶段，即无菌培养体系的建立、增殖扩繁、生根和移栽。1991年Debergh和Reed又提出成功离体繁殖应分为5个阶段，即准备阶段（"0"阶段）、初代培养阶段、增殖阶段、促长和生根阶段、移栽阶段。

（一）快速繁殖体系的建立

1. 无菌株系的建立

（1）材料选择 选择适当的外植体对于快速繁殖能否成功极为重要，对于快速繁殖的药用植物品种，一般应选择生产上正大量推广使用的具有优良性状或能预见其未来具有商业开发前景的品种。在选用接种的外植体时，应采摘具有本品种特征且生长健壮的植株的幼嫩部位，茎尖一般是较好的部位，因为其形态已基本形成，生长速度快，遗传性状稳定。但茎尖往往受到材料来源的限制，为此带顶芽或腋芽的幼嫩茎段或枝条也可作为外植体。

在确定取材部位时，一方面要考虑培养材料的来源是否有保证，容易成苗；另一方面还要考虑到经过脱分化产生愈伤组织培养途径是否会引起不良变异，丧失原品种的优良性状。

除注意取材部位外，也应考虑取材季节。一般春、秋季取材培养较夏、冬季取材容易成功；若培养的药用植物属于木本植物，以幼龄树的春梢嫩枝段或基部的萌条为好，下胚轴与具有3~4对真叶的幼嫩茎段，生长效果也好。

（2）材料的除菌 把选择的材料先用流水冲洗或用洗洁精洗去材料上的尘土和部分细菌，洗时注意不要损伤和弄掉其上幼小嫩芽。然后放入接种室按常规消毒方法进行消毒除菌并用无菌水冲洗。消毒剂的使用既要把材料上的病菌杀灭，又要易被蒸馏水冲洗掉或自行分解，而且不会损伤或轻微损伤组织，影响其生长。0.1%~1.0% $HgCl_2$是应用最广泛的一种消毒剂，但因其有剧毒，且消毒后难以除去残余的汞，对外植体有杀伤作用。所以，消毒后必须用蒸馏水反复冲洗，以除去残余的汞，减少对外植体的毒害。2%~10% NaClO是应用较为广泛的杀菌剂，饱和漂白粉溶液能分解产生具杀菌能力的氯气。6%~12% H_2O_2也会分解成无害的化合物，都易除去，对组织无毒害作用，但消毒时间较长。75%乙醇能渗入外植体内杀死病菌，其对植物组织有相当的破坏性，所以，消毒时间不宜过长，但这又不易达到消毒效果，因此，常与其他消毒剂配合使用。

2. 芽的增殖

把在诱导培养基上诱导出的幼芽转到增殖培养基上进行增殖，力求产生数量最大的有效繁殖体，这是快繁最关键环节，也是其优点所在。芽的增殖可使用固体和液体培养两种方法：①液体培养。一般以胚状体和原球茎方式增殖，可以用液体培养基进行继代培养，将胚状体或原球茎分切后进行振荡培养，即可得到大量的原球茎球状体或胚状体，再切成小块转入固体培养基，可得到大量小苗。②固体培养。需要多次继代培养的材料一般都用固体培养，其试管苗可进行分株、分割、剪截（截成单芽茎段）等转接于新鲜培养基上，其容器可以和原来的不同，大多用容量更大的三角瓶、罐头瓶、大扁瓶或专制的塑料瓶。

幼芽可经多次继代切割循环。通过这种循环，一棵幼苗一年内可以增殖几百乃至上千棵苗。增殖培养基成分与诱导培养基成分相同，但在一些研究中，增殖培养基中的细胞分裂素浓度要比诱导培养基中的稍高。另外，适量的激素可避免愈伤组织的发生，从而减少培养过程中的变异。

（1）通过顶芽或腋芽的增殖和分化　顶芽和腋芽的本质是相同的，它们都含有休眠或活动的分生组织，只是所在的部位不同，而且生理上也有差异。腋芽在多数维管植物中均具有无限生长的能力，它们也常含有次生的分生组织，每一个都具有长出一个分枝来的潜在能力，至于能否变成枝条，则与主轴顶芽的生理状态有关。顶芽往往具有生长的优势，一般可抑制腋芽的生长。有证据表明，这和一系列与顶芽有关的生长激素的作用有关。对不少植物来说，在培养基中加入适当的细胞分裂素，就有可能诱导腋芽的生长。如将茎顶部培养于无生长激素的基本培养基上，可长出一个单一幼苗的枝条，其上带有强的顶端优势；但将几乎同样的另一个茎顶部枝条，在含有适当浓度细胞激动素的培养基上培养，腋芽可提前得到发展，由此便可产生早熟的分枝，再发展为2个、4个、8个甚至更多的分枝组成的生殖丛生体。当这种丛生体一形成，我们就可以把它分成若干独立的小苗，再组成新的丛生体。这时只要培养基条件合适，这种"分殖"的过程就可以无限期地延续下去。

应用顶芽繁殖时，先将顶芽表面消毒，然后用无菌操作取出顶芽（一般大小1~5mm），接种于含细胞分裂素的培养基中（浓度范围为0.5~10mg/L）。在几种细胞分裂素中，6-BA用得最多，其次是KT、2-IP和ZT。也可不加或加微量的细胞生长素（浓度范围为0.1~1mg/L），如常用的有NAA、IAA，有时也加入低浓度的GA_3。这可通过一系列的先期实验来求得一个对繁殖率最好、但同时又不使幼苗黄化或破坏的生长激素浓度。由于细胞分裂素会抑制根的生长，因此当芽长好后应及时将材料移至生根的培养基上，此时至少需要降低细胞分裂素的浓度。上述的这种培养程序不仅对双子叶植物适合，而且对许多单子叶植物也是适合的。

（2）通过不定芽的增殖和分化 从现存的芽（腋芽和顶芽）之外的任何组织器官上，通过器官发生重新形成的芽称为不定芽。在应用这一方法来进行繁殖时，首先要得到不定芽。不定芽是随机地发生于植物的茎或叶上的一种结构，它们并不发生在正常的叶腋区内。不定芽还可发生于包括茎、鳞茎、球茎、块茎和假根茎之内的相当于"叶腋区"的部位。此外几乎所有上述的器官都可以切下来使之成为有效的产生不定芽的材料。文献记载能从叶上产生不定芽的植物就有300多种。在实践中，可以先通过对植物或外植体的预处理，或者在培养基中加入不同种类及不同浓度的生长激素和细胞分裂素来诱导不定芽的产生。另外，除了从茎的"腋芽区"外，通过在含适量生长素和细胞分裂素的培养基上培养的球茎，甚至其内的幼小花茎的切段上，也可诱导产生不定芽。通常以鳞茎作为增殖材料，年增殖的苗数一般低于5倍；但通过诱导不定芽繁殖的方法，年增殖量可达到10～1000倍。药用植物中的药用部位也有不少是鳞茎或球茎，这种方法应用较为普遍，现将这种做法简述如下：先在距离芽的基部10mm处切下，再垂直地切开为两片，在一定的条件下进行培养，这时可在鳞片的表面再诱导成丛生芽。如果这时发现芽衰老或休眠的现象，还可用其基部的2～3mm处进行芽修剪来加以克服。

（3）诱导不定胚状体的产生 如同芽和根可以从许多植物的外植体诱导出来一样，还可以在植株的不定的部位诱导形成体胚，称之为不定体胚的诱导。不定体胚的形成和经过愈伤组织阶段再形成体胚的过程是不同的，即不定胚是直接由最初的外植体内部的一组细胞（即体胚原始细胞）发育形成的。如花粉、茎薄壁细胞或表皮细胞、叶肉细胞或叶基部的表皮细胞等均有可能在一定条件下转变为体胚发生。实际上，在自然界中只有少数植物（如芸香科柑橘属）可以通过体细胞胚胎发生而产生胚状体（珠心胚）；但在培养条件下，现在已知至少有30多个科，150多种植物可产生胚状体。从外植体的不定芽部位长出的体胚，在一定的条件下尚可分化成苗，从而可视为形成了另一种发育过程的"不定芽"。

（4）通过愈伤组织的增殖和分化 首先，从外植体诱导愈伤组织，再由愈伤组织诱导器官发生，或由胚性愈伤组织诱导体胚发生，进而再形成小苗。这种过程尽管过去用过不少，其繁殖效率也很高，但由于在整个过程中有较高地产生多倍体或非整倍体的变异细胞的概率，存在着可能破坏种质（真实纯育遗传）的可能，因此应用这种繁殖途径的价值还是有待于进一步加以分析和评定的。但这并不意味着外植体通过愈伤组织再生的小植株完全不可能保持遗传上的一致性。

实践证明，许多植物，如禾本科植物、豆科牧草、森林树种等，经过这一技术途径得到的后代中，遗传上仍可保持有基本的一致性。

3. 壮苗与生根

在材料增殖达到一定数量后，就应使部分培养物进入壮苗和生根阶段。若不及时将培养物转到生根培养基上，就会使久不转移的苗发黄老化，或因过分拥挤而使无效苗增多，最后被迫扔掉许多材料，造成浪费。

壮苗就是将在增殖阶段且长到一定大小（一般>2cm）的幼苗转到壮苗培养基使其生长粗壮的过程。壮苗培养基与增殖培养基不同之处为不添加激素或尽可能降低激素的浓度，因为此阶段不再是为了增殖苗数，而是使组培苗生长健壮。生根就是把壮苗阶段的组培苗转入生根培养基使其生根长成完整的再生植株的过程。试管内植株经培养后，诱发根的形成，同时也促进植物的生长发育，一般植物1~3周可完成此过程。生根培养基常为基本培养基不加或加较低浓度的细胞分裂素和高浓度的生长素。

4. 驯化、移栽及苗期管理

经过上面几个阶段的培养，小苗已生根成为完整的再生植株，或者虽未生根但已长粗壮，适宜无根扦插，这时便可出瓶种植。

试管苗是在无菌、有营养供给、适宜光照、温度和100%的相对湿度环境中生长的，并有适宜的植物激素以调节生长代谢等生理需要，一旦出瓶种植，环境发生了不利于其生长的剧烈变化，比如湿度不再能保持100%，温度也没有培养室那样适宜，失去了营养的支持，移栽的环境可能杂草丛生等。总之，幼嫩的小苗是很难种活的，稍有不慎就会造成大量死苗，使之前花费的劳动付之东流。要使试管苗大量种植成活，就必须分析并改善幼苗种植的环境条件，尽可能地创造适宜于它生存的环境。

（1）保持小苗水分的供需平衡　在试管或培养瓶中的小苗，因湿度大，茎叶表面防止水分散失的角质层等几乎全无，根系也不发达，种植后难以保持水分平衡，若采用适当的办法，可保持水分平衡，如半盆种植介质，种好苗后淋透水，加盖一块玻璃，罩上广口瓶，加盖塑料薄膜，在室温内种植，在喷雾机保护地内种植等均可。

（2）选择适当的种植介质　选择的种植介质应当是疏松通气，保水性适宜，容易灭菌处理，不利于杂菌滋生的。常用的有粗粒状蛭石（过细的蛭石粉并不适宜）、珍珠岩、粗沙、炉灰渣、谷壳（或谷壳炭）、锯末屑等，或者将它们以一定的比例混合使用。

（3）防止菌类滋生　试管苗原来的环境是无菌的，移植出来以后难以保持完全无菌，但应尽量不使菌类大量滋生，以利成活。一方面，合理使用适当浓度的杀菌剂可以有效地保护幼苗，如百菌清、多菌灵、托布津等，浓度一般按1/1000～1/800的比例稀释。小苗种植后立即用喷雾器喷淋。另一方面，在试管苗出瓶时，应仔细洗去附着其上的培养基，尽量少伤苗。

（4）注意一定的光、温条件　试管苗以前是有糖类等营养供应的，出瓶后要靠自己进行光合作用维持生存，因此，光照不能太弱，以强度较高的漫射光为好，最好能够调节，随苗的壮弱、喜光或喜阴、种植成活的程度而定，光照度在1500～4000lx，甚至10000lx。

小苗种植的温度也要适宜，一般在18～25℃。温度过高牵扯到蒸腾作用加强、水分平衡以及菌类滋生等问题；温度过低则使幼苗生长缓慢，或不容易成活。

该阶段是将植物幼苗从异养转到自养状态，即从试管内移植到苗盘（或苗床）。一般情况下将长到一定大小（长有5～6片真叶或苗高4～5cm）、生4～5条根的组培苗开瓶锻炼3～5天，然后洗掉苗上的培养基移栽到保水性好、透气性好的基质或苗床土中。苗成活后应细心管理，尤其预防病害发生。此阶段要注意消毒，掌握好温、湿度，让幼苗逐步适应自然的温室环境，提高成活率。

（二）影响快速繁殖的主要因素与解决方法

虽然植物组织培养的操作过程并不复杂，但在实验和生产过程中常常会遇到一些问题，严重者会导致实验和生产的失败，给科研和生产造成损失。所以，植物组织培养操作过程中的经验积累和技术的掌握是很重要的。这里我们把前人在科学研究及生产应用中遇到的问题和解决的方法总结如下，希望能对初步从事植物组织培养的人员提高快速繁殖成功率有所帮助。

1. 取材

（1）取材部位与时间　要选择健壮且不带病害症状的枝或茎的幼嫩段；取材时间要在植株生长旺盛季节取材，如春季或秋季。另外，高温、高湿季节材料病害较多易污染，不宜取材。

（2）切割方式对增殖和生根的影响　当外植体转入离体培养后，由于整体激素调控作用消失和外源激素的刺激，引起组织内细胞的改变，所以在切转时除剪掉较大的苗以外，还要考虑基部较小的丛生小苗，以有利于丛生芽的形成。同时，要注意接转材料在培养基中的放置位置及深度。材料放得太深，分化力下降，切口处易形成褐色。在继代培养中，不同品种的切割方式不同。以枣树为例，切割小了，容易造成黄尖或死亡。所以不同的培养材料，应研究不同的切割方式，保证最大的增殖率。

2. 消毒药剂选择与消毒方法

材料消毒得彻底与否直接影响接种后污染与否，尤其对处于空气污染严重、病菌较多环境下生长的植株更应先把材料清洗干净再彻底消毒。现在常用的消毒法是多种消毒剂并用，但要注意的是要严格控制消毒时间，消毒时间过短易污染，过长则会把材料杀死。

3. 接种

外植体的选择以带腋芽的茎段或枝条为好，大小以长0.5cm为宜，外植体过小易死亡，过大不易诱导分化出芽且易污染；接种方式即外植体在培养基上的放置方式有竖插和横放。外植体插入培养基不宜过深，否则易褐化死亡。

4. 培养基与培养条件

（1）培养基的选择　一般考虑选择MS、B_5、White、N_6等基本培养基。多数被子植物离体培养常常采用改良的MS或WPM基本培养基。具体采用哪种基本培养基因植物种类而异，如生长在MS基本培养基上的苦丁茶（*Ilex kudingcha*）愈伤组织随培养时间的延长而逐渐褐化，且很难分化，而生长在N_6基本培养基上的则表现良好。在选择时，除了参考前人所做的工作外，最好是做预备试验加以确定。

（2）激素的使用　在利用组织培养技术快速繁殖药用植物时，通常用调节激素的配比的方法来控制器官的发生。从大规模快繁角度考虑，以目前最常用的植物生长调节剂为首选。细胞分裂素有6-BA、KT等，生长素有IAA、NAA、IBA。它们的浓度使用范围因植物种类和快繁阶段不同而有差异。以芦荟为例，在诱导阶段以6-BA 1.5mg/L+NAA 0.2mg/L为好，在增殖阶段以6-BA 2.0mg/L+NAA 0.2mg/L为好，而在生根阶段以6-BA 0~0.5mg/L+NAA 0.5~1.0mg/L为好。一般来说，在诱导和增殖阶段以高浓度的细胞分裂素配以低浓度的生长素，而在生根阶段以低浓度的细胞分裂素与高浓度的生长素搭配较好。

（3）pH与含糖量的选择　培养基pH的选择应根据不同植物而有所不同。蔗糖作为植物组织培养中的碳源，既可作为营养来源，又可作为渗透调节剂。目前一般采用pH 5.8、含糖量3%的培养基，但在诱导和增殖阶段培养基中的蔗糖浓度应稍高，在生根阶段要适当降低蔗糖浓度以利生根。pH还影响培养基的凝固程度，pH越低，培养基就越软，甚至不凝固。

（4）琼脂的用量　琼脂的用量视琼脂质量和植物种类而定，一般情况下琼脂用量为1%~2%。质量好的琼脂凝聚力强，透明度高，培养植物生长健壮，琼脂用量可以减少。质量差的琼脂不但凝聚力差、用量大，而且还易造成组培苗生长缓慢，叶片发黄甚至造成大量死亡，有的造成大量的玻璃苗。另外，对于喜水不耐旱的植物，琼脂用量应减少，以降低培养基硬度；对于耐旱不喜水的植物，琼脂用量宜大，以增强培养基硬度。通过调节培养基的硬度大小使培养条件尽量与植物的自然生长条件接近。

（5）光照、温度和湿度　我国目前常见的培养室有3种类型，即全封闭、半封闭和开放型。全封闭的控温条件较好，但缺少无菌装置，所以污染率较高。无论采取哪种培养室培养，光照一般为10~14h，光照度为1000~2000lx，温度为25℃恒温。但这也要根据植物生长的自然环境或培养条件而定，如哑特猕猴桃在较低温度（20℃）下有利于促进组培苗的发育，而在24℃温度下50天后出现幼苗茎叶萎蔫，这可能与哑特猕猴桃喜低温有关。光照方面，有些报道在诱导前期给予黑暗可增加幼苗数，后期再给予光照使组培苗正常生长。培养环境湿度过大易引起污染。

（6）其他因素　有些报道证实氯化胆碱和多效唑对提高组培苗的生长速度和改善苗质有益。还有一些附加物如水解酪蛋白、氨基酸等有利于苗的诱导。

二、药用植物的脱毒培养

自Movel和Matin首次成功地把茎尖组织培养脱毒应用于大丽菊以来，该项技术已经在控制植物病毒方面得到应用，目前已有50多种植物应用此法脱病毒成功。在药用植物农业生产中，病毒病的危害是影响药用植物产量和质量的重要因素。有些药用植物品种特别是以无性繁殖为主要方式的植物品种，因在自然环境中长期经受各种植物病毒病的重复传染而导致光合作用的明显降低，生长势变弱，品种变劣，种性退化，产量降低。迄今为止，我国已经报道的药用植物病毒病有地黄病毒病、浙贝黑斑病、曼陀罗花叶病、八角莲花叶病、石菖蒲花叶病、独角莲皱缩花叶病、太子参花叶病等10余种。由于病毒病的危害，一般减产幅度在30%以上，成为药材原材料生产上的重要障碍。对于病毒病，目前尚无有效的防治措施，为解决这一难题，科学工作者利用植物茎尖分生组织的脱毒培养，可以成功地获得脱毒苗，有效地去除特定病毒，研究出脱毒种苗，克服了病毒病的危害，恢复了植物固有的优良性状，再通过组织培养克隆繁殖就可以获得大量脱毒优良种苗，供生产上应用。脱毒种苗是指用生物技术结合现代血清学理论，有选择性地将植株体内的病毒进行有效脱除，并在隔离条件下生产出的无病毒种苗。在生产中其具体表现为：生长健壮，抗病性强，经济产量高，品质优良。

（一）植物组织培养脱毒技术的现状

早期出现的热处理脱毒法，最早解决了一些作物的病毒病害问题。组织培养技术的发展脱毒提供了一条有效途径。现在植物的脱毒技术有多种，其中应用最广泛的有3种：热处理法、茎尖脱病毒培养法、抗病毒药剂法，将不同的方法结合起来应用效果更好。感染病毒的植株通过对不同组织的培养而使其脱毒，已见报道的有愈伤组织、原生质体、各种繁殖器官和茎尖分生组织等。

1. 茎尖脱病毒培养

大量实验证明植物茎尖不存在病毒或病毒数量、种类极少，这是由于病毒在生长点等未分化组织和愈伤组织等脱分化组织中难以增殖，或由于病毒的复制运输速度不及茎尖分生组织细胞的生长速度，因而病毒难以进到分生组织中。茎尖分生组织培养是生产无毒植株最重要、最有效的组织培养方法。目前，此种方法已广泛用于草本植物的无毒培养，并在十几种木本植物上也获得成功。

茎尖脱病毒培养的方法主要有从带病植株上切取芽尖、茎尖等为外植体，经常规消毒后，在培养基上培养成小植株。经脱毒率检测后，对脱去病毒的植株移栽到防止病毒再次感染的隔离区内种植，作为原种。茎尖分生组织培养脱毒所需的培养基包括多种主要元素和微量元素，现在使用较多的是经改进的MS培养基。

2. 愈伤组织脱病毒培养

植物愈伤组织在人工培养基上的培养成功，加速了病毒研究的不断深入和植物脱毒技术的完善和提高。茎尖分生组织培养一个茎尖只能得到一株无病毒苗，对繁殖率低的药用植物（如大蒜）而言较困难，如先用组织培养产生愈伤组织，再从愈伤组织分化产生再生植株，有的植物也能除去病毒。病毒在愈伤组织中一般增殖较差，利用这种特性来育成无病毒植株的方法，近年来受到了重视。病毒在愈伤组织中是否消失，因病毒和寄主植物的组合而异。有的植物是病毒消失型，在短期内几次继代后，病毒从整个愈伤组织中消失，如草莓和天竺葵等。有的是病毒局部存在型，如带有TMV病毒的愈伤组织通过数次的继代，TMV的浓度可降低到感染烟草的1/30～1/20，但以后浓度降低较少。愈伤组织中病毒不均匀分布，这样其分化的芽有的带病毒，有的不带病毒，如香石竹的斑驳病毒经数次继代培养后，在无色的愈伤组织中，几乎没有病毒，但在绿色的愈伤组织经10次继代后，病毒仍不消失。不过由愈伤组织产生的无毒株，有时会产生遗传变异。

多项试验结果曾表明，想要获得无性系一致的再生植株，则应尽量避免采用愈伤组织培养法，因为从愈伤组织产生的再生植株通常在遗传上与母株不同。但同时需要指出的是，这种遗传上的不一致性，可为获得新品系提供可能性。因此，有人认为由愈伤组织培养获得的无毒细胞，是具有极大潜力的抗病毒材料的来源。通过愈伤组织诱导成无病毒植株的有马铃薯的X病毒、Y病毒、S病毒，草莓斑驳、轻型黄边和皱缩病毒，大蒜、老鹳草、芋、洋葱、食用百合和葡萄等的一些病毒等。

3. 原生质体脱病毒培养

1971年Nagata等对烟草叶肉的细胞分离及分离后植株的再生技术的改进，促进了利用原生质体培育无毒苗技术的发展。Shepard报道，从感染PVX的烟草叶片的原生质体中可获得无毒苗，他所得到的4140棵再生植株中有7.5%为无毒苗，病毒丧失的原因可能与愈伤组织培养的情况相同，是由于病毒不能有均等的机会浸染每一个细胞，因此从病叶或茎的健全部分分离得到原生质体，再由原生质体作为原始材料可获得无病毒的植株。然而，从原生质体获得的再生植株很容易出现遗传上的变异。近几年来，欧洲和北美的一些实验室对从原生质体获得的马铃薯体细胞无性系进行测试，从而筛选出抗多种马铃薯病毒的无性系。

遗传上稳定的亲本后代出现体细胞无性系变异的原因目前尚不清楚。有人认为，组成基础稳定的二倍体植株的细胞群体中有个别的细胞核有异常的染色体，在进行组织培养筛选时，这些遗传上异常的细胞很可能再生为遗传上变异的植株。

4. 繁殖组织脱病毒培养

目前已有人通过培养花的组织成功地获得了无毒的植株。这一培养方法对柑橘品种尤为有效，因为浸染柑橘的大多数病毒均不能种传。将柑橘类的珠心组织分化成不定胚，最初获得成功的是Rangan等（1958年），1969年Rangan等对单胚性柑橘类进行了研究，并由珠心培养获得了胚分化的成功，其成功率是所用珠心的10%~20%，每一个珠心分化了15~20个胚。Bitter等（1972年）以及Navarro等（1977年）正是利用柑橘病毒不能进入珠心和胚珠组织这一特性，以单胚性柑橘类的无病毒化为目标，成功地培育出了健康无毒的柑橘。Walkey等（1974年）通过对花的分生组织培养，获得了芜菁花叶病毒及花椰菜花叶病毒的无病毒花椰菜植株。在组织培养中，花椰菜植株的原花的分生组织可转为营养生长，使得每一植株能再生出许多新植株。

5. 茎尖显微嫁接脱毒法

木本植物茎尖分生组织脱毒的屡遭失败，促使人们寻觅一条新的途径。1972年Navarro等和Murashige等先后提出了一种显微嫁接技术。其具体做法是：将砧木种子经消毒后播于MS培养基试管内，生长约2周时，将事先脱毒的茎尖分生组织（即接穗）嫁接在培育成的砧木上。单独使用茎尖显微嫁接法即可获得脱毒个体，但茎尖分生组织若经过热处理，则脱毒效果更加可靠而且茎尖也需取得稍大一些。

此项技术首先是用于柑橘属不同种的试验中发展起来的，它可消除用热处理不能去除的一些病害，如衰退病毒、木质陷孔病毒、黄脉病毒、裂皮病毒、胶囊病毒、杂色花叶病毒、鳞皮病毒、碎叶病毒等。1982年田中宽康对此项技术与热疗法结合培育无毒果树苗木的方法作了综述。此外，应用显微镜嫁接方法与繁殖组织培育法相比，培育出的无病毒株还具有结果年龄显著缩短的优点。

（二）茎尖培养脱毒的理论基础

茎尖培养脱毒是以茎尖为材料，在无菌条件下培养从而去除植物病毒的一种技术。茎尖培养之所以能够获得脱毒苗，是由于病毒在植物体内分布不均匀，在受传染的植物中顶端分生组织一般是无毒的。植株生长茎尖距离加大，病毒数量逐渐增加，这是因为植物体内病毒靠维管束系统移动。分生组织中没有维管束存在，病毒只靠细胞之间的胞间连丝移动，这种移动速度很慢，难以追上生长活跃的分生组织。另外，分生组织中旺盛分裂的细胞，又有很强的代谢活性，使病毒难以复制。甚至有人提出，在分生细胞中由于病毒纯化系统和高水平内源生长素的存在，也抑制了病毒的增殖。

感染病毒的植株体内病毒分布并不均匀，病毒的数量随植株部位与年龄而异，顶端分生组织区域一般是无病毒的或只携带浓度很低的病毒。分生组织可逃避病毒浸染的可能原因是：①病毒在植物体内的转移是通过维管束系统完成的，在分生组织区域内没有维管束组织，病毒只能通过胞间连丝传递，赶不上细胞的不断分裂和活跃的生长速度；②在分裂旺盛的分生组织内，病毒的复制受到旺盛代谢活动的限制；③在植物分生组织区域内，"病毒纯化体系"的活性较其他部位的活性高；④茎尖分生组织内高浓度的植物内源激素可能会抑制病毒的增殖。由于生长点病毒的数量极其微小，几乎检测不出，因此利用茎尖分生组织培养脱毒苗时，在保障成活条件下，切取的茎尖越小带有病毒的可能性就越小。茎尖分生组织培养除了去病毒外，尚可除去其他病原体，如细菌、真菌及类菌质体（类菌质体为最小、最简单的可自行复制的原核生物）。

不同病毒在感病植株上的分布不同，因而进行茎尖脱毒培养所用的材料也各不相同。有的是顶端分化组织，有的则是茎尖顶端分生组织，一般是指幼小叶原基以上的部分，最大长度只有250μm左右。在培养过程中，由于取材过小而很难剥离，即使剥离成功也很难培养成活。茎尖则是由顶端分生组织及其下方的1～3个叶原基构成，一般大小在0.1～1mm之间，剥离与培养均比顶端分生组织容易。当然以上操作均需在解剖镜下完成，同时应注意因操作不当而引起的病毒传播。目前大多脱毒培养所用的茎尖在0.1～1mm之间。

（三）茎尖培养育成脱毒苗的方法

许多无性营养繁殖植物，供体可能感染一种或几种病毒或类病毒，现已发现的植物病毒在500种以上，长期无性繁殖致使病毒积累是长期低产和品质不佳的主要原因。由于无病毒种苗的生产效益较高，农业对无病毒种苗需求日增，随着快速繁殖去病毒和病毒鉴定技术的发展，利用茎尖分生组织培育的无病毒优质种苗已广泛应用于花卉、果树、蔬菜、林木和药用植物。世界上许多国家和地区都已有大规模成批量的工厂化生产的无性系的快繁与脱毒种苗，这些种苗已经在植物病毒病防治、品质改善、提高产量等方面发挥了重要作用。除去植物体上的病毒大体上需经历以下4个过程：病毒的诊断、脱毒、病毒的复查、无毒植株的繁殖等环节。

1. 病毒的诊断

首先需了解治疗植株患的什么病，植物体内有哪些病原、哪几种病毒，也就是说对植物病毒病原的鉴定。植物病毒病的症状与病变是识别和鉴定病害的基础。植物受病毒危害后在浸染组织的细胞内发生病理学变化，用解剖学方法可以检查出来的称为病变，即内部症状。然后逐渐在外部表现出来的形态特征称为外部症状。外部症状依据在叶片等组织上的分布情况，可分为局部症状和系统症状。局部症状是指将病毒接种植物叶片后，病毒沿浸染点周围产生斑点，分褪绿斑、坏死斑、环斑。系统症状是指病毒浸染寄主后能够在整个植株中运输并产生危害，在叶片、茎、果实等组织系统产生症状。

2. 脱毒

根据存在病毒种类，采用合适的脱毒方法，可采用热处理脱毒、茎尖培养脱毒、愈伤组织培养脱毒、茎尖微体嫁接脱毒、珠心胚培养脱毒等，也可用热处理与组织培养相结合的方法进行。

3. 病毒的复查

处理以后，还会有少数带有病毒的植株存在，而且多数植物，虽然经过脱毒，但仍有一部分再生植株带有病毒，只有少数是无病毒的，有时无病毒植株只占千分之几，所以复查是十分必要的。还有的经处理后，体内病毒浓度大大降低，以致开始几次检查时都不能发现，但实际上并没有除干净，经一定时间繁殖又增加到危害程度。因此，脱毒后的复查应多次以多种方法进行，确实证明不存在病毒时，才能进入下一阶段。复查时可用指示植物法、抗血清鉴定法和电子显微镜检查法等。

4. 无毒植株的繁殖

脱除植物体内的病毒与治疗动物病不同，动物是一个个体，而植物是一个群体，也就是说，脱毒植物必须达到足够数量，才能有效，对有些作物，这个数字是巨大的，必须经过长时间的繁殖。我们知道，能浸染植物的病毒很多，途径也复杂，因此，在繁殖过程中，仍很易受病毒再度浸染而失去无病毒植株应用价值。如何防止繁殖中再浸染的问题，是去除病毒工作能否用于生产的更难解决的问题，尤其是需要量很大的农作物和一些树木。这里涉及3个方面的工作：①合理扩大繁殖体系，根据繁殖系数，以及最终生产上需要量等因素确定体系；②防止再浸染的保种措施，核心是防止传病毒媒介的侵袭，特别是防止昆虫；③对各次繁殖的植株应进行检验。只有完成上述几方面工作，才达到克服病毒造成危害的目的。

无病毒植株不具备抗病毒的能力，而且在清除病毒以后，体内营养和生理状况的改变可能使其他病毒和病原体更易浸染，因而对茎尖组培脱毒苗要实施定期检测，以确保种苗无病毒，同时对于试管苗生产中的一些共性问题，如难以分化的木本植物的分化与增殖，玻璃苗的成因与防止，试管植物的营养、生理和代谢，遗传的稳定性以及与其他生物技术，特别是基因工程、体细胞无性系变异和种质保存等技术结合方面，尚需进行更深入的研究。

第三节　药用植茎尖培养的应用实例

病害一直是严重影响药用植物生产的重要问题，病害中以病毒危害最难控制，特别是对于无性繁殖的药用植物病毒危害更为严重。在病毒危害植物体内时，病毒随寄主的输导组织传遍整个植株，但病毒在各个组织器官中的分布是不均一的，幼嫩的分生组织（如茎尖、根尖的分生组织）没有输导组织，病毒难以侵入。继White在番茄根的组织培养中发现根尖无病毒后，利马赛特等也发现越接近茎顶端，病毒浓度越低。因此人们在利用组织培养技术去除病毒时，均采取了切取植物的茎尖、根尖分生组织进行无病毒植株的培养。

一、药用植物脱毒培养的应用实例

（一）地黄病毒病及脱毒培养

地黄（*Rehmannia glutinosa* Libosch.）为玄参科（Scrophulariaceae）多年生草本，别名酒壶花、山烟根、山烟、山白菜等，其新鲜块根或块根的加工品作为鲜地黄、生地黄和熟地黄入药，为大宗常用药材之一，是多种中成药的主要原料。

据全国中药资源普查统计，地黄年需要量约1100万千克，已成为产区重要的经济来源之一。全国大部分地区均可种植，其主要栽培品种大都集中在河南、山西、山东等地区。日本等国也用赤野地黄（*R. glutinosa* var. *purpurea*）的块根作地黄入药。至今，地黄已有数百年的栽培历史，在生长过程中，易受多种病害侵袭，其中病毒病最为严重，通常田间感染率达100%。病毒在植物体内代代相传，致使地黄品种严重退化。早在20世纪60年代初田波就从地黄中分离到一种病毒，称为地黄退化病毒（DDV）。其后针对地黄病毒进行了一系列研究，现就其脱毒培养的有关情况总结如下。

1. 地黄病毒病的症状和表现规律

山东大学温学森等（2002年）于1997～2001年收集了河南、山东、山西、安徽和北京等各产区的不同时期的地黄栽培样本，在药用植物研究所种质园扩大繁殖，鉴定和区分不同品种，然后在完全相同的栽培和管理条件下，定时观察和记录各样本的生长发育情况，记录病毒病症状和变化情况。

（1）地黄病毒病的症状

①褪绿及黄化：黄化症状主要发生在叶片的叶肉部分，表现为叶肉不同程度的褪绿变黄，叶脉部分通常仍保持绿色，黄化部分和绿色部分无严格而明显的界限。褪绿症状在春夏之交表现明显，一般在春季形成的展开叶片上多见，边缘较轻，而主脉两侧和叶片基部比较严重。重症者，几乎整个叶片变黄，如"土锈"。

②花叶症状：花叶症状多发生于早春和初夏的幼叶上，表现为叶片黄色和绿色部分区别分明。黄色部分呈半透明状，明显较薄；绿色部分边缘清晰，通常占整个幼叶的一小部分，零星分布在叶脉之间，通常称为"绿岛"。在发病严重的植株中表现明显，故也称地黄病毒病为"花叶病"。

③畸形：叶片畸形是一种普遍的症状，主要表现为褪绿及黄化，多向腹面突出，边缘多少向背面弯曲；初夏发育的幼叶，常较狭窄，皱缩或向一侧扭曲，不能正常伸展；叶片变形，如叶基部由缓慢下延变为骤缩下延；边缘锯齿增大，有的呈浅裂状或两侧严重不对称等，从而使整株矮缩。在部分野生类型中，有的花冠严重畸形，花冠筒扭曲，不能伸展开放或开放后畸形，有的仅花柱和花药伸出，栽培品种中尚未见明显的花冠畸形。

④泡状背突：泡状背突为新发现的一种病毒症状，主要发生在开展的叶片上，主要表现为位于侧脉之间的叶肉向背面凹陷，腹面绿色或深绿色，直径0.5～2.0cm，深0.2～1.0cm；背面观呈泡状，有光泽，多单独存在，也有相连者。

⑤黄斑：地黄叶片上局部出现的明显黄色斑块，呈不规则圆形或多角形，叶片厚度变化不明显，直径一般不超过0.5cm，分散在叶片上，但也见更大者或数

个相连，具黄斑的叶片，一般叶片形状接近正常，早春和秋天均可形成，因此有地黄"黄斑病"之称。

⑥块根细小粗糙：症状比较明确的是块茎不能正常膨大，笼头变长，产量严重下降。另外病毒病严重者，块根表面明显粗糙，河南产区称为"土锈病"。

（2）地黄病毒病症状的表现规律　感染病毒的植株，由于品种不同、病程长短、环境条件和病原种类的变化，所表现的症状多种多样。通常叶片呈现不同程度的花叶或黄斑、变厚、皱缩、畸形或变小；叶缘卷曲，有时焦枯；地下块根不能正常膨大，表面粗糙，笼头细长，商品等级下降。因此又有花叶病、黄斑病、卷叶病、土锈病之称。由于感染病毒，致使地黄严重减产，栽培上称之为"品种退化"。地黄的病毒病症状主要发生于幼苗期，即春季和夏初比较严重。夏初各种症状表现比较集中，夏末以后，随着新生叶片的出现，老叶片逐渐衰退枯萎，感病症状不明显。亦即地黄病毒病在夏季高温季节呈现一定的"隐症"。另外，不同的症状具有一定的表现时限。通常，春天的黄斑和花叶比较严重；暮春至初夏黄化、花叶、畸形等表现突出；夏季至秋季，泡状背突易见，春季形成的黄斑，这一时期依然明显；秋末收获时，膨大不良和表面粗糙的块根即可明显展现。研究者所观察的材料均经一株或少数长势相近的植株无性繁殖而来，但经过2~3年的栽培，病毒病的症状相差很大，反映了病毒与地黄之间相互作用的复杂性。栽培上，通常于7月份在田间选择病症较轻的植株进行倒栽留种，对病毒病的防治效果较好。这与地黄病毒病症状的表现时期是一致的，这一时期选择的优良植株，可能体内病毒浓度较低或对病毒产生了抗性。

2. 地黄病毒病的病原

有关地黄病毒病的病原目前有不同的报道，或认为有一种，或证明为数种病毒复合感染。

（1）烟草花叶病毒（TMV）或其一个株系或烟草花叶病毒属（*Tobamovirus*）成员　田波认为地黄退化病毒（DDV）近似于TMV，可能为TMV的一个株系。裴美云比较了DDV和几个其他来源的TMV分离物的寄主反应、体外抗性和血清学特征，进一步说明了DDV和TMV的区别。余方平等分离的TMV在寄主反应上仍有差别。

（2）稍微弯曲的线状病毒　Lee首先报道从赤野地黄中分离到一种线状病毒，命名为地黄X病毒，大小为520nm×12nm，已被接受为马铃薯X病毒属（*Potexvirus*）的暂定成员；Matsumoto和余方平也分别分离到相似的线状病毒，但长达600nm，认为可能是香石竹潜隐病毒属（*Carlavirus*）的成员。

（3）等轴状病毒　Matsumoto等首先报道了一种等轴状病毒；余方平等分离

到两种：一种为黄瓜花叶病毒（CMV），直径为27.5nm，另一种不明，直径19nm。

3. 茎尖培养脱毒技术

（1）茎尖分离和接种　从田间挖取当年种的地黄块茎洗净泥土，用70%乙醇表面消毒10s，再用0.1%HgCl$_2$浸泡15min，然后用无菌水冲洗5次，将带芽眼的部分切成小块放入1/2、MS基本培养基中，待无菌苗形成2~3片绿色小叶时，取出小植株，在40倍双筒解剖镜下，剥取茎尖，使生长锥部分暴露，再用解剖刀切取茎尖，茎尖带1~2个叶原基，大小为0.1~0.2mm，将切下的茎尖迅速放到茎尖培养基上。

（2）培养基及培养条件　适合地黄茎尖培养的培养基为：①MS+BA 0.5mg/L；②MS+BA 0.5mg/L+NAA 0.02mg/L；③MS+BA 0.5mg/L+NAA 0.02mg/L+GA$_3$ 0.1mg/L；取在茎尖培养基上继代繁殖的脱毒苗（高4~5cm），去掉展开的叶片，分为具茎尖和不具茎尖两部分，接种时，两者相间排列，应用100mL锥形瓶，每瓶分别接种7棵。培养条件为23℃，光强度1500lx，12h/d。

（3）茎尖苗的增殖和根的诱导　为了进一步强壮幼苗，于接种后30天左右将茎尖苗转移到MS+6-BA 0.3mg/L+NAA 0.2mg/L的培养基上增殖，促使其进一步长成丛苗，再过3~4周，取带两片叶子的基段进行生根培养，不同激素对茎尖苗的生根有着不同影响。从试验结果看MS+GA$_3$ 1mg/L可促进苗的生长，但小苗较弱，叶色较浅，无根形成，使用MS+PP$_{333}$ 1mg/L可使小苗健壮生长，7天左右即可生根，发根快而多，叶色浓绿，移栽后较易成活。

（二）甘薯病毒病及脱毒培养

甘薯（*Ipomoea batatas*）又名红薯、白薯、山芋、地瓜等，为旋花科（Convolvulaceae）甘薯属一年生草本植物。甘薯除一般食用外，因其具有营养、药用价值等而将其分为高淀粉甘薯、高胡萝卜素甘薯、高花青素甘薯、高蛋白甘薯、菜用甘薯、药用甘薯、极早熟甘薯、无β-淀粉酶甘薯和果用甘薯等。药用甘薯是指具有独特医疗保健作用的特种甘薯，如我国从巴西引进的甘薯品种西蒙1号（simon No.1）就属于一种药用甘薯，国产甘薯叶片中黄酮类成分也具有一定的药用价值。

药用甘薯西蒙1号是巴西联邦国立农科大学发现的药用甘薯品种，在临床上对各种出血性疾病及胰岛素非依赖型糖尿病有显著疗效，同时还具有抗肿瘤作用，日本国立癌症预防研究所将其誉为"抗癌之王"。1987~1989年利用硝酸纤维膜-ELISA和免疫电镜得知：危害甘薯西蒙1号的病毒以甘薯的羽状斑驳病毒和甘薯引潜隐病毒等病毒的混合型浸染。1994年、1995年利用茎尖组织培养进行脱毒，成功地选育出无毒健苗。

1. 我国甘薯病毒的主要种类与病原

据报道，世界上甘薯病毒有20多种，主要是甘薯羽状斑驳病毒、甘薯潜隐病毒、甘薯脉花叶病毒、甘薯轻斑驳病毒、甘薯黄矮病毒、甘薯花椰菜花叶病毒、烟草花叶病毒、烟草条纹病毒、黄瓜花叶病毒及尚未定名的C-2和C-4。在甘薯上也发现类病毒（PSTVD）浸染，姻姬粉虱（*Bemisia tabaci*）传染因子和一些病原未知但症状类似于病毒病的病害。其中甘薯羽状斑驳病毒遍布世界各甘薯产区，是研究较为透彻的甘薯病毒。我国对江苏、四川、山东、北京、安徽、河南等6省（直辖市）检测，明确了我国甘薯有5种主要毒源，其中主要是甘薯羽状斑驳病毒和甘薯潜隐病毒。

2. 茎尖培养脱毒技术

甘薯脱毒苗来自茎尖分生组织长成的试管苗。1960年由美国Nielsen最先获得。此后日本、新西兰、我国台湾、阿根廷、巴西等10多个国家和地区以及亚洲蔬菜研究和发展中心、国际马铃薯中心和国际热带农业研究所也成功地获得了脱毒苗。我国则在20世纪80年代培养成功。迄今，甘薯茎尖培养产生试管苗的技术已基本成熟。它主要包括取壮芽、消毒、接种和培养成苗这几个技术环节。

（1）茎尖分离和接种　选择适宜本地区大面积推广的高产优质或有特殊用途（如药用价值）的优良品种，每个品种选择无病虫、品种特性纯正的种薯。品种选定后，若用薯块催芽获得外植体。可以在第1年的10月份到第2年的4月份进行，选取种薯6～10块，在30～40℃条件催芽，当幼苗长到30cm（3～4周时间），剪苗做茎尖培养。若用苗床育苗，取材时间应在5～6月份；若用大田材料，取材时间应在6～10月份。这样可以根据自己的时间，合理安排实验计划、以达预期目的。

一般操作程序是，取薯块顶端株茎尖3～5cm，去叶，用0.1%洗衣粉漂洗10～15min，用水冲洗后放进超净工作台内（或无菌室）。先用70%乙醇浸泡0.5min，再用2.5%（或1g/kg）NaClO或升汞消毒5～10min，用无菌水冲洗4次。拿到超净工作台内，在30～40倍双筒解剖镜下轻轻剥去叶片，剥取带1～2片叶原基（0.2～0.4mm）的顶端分生组织，接种到琼脂固化的附加激素的MS培养基上，置于培养室内。

（2）培养基及培养条件　培养基是茎尖培养成功的关键，甘薯茎尖分生组织常用的培养基是MS培养基，另外根据需要添加不同配比的激素。目前报道已经成功的配方有：①MS+IAA 1.0mg/L+KT 1.0mg/L（可在60天内成苗）；②MS+KT 0.5mg/L+IAA 0.2mg/L（在20～50天内成苗）；③MS+IAA

0.2mg/L+6-BA 0.5mg/L，培养8～11天后转至1/2MS培养基上；④MS+6-BA 1.0mg/L+ NAA 0.1mg/L+GA₃ 1.0mg/L培养6～16天后转到无激素的MS培养基上；⑤MS+6-BA 0.5mg/L+NAA 0.2mg/L+AD 5.0mg/L培养15～20天后转到无激素MS培养基上。

不同激素配比对成苗时间和苗质都有差异，当然还与品种有关。如尚佑芬等（1994年）发现相同培养条件下7个品种成苗率为50%～70%。大多数研究表明，单独或复合添加的激素种类和浓度为：IAA 0.2～2.0mg/L，NAA 0.01～2mg/L，KT 0.1～2mg/L，BA 0.5～4mg/L，6-BAP 3.0～0.5mg/L，GA 1mg/L，成苗期多为3～4个月。有些培养基可使茎尖直接成苗，但也有一些转接到无激素的MS或1/2MS培养基中才诱导成苗，成苗率的多少与品种、操作熟练程度和剥取茎尖组织的大小有关。培养材料的污染程度与所取用的材料有关，一般用薯块催芽材料比用大田材料污染率低，成苗率高。

培养条件也因品种的不同而有所差异，一般情况下光照强度为2000～3000lx，温度为25～28℃，在附加激素的培养基中培养18～20天后转入不加激素的MS培养基，经过60～90天培养，可得到2～3片叶的幼株。

当培养苗长到3～5cm时，应去掉试管塞，炼苗5～7天。然后移栽至含蛭石的灭菌土中，置28℃左右的无虫隔离室保湿培养，约1周后移到装有无菌土的小盆钵中，当苗长到5～6片叶时，将生长良好的试管苗进行单节段繁殖，一般可切取4～5段，用MS培养基繁殖，1个月后形成多个株系，建立株系档案，一部分保存，另一部分则用于病毒检测。

（3）茎尖苗的增殖和根的诱导　茎尖苗的增殖可通过培养室内切段快繁，具体方法是：把经过病毒检测确信无任何病毒的试管苗作为外植体，培养基用MS大量元素减半的基本培养基，操作时把完整的试管苗切成单茎段、接种到培养基上，约30天后每一节段就可以发育成5～6节的完整植株，然后每一植株又切成单茎段继续快繁，其繁殖速度以几何级数增长，每年每株在理论上可繁殖约5000万株；由于品种差异，各品种之间繁殖速度有较大不同。

转移后生根培养的问题，按照传统看法，甘薯茎尖经诱导培养一段时间后，转移到无激素的培养基上就能分化成完整的植株，但转移后的组织到底有多少能成苗或这种成苗潜力有多大，便不得而知。颜廷进等通过试验发现，添加不同浓度和种类激素，可以明显提高出苗率且成苗时间也大大缩短，再生植株根系粗壮发达，植株健壮。

二、药用植物快速繁殖的应用实例

（一）芦荟的快速繁殖

芦荟（*Aloe arborescens* Mill.）是百合科（Liliaceae）芦荟属常绿草本植物，别名油葱、霸王蕉、草芦荟、象胆、龙角、番蜡。据文献报道，世界野生芦荟品种300多个，原产分布在非洲大陆250个品种以上，另外还有自然变异和人工杂交200多个品种。我国的云南、四川、广西、广东、福建等地都有栽培。芦荟的有效成分主要是芦荟素（aloin），为芦荟苷（barbaloin）及其异构体异芦荟苷（isobarbaloin）与β-芦荟苷（β-barbaloin）的混合物，以芦荟苷为主。近年又分离出抗癌药物β-芦荟素A，具有清肝热、通经、泻火、保健皮肤、增强免疫功能、抗溃疡、抗炎、抗肿瘤、增强免疫功能等作用。各种芦荟的有效成分含量及生物产量差异很大，除药用外，还具有较高的观赏价值，是集药用、食用、美容及观赏等于一身的热带植物。

1. 组培苗的培养

（1）外植体的选取与处理　取一年或多年生无病植株的地上部分，去掉叶子，用75%乙醇棉球擦洗茎段表面，在无菌条件下用0.1% $HgCl_2$灭菌10min后用无菌水冲洗5次，每次3min，然后用无菌滤纸吸干外植体表面的水分，再切成1～2cm的茎段待用。

（2）不定芽的发生与增殖　①不定芽的发生。将处理好的外植体茎段转入诱导芽的培养基MS+BA 4.5mg/L+IBA 0.2mg/L上，培养室温度控制在（28±2）℃，每天光照13～14h，光照强度为2000～3000lx，10天后诱芽培养基上的外植体腋芽开始变绿膨大，20天后顶芽、腋芽开始冒出，继而茎段周围边缘相继萌发出多个不定芽，待不定芽长到1cm左右，将不定芽切割下，转入增殖培养基MS+BA 4mg/L+NAA 0.5mg/L中培养25～30天，转入增殖培养基中的不定芽，可增殖3～5倍，经过不断培养，可继代繁殖出大量的不定芽。②丛生芽的诱导。芦荟在分化培养基中培养20～30天后，在切口基部诱导出7～10个白色的小突起，继续培养数天后，小突起分化成绿色的丛生芽。但是，以MS+6-BA 2mg/L+NAA 0.2mg/L的培养基配方最好，增殖倍数是20～30天后丛生芽增殖的10倍，且形态正常易于分割，激素浓度过高时分化的丛生芽细小密集不易分辨。③增殖培养。丛生芽在分化培养基中培养30天后，在其基部又产生无数丛生芽，或先形成愈伤组织块，再在愈伤组织块表面分化出不定芽。不断重复切割丛生芽或不定芽的愈伤组织块转到分化培养基中培养，30天左右又分化产生无数的丛生芽，如此循环，就能达到快速繁殖的目的。

（3）不定芽的生根　不定芽长高到1.5～2cm时，将不定芽切成单株，转接入生根培养基MS+BA 4.5mg/L+NAA 0.2mg/L+0.25%药用炭上，转移时要剔除苗和基部的愈伤组织和培养基，15天左右开始发生不定根，30～40天可长成有3～4株成簇、且有多条不定根的小苗。或者将4～5叶的丛生芽，在自然环境条件下炼苗7～14天后，直接切割植入腐殖土与细沙（3：1）混合的基质中，保持空气80%湿度，20～30天后在切口基部产生3～5条根。

2. 炼苗及移栽

组培苗从培养基移栽到土壤中，这个转变要有一个逐渐适应过程，因此必须炼苗，才能保证移栽后的成活率。①组培苗高达4～5cm，具有4～5条小根时，才能开始炼苗，否则组培苗太小，容易造成死苗。②先不揭开瓶盖，在室内自然条件下先炼苗3～4天，然后取出洗净组培苗基部附着的培养基，切忌伤根，如果培养基清洗不干净，会引起细菌和真菌的繁殖，造成组培苗污染而死亡。移栽前应将移栽地和栽培基质用甲醛溶液的50倍液淋湿、覆盖，消毒1周，切忌土质黏重渍水。移栽时，取出芦荟小苗，清洗干净根部培养基，用1000～2000倍稀释的高锰酸钾溶液浸泡全株1～2min，稍加晾干，将小苗移栽到营养袋中，营养袋用塑料薄膜制成，下有出水孔，底层为栽培土，上层覆盖河沙土，小苗植于沙中。③建造塑料薄膜大棚苗圃，有利于保温保湿。土壤基质为细沙或砻糠灰为好，刚移出的组培苗不能栽在有机质多的肥沃土壤，以免造成真菌危害。④移栽后，保持土壤湿润，温度要控制在20～25℃，湿度不高于80%，光照以散射为好，成活率达95%以上。

3. 移栽后管理

移栽后应保持适宜的温度、湿度、光照等。一般可盖塑料薄膜调节温度至25℃左右。湿度可喷水进行调节，整个生长过程要求湿度不宜过大，以免造成烂苗。光照以自然光为好，用遮阳网调节。当幼苗长出新叶和新根后，可适当淡施一些液肥。

（二）枸杞的快速繁殖

枸杞属茄科（Solanaceae）枸杞属（*Lycium*）的落叶灌木树种，该属有80多个种，主要分布于南美洲地区，其次为北美洲地区，欧洲大陆仅有10个种，我国有7个种3个变种，主要分布在西北地区和华北地区。药用的正品枸杞为宁夏枸杞（*Lycium barbarum* L.）的成熟果实，是蜚声中外的名贵中药材。其主要化学成分有甜菜碱（betaine）、玉蜀黍黄素（zeaxanthine）、酸浆红素（physalein）、阿托品（atropine）、莨菪碱（hyoscyamine）、东莨菪素（scopoletin）、胡萝卜素、维生素B_2、烟酸、维生素C、枸杞多糖等。具有滋补肝肾、益精明目之功效，主治头昏、目眩、耳鸣、视力减退、虚劳咳嗽、腰脊酸痛、遗精、糖尿病等症。由于枸杞系异花授粉植物，由于长期的天然杂交，使现有的品种造成比较严重的混杂。如用种子繁殖，其后代往往出现严重性状分离。因此，选出优良的基因型或单株并通过组织培养手段进行快速无性繁殖，对于加速育种进程和新育良种的繁殖推广，对于保持优良品种的种性，以及对于提高单位面积产量和增加果实的特级和甲级率，均有十分重要的意义。

1. 组培苗的培养

无性植株的再生是植物通过组织培养和遗传工程进行品种改良的一个先决条件。生产栽培中的枸杞一般通过无性繁殖如扦插、根蘖，保持原代性状的稳定性和一致性，而组织培养是一种无性快速繁殖的技术。

（1）外植体的选取、处理与初代培养　一般在初春选用优良枸杞单株萌发的嫩梢及顶芽，剪去叶片后，用洗洁精或饱和的洗衣粉溶液洗净，沥干水后在超净工作台上先用70%乙醇消毒数秒，然后用0.1%升汞消毒8～10min；倒去升汞消毒液，用无菌水冲洗4～5次；将嫩芽切成0.3～0.5cm小段（带1～2个芽原基），接种于起始培养基，置于培养架上。

（2）培养基和培养条件　基本培养基为改良MS和WPM附加激素：①BA 1mg/L+NAA 1mg/L；②BA 0.5mg/L+NAA 1mg/L+IBA 0.1mg/L；③BA 0.2mg/L+KT 0.3mg/L+NAA 0.5mg/L；④BA 0.75mg/L+NAA 1mg/L+IBA 0.1mg/L；⑤1/2MS+NAA 0.6mg/L+IBA 0.2mg/L。培养基①②用于起始嫩梢伸长和分化培养；培养基③④用于分化和增殖培养；培养基⑤用于生根培养。其中培养基⑤糖为2%，其余糖均为3%，pH 5.7～5.9。培养条件为：温度（25±3）℃，起始培养和继代培养时光照强度为1000～1600lx，生根培养时光照强度为1600～2000lx，光照时数14h/d。

（3）愈伤组织的诱导与增殖　以MS+KT 1mg/L+2,4-D 1mg/L和N₆+BA 1mg/L+2,4-D 1mg/L诱导愈伤组织，其效果可达100%；MS+2,4-D 0.2mg/L诱导愈伤组织，诱导率为90%。愈伤组织一方面在相同培养基上进行继代培养，半月转一次，另一方面转到MS+6-BA 0.2mg/L的分化培养基上，10天之后可长到约1.5cm，此时切下来转到1/2MS+NAA 0.2mg/L的培养基上生根。如果将初代培养所获得的无菌丛生芽切割成小块丛生微芽，将其中较大个体分割成单株或切成苗段转接到继代培养基（MS+BA 0.5mg/L+IAA 2.0mg/L+2%～3%蔗糖）上，经30～40天培养后，每块被转接的材料又可分化出许多丛生芽，繁殖系数可达6.7～9.4。以后每隔30～40天，均可继代一次，每次继代均可增殖6倍以上。因此，可在短时间内繁殖出大量种苗。

2. 生根培养

当增殖培养过程中所产生的无菌芽长至1.5cm高以上时，即可从基部切下转接到MS+NAA 0.2mg/L生根培养基上，诱导生根并获得完整植株。

3. 炼苗及移栽

试管苗幼嫩细弱，转移到土壤中能否成活与试管苗本身质量、移栽土壤、气温及移栽后管理有关。宁夏枸杞的试管苗在生根培养基上培养15天左右时是移栽的适宜时期，这时根系生长旺盛，根短，便于移栽。移栽时应注意因地制宜地选用合适的基质，河沙、蛭石、泥炭等材料均可作为移栽基质，但其中以河沙较好，因为河沙颗粒大、疏松、透气、渗水，有利于试管苗移栽后及时发新根成活。移栽后应设塑料拱棚保湿，使移栽基质的含水率在7.5%左右，棚内空气的相对湿度初期控制在85%～90%为好，移栽1周以后可降至80%，移栽后2周时可将拱棚两端揭开，1个月后即可完全揭去塑料拱棚。移栽后应注意遮阳防晒，可以采用70%的遮阳网搭设遮阳棚，待试管苗移栽成活后，即可逐渐缩短每天遮阳的时间，使之逐渐过渡到全天暴露于自然光照射下的状态。如能掌握移栽技术，移栽苗在盆内成活率高达90%，在生长季节都可栽植。枸杞茎尖培养快速繁殖技术已成功用于生产。

自组织培养脱毒和快速繁殖技术问世以来，对脱毒苗木的发展和利用在世界范围内对农业、园艺、林木包括药用植物的生产等均产生了巨大的影响并取得了可喜的成绩，在提高质量和产量方面已显示出极大的潜力。良种、新品种的脱毒组培苗大面积的推广和应用，有效地解决了因病毒引起的品种退化问题，直接产生了经济效益。组织培养脱毒和快速繁殖技术已得到愈来愈多的国家和地区的重视，正以突飞猛进的速度向前发展，并逐步走向工厂化和商品化。

第十章

药用植物育种
技术及应用

药用植物的单倍体育种

植物的遗传改良在人类发展史中始终扮演着重要角色，从远古时代的植物驯化到20世纪初植物育种科学的建立，人类都在努力进行着植物遗传改良，使其更好地为人类服务。传统的育种方法是以植物的有性杂交为基础，有性杂交由于受到生殖隔离的制约，使得种质资源的利用局限在一个非常有限的范围内，使植物的遗传改良受到了限制。始于20世纪70年代的植物单倍体育种的研究为药用植物的育种提供了一个理想的实验体系，也为药用植物的遗传改良开辟了一条新途径。

一、单倍体与单倍体育种

单倍体（haploid）是指体细胞中含有本物种配子染色体数目的个体。也就是说，配子未经受精作用而直接发育成的生物体被称为单倍体。单倍体的产生可以自然发生，也可以诱导产生，但单倍体自然发生的概率很低，约为几十万分之一。20世纪60年代发现的被子植物单倍体仅有71种，属于39属，14个科。由于单倍体植株自发产生的频率很低，严重地限制了其在药用植物改良上的应用和遗传学研究。因此目前在药用植物育种上通常采用人工诱导的方法获得单倍体。单倍体仅含有本物种配子的染色体数目，因而具有特殊的遗传学特征，如遗传基因型在纯合的植株水平上充分表达。

单倍体育种（haploid breeding）是指利用孤雌生殖、孤雄生殖和无配子生殖产生的单倍体的育种方法。通过人工诱导单倍体植株并使之纯合的方法就是单倍体技术，它是药用植物育种技术中的一个重要内容。在药用植物的单倍体育种领域中，常用的单倍体育种技术为花药（或花粉）培养和未授粉子房培养。花药（或花粉）培养和未授粉子房培养的原理是依据植物每一特化的营养细胞都具有发育成完整植株的"潜在全能性"的原理。现已证明花药（或花粉）培养和未授粉子房培养技术是诱导单倍体的有效方法。

自Tuleeke（1953年）首先培养了银杏（*Ginkgo biloba*）的花粉得到了单倍体愈伤组织以来，已从石刁柏（*Asparagus officinalis*）、颠茄（*Atropa belladonna*）、椰子（*Cocos nucifera*）、曼陀罗（*Datura inoxia*）、麻黄（*Ephedra foliata*）、天仙子（*Hyoscyamus niger*）、乌头（*Aconitum carmichaeli*）、薏苡（*Coix lacryma*）、人参（*Panax ginseng*）、平贝母（*Fritillaria ussuriensis*）等多

种药用植物中获得了单倍体。这些工作证明，在离体条件下，分离的花粉能诱导改变其萌发产生花粉管和精子的原有功能，产生单倍体植株。

二、单倍体在药用植物育种中的作用

由单倍体植株经过染色体加倍产生的是纯合的二倍体，这种二倍体在遗传上非常稳定，不会发生性状分离，因此，它在药用植物育种中具有重要的作用。

1. 可加速杂种纯合的速度，缩短育种年限

植物的基因是非常多的，又由于基因之间的相互组合，在常规育种时，须经过多代自交、连续选育、逐步缩小配子间的差异才能得到一个纯合后代，经过这些步骤一般需要8~9个世代；得到的后代还要进行品比试验、区域试验和生产试验，才能育成一个新品种，这些步骤又需8~12年的时间。常规育种的大部分时间都花在杂种后代（F_1~F_{n-1}）优良性状的稳定上。若通过杂种（F_1~F_3）植株的花药培养，诱发其花粉发育成单倍体植株，再经人工或自然条件下进行染色体的加倍，就可快速获得纯合植株；从这些植株中再选出优良株系，对优良株系进行品比试验、区域试验和生产试验，也能育成一个新品种。通过花药培养可直接获得单倍体，进而获得纯合体，无需逐代选择，所以一般只需4~6年就可育成一个新品种。

2. 选择效率高

从单倍体培养得到的纯系可大大提高选择效率。例如，如果双亲只有一对等位基因的差别，母本为AA，父本为aa，在杂交后代中，F_2植株基因型有AA、Aa和aa 3种，其分离比为1:2:1，人们所需要的AA基因型的组合只有1/4；而F_1形成花粉的基因只有两种A和a，因此通过花药培养产生的纯合二倍体的基因型也只有AA和aa两种，其分离比为1:1，人们所需要的AA（或aa）基因型组合为1/2，这比常规杂交育种F_2中出现的频率高一倍。若杂交亲本有两对等位基因的差异，即母本为AAbb，父本为aaBB，通过杂交希望得到AABB基因型的新品种，在有性杂交育种中，父母本的性细胞经减数分裂后，形成基因型为aB和Ab两种花粉，杂交后产生的F_1中，基因型都为AaBb。但在F_1进行有性生殖时再进行减数分裂，基因型会重新组合而产生4种卵细胞和4种精子，即AB、Ab、aB和ab。它们再经组合F_2就会有16种组合，即AABB、AABb、AAbB、AAbb、AaBB、AaBb、AabB、Aabb、AABB、aABb、aAbB、aAbb、aaBB、aaBb、aabB、aabb。我们所需要选择的AABB基因组合仅有1/16。从花药培养接种的F_1花药，只有4种类型的花粉，即AB、Ab、aB和ab，它们经染色体加倍后得到纯合二倍体，也只有4种，即AABB、aaBB、AAbb和aabb，人们所选择的AABB基

因组合占1/4，比常规杂交育种的选择效率高了4倍。若双亲为3个以上等位基因差异，则可列为一个简式：杂交育种：单倍体育种=$1/2^{2n}$：$1/2^n$。式中n代表等位基因的差异数，通过计算表明，单倍体育种的选择效率可提高2^n倍。例如$n=3$时，则两种方法的选择效率之比为1/64：1/8，选择效率提高8倍。以此类推，随着n值的增加，选择效率提高也越大。

三、应用组织培养技术进行单倍体育种

从生命周期来看，植物通过诱导产生单倍体有3种途径：①用花药（或花粉）和未授粉子房培养法培养减数的孢子；②用染色体消失和异种属细胞质代换法产生减数的合子；③游离及操作生殖细胞和原生质体产生雌、雄配子。其中第2条途径主要用于作物的育种，第3种途径获得单倍体比较困难，至今尚未能用于药用植物。第1条途径已广泛用于药用植物的育种，并取得了一定的进展，为开展基础性研究和实际应用开辟了新的途径。以下主要介绍第1条途径，也就是通过花药（或花粉）和未授粉子房培养法进行单倍体育种的原理和技术。

（一）应用花药（或花粉）培养技术培育单倍体

花药（或花粉）培养育种，就是取F_1代的花药（或花粉）置于特定的培养基上培养，利用细胞的全能性，诱导花粉长成植株，再经染色体自然或人工诱导加倍得到纯合二倍体的一种育种方法。花粉培养得到的植株是单倍性的，花药培养应用于育种上也可称为单倍体育种。1964年印度的植物胚胎学家Guha和Maheshwari将毛叶曼陀罗（*Datura inoxia*）的花药培养在适当的培养基上，使花粉转变成了胚状体，并从胚状体培养出了单倍体植株。这一发现引起了植物学及遗传育种工作者的广泛重视，随后进行了大量的研究。近40年来，已通过花药（或花粉）培养技术诱导出被子植物，包括一些杂种的单倍体，共计247种，它们分别属于88个属，34个科。这一时期在药用植物的花药培养方面也做了很多的工作，已成功地从地黄（*Rehmannia glutinosa*）、乌头（*Aconitum carmichaeli*）、薏苡（*Coix lacryma*）、宁夏枸杞（*Lyclum berbaum*）、人参（*P. ginseng*）、平贝母（*Fritllaria ussuriensis*）、柑橘（*Citrus reticulate Blanco*）等药用植物的花粉中成功诱导出了完整植株。

1. 花药（或花粉）培养的基本原理

植物的花（flower）是由花柄（pedicel）、花托（receptacle）、花萼（calyx）、花冠（corolla）、雄蕊群（androecium）、雌蕊群（gynoecium）几部分所组成。花药（anther）是植物雄蕊群中的一个组成成分，它是由雄蕊原基的顶端部分发育而来的，是植物花的雄性器官。它由两种结构组成，外部是花药壁（anther wall），内部是多个花粉粒（pollen grain）。组成花药的细胞有两种：一种是体细胞，包括药壁和药隔组织的细胞；另一种是雄性性细胞，即小孢子。花药的体细胞是二倍体细胞，性细胞是单倍体细胞。花粉是由花药内的花粉母细胞（pollen mother cell）发育来的，成熟的花粉有两层壁，内层叫内壁（intine），外层叫外壁（exine），壁内含有雄配子（male gamete）。根据花粉粒成熟程度不同可将花粉粒分为单核花粉、双核花粉和三核花粉。单核花粉只包含一个细胞核（nucleus），双核花粉包含一个营养核（vegetative nucleus）和一个生殖核（generative nucleus），三核花粉包含一个营养核和两个生殖核。花药（或花粉）培养（flower or pollen culture）就是将以上材料从母体植株上取下，放在无菌条件下生长，使单个花粉粒进一步发育，并重新分化成单倍体植株的技术。虽然花药培养和花粉培养的目的相同，但严格来说，花药培养的对象为花药，而花粉培养的对象则为花粉粒。花药培养的是器官，而花粉培养的是单细胞。实际上，由花药培养开始，最终再生得到的植株多数是由花药内的、处于一定阶段的花粉细胞发育而来的，因此，花药培养实际上是广义的花粉培养。花粉培养的精确定义，则是将处于一定发育阶段的花粉从花药中分离出来再进行离体培养，使其生长发育，以至形成植株的技术。植物的花粉细胞与植物的其他组织细胞一样具有全能性，即生物的每个细胞都有发育成完整植株的潜能，都具有该物种的全部遗传信息。花粉细胞与其他组织细胞相比，其染色体数目只有体细胞的一半，因此，花粉培养得到的植株是单倍性的。由于花药（花粉）培养能获得同花粉染色体组成相同的单倍体植株，并可经染色体加倍而成为能正常结实的纯合二倍体植株。因此，此项技术可为遗传育种提供有用的材料。

在自然状态下，花粉粒是通过小孢子发生的过程产生的，这一过程包括从小孢子母细胞（花粉母细胞）到成熟花粉粒的整个发育过程。小孢子母细胞（花粉母细胞）经过减数分裂形成四分体，其周围由一层厚的胼胝质所包围。随着四分体胼胝质的溶解，4个小孢子就释放出来。新释放出来的小孢子其细胞核位于中央，核大而质地浓密。随后，细胞质中出现小液泡，并逐渐扩大形成一大液泡，这时细胞核被挤向一边，称为单核靠边期（monokaryotic stage）。小孢子经过第1次有丝分裂，由于这次有丝分裂是不对称的，产生一个大的营养核和一个小的生殖核。生殖核进行第2次有丝分裂，形成两个精子，此次分裂通常在花粉管中进行，有的植物在花粉中进行。

在离体条件下，由于改变了花粉原来的生活环境，花粉的正常发育途径受到抑制，由一次分裂形成的花粉粒不再像正常发育过程中那样形成两个精子核和进行正常的受精。而是沿着不同的途径进行发育。其发育途径主要有：①培养的花粉先形成胚状体，再进一步形成植株；②花粉先脱分化形成愈伤组织，再由愈伤组织进一步分化成植株。

2. 花药（或花粉）培养的单倍体育种技术

花药（花粉）培养的单倍体育种的程序分为以下几个步骤：花药（花粉）植株的诱导→花药（花粉）植株的再生→花药（花粉）植株的移栽→纯合二倍体植株的获得→花药（花粉）纯系的主要农艺性状及生活力的测定→花粉纯系的配合力测定与杂交组合选配→优良组合的产量比较，区域试验和试种。

（1）花药（花粉）植株诱导的基本过程

①主要材料

植物材料：花药或花粉。

培养基：花药培养中，所用的基本培养基一般随植物种类不同而异，但普遍使用的是MS培养基。Nitsch H培养基是一种改良的MS培养基，是目前在双子叶植物的花药培养中常用的培养基。Nitsch T也是一种类似于MS的培养基，主要用于花粉植株的壮苗培养。

②花药（或花粉）培养的具体过程

取材：花药在接种前，一般需预先用醋酸洋红压片法进行镜检，以确定花粉发育的时期与花蕾或幼穗大小、颜色等特征之间的相应关系。一般而言，用单核后期的花粉培养较容易获得成功，所以，掌握这一时期的特征颇为重要。例如在百合（*Lilium brownii*）花药培养研究中，取不同大小的花蕾进行愈伤组织诱导试验，百合花药成熟前对离体培养均有反应，24～26mm长的花蕾中的花药最易诱导产生愈伤组织，此时对应的小孢子大都处于单核期，因此认为单核期的花药作外植体较为合适，由于在不同的品种之间，相应的外部形态也会有所差异，因此通常以镜检为准。

消毒：花蕾的表面经70%乙醇消毒后，可在饱和漂白粉溶液中浸10～20min，或用0.1%升汞溶液消毒7～10min，然后用无菌水冲洗3～5次。

接种：经消毒的材料置于超净工作台上，取花药时，应注意器具尽可能不碰伤花药。如果植物材料的花药较大，可用解剖刀或镊子剥开花蕾，以镊子夹住花丝，取出花药。花药可直接接种到培养容器中，50～100mL的三角瓶是最常用的培养器皿，每瓶一般接种10～20个花药。

培养：花蕾经处理后，在无菌条件下进行预培养，在5mL液体培养基中可培养约50个花药；经低温预培养4天后，再进行花药（花粉）的培养。根据花药培养的培养基中是否加入琼脂，将花药培养分为两种：固体培养法和液体培养法；根据花药培养时的花粉的支持物不同，又将花药培养分为悬滴培养法和滋养培养法。

培养结果：离体花药在培养基上培养一段时间后，如果培养基和培养条件适宜，一般2～4周花药内的花粉细胞即能长出愈伤组织或胚状体。培养的花药是直接产生胚状体还是愈伤组织，主要取决于培养基中植物激素的状况。一种植物的花药可以在一种培养基上长成幼苗，而在另一种培养基上则形成愈伤组织。只要培养基合适，甚至可以在同一个花药中，一部分花粉通过胚状体途径发育成植株，而另一部分花粉却只形成愈伤组织。

（2）花药（花粉）植株的再生　将诱导出的花粉愈伤组织或胚状体接入合适的再生培养基中，培养一段时间后可将花粉愈伤组织或胚状体直接培养成苗。

（3）花药（花粉）植株的移栽　试管苗一般可直接移入大田或炼苗1～3天后移入大田。土质为砂土、黏土、壤土、腐殖土。移栽到大田中试管苗，14天后均能萌生新根或组培根继续伸长生长。

（4）纯合二倍体植株的获得

①染色体检查。在进行花药离体培养时，所获得的花粉植株究竟是起源于单倍体的花粉细胞，还是起源于二倍体的花药体细胞，必须通过检查花粉植株的染色体数目才能判定。有时起源于单倍体细胞的培养物由于不正常的细胞分裂而造成染色体自然加倍，在这种情况下只有通过鉴定染色体的数目来判断。一般采用根尖压片法进行染色体数目的检查，其操作步骤如下：a.根尖预处理。从健壮的花粉植株上选取细胞旺盛分裂的粗壮根数条，剪下长5～6mm的根，放入含有0.02%的秋水仙碱，或对二氯苯饱和水溶液，或0.001～0.003mol/L 8-羟基喹啉水溶液中预处理2～4h。预处理的目的是利用上述溶液使染色体整体分散和个体收缩，有利于染色体的观察计数。秋水仙碱和对二氯苯有使染色体加倍的作用，故预处理的时间不宜太长。b.固定。经预处理的根尖用蒸馏水漂洗1次，放入乙醇：冰乙酸=3：1（或甲醇：冰乙酸=3：1）的固定液中处理过夜（根据材料和根尖幼嫩程度不同固定时间可调整为2～24h）。如需要长期保存必须置于70%乙醇中，先将固定好的根尖经95%乙醇洗3次，除去醋酸，后经80%乙醇再转入70%乙醇中保存。c.解离。固定后的根尖用解离液（1mol/L的HCl），在60℃恒温水浴中进行细胞解离处理5～15min，再用蒸馏水漂洗去掉解离液。d.染色及制片。将经过解离处理的根尖置于染色板上，滴数滴改良碱性品红染色30min，然后用镊子取染色好的根尖放在载玻片上，切取1～2mm长根尖加染色液1滴，加盖玻片后用铅笔橡皮头轻打，使材料成均匀薄层后显微镜观察。

②染色体加倍。花粉植株为单倍体植株，单倍体植株成熟后，只有经过染色体加倍才能形成可育的植株，单倍体植株染色体加倍后形成的二倍体植株为纯合二倍体植株。植株的染色体加倍通常采用化学诱导，如秋水仙碱诱导的方式进

行，具体方法如下：通常应用0.1%～0.4%的秋水仙碱水溶液浸泡幼苗24～48h，或在花粉植株生长后期摘除其顶端，在腋芽上用秋水仙碱溶液处理，或用1.5份的秋水仙碱溶液与1份羊毛脂混合调成糊状，涂抹在腋芽或生长点上，以促使其加倍成二倍体。

（5）花药（花粉）纯系的主要农艺性状及生活力的测定　通过花粉纯系的主要农艺性状及生活力的测定，一方面用于来确定它们的纯度，另一方面来确定其在育种上的价值。药用植物的主要农艺性状指的是与其药用价值的营养器官相关的性状。

（6）花粉纯系的配合力测定与杂交组合选配　将花粉纯系的配合力测定与其杂交组合选配结合起来，可以简化育种程序，加快花粉纯系及其组配的杂交组合的选育和利用。

（7）优良组合的产量比较，区域试验和试种　对单交种主要从与其药用价值的营养器官相关的性状等方面考察。

（二）应用子房培养技术培育单倍体

子房培养育种是将子房内胚囊中的单细胞培育成单倍体植株，再经染色体自然或人工加倍得到纯合二倍体的一种育种方法。未授粉子房培养得到的植株是单倍性的，子房培养应用于育种上也可称为单倍体育种。国际上首例报道未授粉子房培养出单倍体植株的是大麦（*Hordeum vulgare*），接着是小麦（*Triticum aestivum*）、烟草（*Nicotiana tabacum*）、黄花烟草（*N. rustica*）、水稻（*Oryza sativa*）、向日葵（*Helianthus annuus* Linn.）、玉米（*Zea mays*）。利用子房培养进行中草药单倍体的培育刚刚起步，只有少数成功的例子。

1. 子房培养的基本原理

子房（ovary）是雌蕊基部膨大成囊状的部分，由子房壁（ovary wall）、胎座（placenta）、胚珠（ovule）所组成，子房将来发育成植物的果实。子房中存在着两种细胞——体细胞和性细胞，体细胞是二倍体细胞，包括组成子房壁、胎座和胚珠壁的细胞，性细胞是单倍体细胞，包括胚囊里的卵细胞（未受精）、助细胞、极细胞和反足细胞。这些细胞都有产生胚状体和愈伤组织，进而发育成植株的能力，即再生植株既可起源于体细胞，也可起源于性细胞。子房培养（ovary culture）指将子房从母体植株上摘下，放在无菌的人工环境条件下，让其进一步生长发育，以至形成幼苗的过程。根据子房是否授粉，将子房培养分为授粉和未授粉子房的培养两类。培养授粉子房的目的是想挽救子房内杂种胚的发育，培养未授粉或未受精子房的目的是想通过子房内胚囊中单细胞的发育获得单倍体植株。在进行未授粉子房培养时，若产生植株的细胞，是由珠被或子房壁表皮细胞发育而来，这些细胞都是二倍体组织，因而产生的植株，自然也是二倍体，这些植株在遗传组成上与母体相同；若产生植株的细胞是由卵细胞（未受精）、助细胞、极细胞和反足细胞起动的，并产生原胚细胞，由原胚细胞发育成胚状体或愈伤组织，再进一步分化出芽和根，最后形成小植株。则形成的植株为单倍体植株，这些植株经染色体加倍后即可培育成正常结实的纯合的二倍体植株。

2. 子房培养的单倍体育种技术

子房的单倍体育种技术与花药（花粉）的单倍体育种技术基本相同，只是培养时所用的外植体不同，下面主要介绍子房植株诱导和再生的具体过程。

（1）子房植株的诱导的基本过程

①主要材料

植物材料：子房或胚珠。

培养基：各种植物未授粉子房培养所用的培养基，因植物的种类不同而不同。如进行百合（*L. brownii*）子房培养时，诱导愈伤组织培养基为N_6或改良MS培养基，附加4mg/L的2,4-D、1mg/L的KT、4mg/L的6-BA、6%~8%的蔗糖和0.8%的琼脂。分化培养基为MS培养基，附加1mg/L的2,4-D、1mg/L的NAA、4%蔗糖和0.8%琼脂。

②子房培养的具体过程

取材：培养未授粉子房，一般在开花前1~5天将大田中种植的植株的子房摘下即可。

消毒：若植株的子房包裹在颖花里，颖花又严密包裹在叶鞘里，则不需要用药剂进行消毒，只在幼穗表面用70%乙醇擦拭消毒即可。若植株的子房暴露，则应进行严格的消毒。一般是先将子房放在70%乙醇里浸泡30s，用无菌水冲洗3次后，再在0.1%的升汞中消毒15~20min，用无菌水冲洗3次，滤纸吸干备用。

接种：经消毒的材料置于超净台上，在取子房中的胚珠时，应注意器具尽可能不碰伤胚珠。子房也可直接接种到培养容器中，50~100mL的三角瓶是最常用的培养器皿，每瓶一般接种10~20个花药。

培养：采用固体培养和液体培养均可，固体培养时应将子房平放在培养基上，液体培养时应在液体培养基上加滤纸桥。在无菌条件下剥开幼花，用镊子夹出子房进行接种，或直接将子房接种到培养基上。培养温度为26℃左右，50%~60%相对湿度，每天16h散射光照。

培养结果：离体未授粉子房在培养基上培养一段时间后，如果培养基和培养条件适宜，一般2~4周未授粉子房的胚囊中的单细胞即能长出愈伤组织或类胚体。随着细胞增多，胚状体继续分化成心形胚、鱼雷形胚等。

（2）子房植株的再生　取上述诱导出的胚状体，转接到再生培养基中继续培养，即可在未授粉子房开裂处见到许多淡黄色的胚状体，胚状体见光后变绿，并逐渐发育成小苗。

有些植物的未授粉子房在培养时并不形成胚状体，而是形成愈伤组织。将这种愈伤组织（直径为1mm）及时转移到合适的培养基上时，即可诱导形成芽、根器官，并发育成植株。

（3）子房植株的生根　把苗高2~3cm的无根幼苗切下插入生根培养基中，常用的生根培养基为附加0.5mg/L的IAA、0.5mg/L的NAA和2%蔗糖的BN或1/2BN培养基。培养在23~25℃条件下，约1周开始生根，最后长成完整植株。

（4）子房植株的移栽　移栽时，一般是将需生根的试管苗从培养容器中取出（很多木本植物和一部分草本植物合适的移栽时间是根原基刚刚突起或形成0.5cm长的根时，此时取出不伤根，带琼脂少，移栽后根迅速固着于基质中，并能吸收营养），洗去琼脂，种入有少量营养的人工基质中。移栽后保持较高的湿度，避免阳光直射和过大的温度波动，经逐步适应后再定植。

（5）纯合二倍体植株的获得　具体过程与花粉的纯合二倍体植株的获得相同。

四、中草药单倍体育种的应用实例

（一）花药培养技术培育单倍体的应用实例

石刁柏（Asparagus officinalis），俗称芦笋，属百合科（Liliaceae）植物。经测定，石刁柏含有较多氨基酸、矿物质、甾体皂苷、酚类物质和微量元素——硒、钼、铬、锰等，具有调节机体代谢，提高机体免疫力的功效，在医疗上有较高的价值。它能助消化，增强食欲和体力，降低血压，对消化、泌尿、循环、淋巴系统疾病和神经痛、视力衰退、白血病等病变均有一定疗效；并对高血压、心脏病、心率过速和消除疲劳、水肿、膀胱炎、排尿困难、肾结石和直肠癌亦有疗效。石刁柏为雌雄异株植物，雄株茎粗而雌株细小，因此雄株产量高、品质好。如果田间全系优良品质的雄株，就可大幅度地提高石刁柏的产量。因此培育全雄系品种早已成为国内外石刁柏育种的重要目标。石刁柏的性别遗传特点是雌株纯合型，基因型为xx，雄株杂合型，基因型为xy。雌雄异株植物在正常育种程序上较难获得纯系，而利用雄株的花药进行离体培养，可以得到由x和y两种配子型花粉发育而来的单倍体植株，这种植株经染色体加倍后，获得yy的纯雄株或叫超雄株和xx的超雌株。用超雄株和雌株杂交。F₁代全部为雄株，称"全雄系"。

Falavigna（1986年）得到的"全雄系"杂种比标准品种增产60%～100%。

利用石刁柏花药进行离体培养是花药培养技术培育纯系较成功的例子，现简要介绍如下。

（1）培养材料　选择花蕾长为1.5～2.2mm，花粉发育处于四分孢子体时期的花药。

（2）花药培养的基本过程

①花药的采集：石刁柏雄花花期较长，从最初的4月中旬到9月下旬均可采集，但以4月中旬到5月上旬采集的花药最好。采集花药时，先将纱布煮沸消毒，再把花蕾连同花梗在70%乙醇中浸20s，用无菌水冲洗3次，再用冷却消毒过的纱布包裹花蕾和花梗。为了防止水分散失，材料应装在用乙醇消毒过的薄膜袋内。

②预处理：将采集的花药放置于光照培养箱（黑暗）中进行预冷冻处理，石刁柏花药低温和冷冻的最佳搭配方案为4℃、4天。

③愈伤组织的诱导：诱导愈伤组织的基本培养基配方为：MS+3%蔗糖+0.7%琼脂（pH 5.8）。在激素配比上，不同学者报道的结果不同，Yakuwa（1972年）认为附加6-BA 1.0mg/L、NAA 1.0mg/L诱导愈伤组织的效果较好；Torrey（1983年）认为附加6-BA 1.0mg/L、NAA 5.0mg/L诱导频率最高；张磊等（1990年）认为NAA 0.1～0.5mg/L，6-BA 1.0～2.0mg/L、2,4-D 0.5～1.0mg/L是最适宜的。Pelletier（1972年）对石刁柏（*A. officinalis*）花药愈伤组织进行培养，发现高浓度的KT会导致愈伤组织多倍化。许多学者进行石刁柏花药培养，所使用的激素包括2,4-D、NAA、6-BA和KT，应用不同浓度配比的培养基，在所获得的花粉愈伤组织中均出现不同程度的混倍化。2,4-D 1mg/L以上会使愈伤组织多倍化加重，为此应在诱导培养基中应尽量降低2,4-D的浓度或用其他外源激素代替。花药经过25～30天的培养，陆续产生愈伤组织，一类是松散型愈伤组织，其特点是质地疏松，为黄白色，称Ⅰ型愈伤组织。接种后4～6天由花药表面细胞产生的，称为Ⅰ早型愈伤组织；接种后20天由褐色干枯花药内部产生的愈伤组织，称为Ⅰ晚型愈伤组织。另一类是紧密型愈伤组织，称为Ⅱ型愈伤组织，此类愈伤组织质地紧密且坚硬，呈白色或黄白色，于接种1～3周后陆续出现。这类愈伤组织，多由花药顶端及中部从里往外生出，还有部分是由花药两侧的药囊产生。进一步观察发现最先出现的Ⅰ早型愈伤组织是由花药体细胞发育而来，而Ⅰ晚型和Ⅱ型愈伤组织大部分是从花粉粒发育而来，出现相当数量的单倍体细胞。

④愈伤组织的分化：当愈伤组织长至米粒大小时，转到分化培养基（MS+2,4-D 1.0mg/L+NAA 0.2mg/L+6-BA 0.2mg/L）上，分化培养基上愈伤组织分化形成芽。

（3）花药植株根的诱导　石刁柏苗的生根比较困难。陈穗云等（1998年）研究表明，石刁柏花药来源的试管苗茎尖切段基部根原基的发生和根原基发育形成根是两个不同的阶段。较低浓度的NAA（0.01mg/L）和充分的养料供应使茎尖切段基部内源ABA持续下降，是切段基部形成愈伤组织并在其中分化出根原基的必要条件；而相对的水分缺乏和进行有效的气体交换则使内源ABA迅速上升，促进根原基进一步发育形成根。每个阶段用不同的处理可使生根率达100%。

（4）花药植株的染色体检查　石刁柏的染色体数为$2n=20$，其染色体组是$x=10$，染色体中有5个长染色体，1个中间染色体和4个短染色体。多数实验表明，通过花药培养途径诱导产生的单倍体植株的频率较低，再生植株倍性变化复杂，其染色体范围变异较大，包括n、$2n$、$3n$、$4n$、$6n$和$8n$的细胞，因而获得再生植株后，在进行根尖压片法进行染色体的检查后，才能确定是否为单倍体植株。石刁柏的性别决定是xy型，x染色体为具亚端着丝粒染色体，y染色体是具中间着丝粒染色体。因此，可以通过细胞学的方法来进行雌株和超雄株鉴定。

（5）花培品系农艺性状的观察　石刁柏是多年生植物，它的食药用部分是营养体（嫩茎），它的出茎数、茎长和茎粗等农艺性状与产量是相关的，因而在选育优质、高产品种时，应注重选育出茎数多、茎粗的品种。

（二）子房培养技术培育单倍体的应用实例

白魔芋（*Amorphophallus albus*）是天南星科（Araceae）魔芋属多年生草本植物，具有26条染色体。魔芋是上等蔬菜，所含葡甘露聚糖，有降低血脂、血压、促进肠胃蠕动和低热减肥的功能，对消化、心血管系统疾病、糖尿病和肿瘤有一定的预防或治疗作用。

白魔芋的子房培养简述如下。

（1）培养材料　选用发育程度不同的花序，一种是花梗长15cm左右，佛焰苞即将展开，子房壁呈绿色，约2mm大小，另一种是花梗长4cm左右，佛焰苞紧裹，子房呈白色半透明状，约1mm大小。

（2）子房培养的基本过程

①子房的采集：将两种花序采下，经自来水冲洗后，取下佛焰苞，在无菌条件下用0.1% $HgCl_2$消毒10min，无菌水冲洗多次。

②接种：取出雌花段，剥离单个子房，平放培养基上培养。

③愈伤组织的诱导：诱导愈伤组织的培养基配方为MS附加NAA、IAA、KT各1mg/L，谷氨酰胺146mg/L。接种30天后，一般只观察到子房膨大，子房壁的

绿色有所加深。50天左右，个别子房中部或基部开始被膨裂，出现少量透明颗粒状的愈伤组织，随后迅速增殖，很快掩盖子房表面。此时愈伤组织大体分为两类：淡黄色松散颗粒状的和白色坚硬球状的。未脱离花轴的子房不形成愈伤组织，仅膨大并产生橘红色果皮，与自然授粉的种子外貌相似，切开后只有子房壁加厚的一个空腔。

④愈伤组织的分化：分化培养基为MS附加NAA 0.2mg/L和6-BA 1mg/L，培养温度26℃，散射光。将子房产生的愈伤组织转入分化培养基上，40天左右即可形成具有1~2条幼根的小植株，与二倍体试管植株相比，这种小植株要细小一些，生长较慢。两类愈伤组织均能分化出再生植株，淡黄色，松散颗粒状的愈伤组织分化速度较快。

（3）植株再生和生根 切取带幼芽培养于不含激素的MS培养基中，转入光照培养，幼芽逐渐生长，叶片从芽鞘中抽出，无根幼苗转入MS+0.1mg/L NAA培养基中，在基部形成根，长成完整的小植株。

（4）移栽 将已生根的幼苗，洗去琼脂，移栽到装有蛭石和珍珠岩（1∶1）的育苗箱内，覆盖塑料薄膜，1周后揭膜，在玻璃温室中生长。

（5）子房植株的染色体检查 随机取5株的根尖进行了压片检查，根尖细胞只有13条染色体，表明通过未授粉的白魔芋子房离体培养获得了单倍体植物。

第二节　药用植物的多倍体育种

多倍体植物在自然界中是普遍存在的，由于它们在生理上较二倍体有更强的适应性和遗传上有较大的可塑性，使得育种学家自20世纪30年代开始就热衷于进行多倍体育种的研究。目前多倍体诱导育种工作在农作物、果树、蔬菜、花卉等的品种选优，创造新的种质资源等领域广泛开展，取得了较好的成绩。药用植物多倍体育种工作的开展也比较早，1937年布莱克斯里等人用秋水仙碱处理曼陀罗（*D. inoxia*）获得多倍体。半个多世纪以来，育种学家对多种药用植物进行了多倍体育种的研究，培育了许多高产优质新品种，拓宽了种质资源，防止了由于长期人工栽培而导致的品种退化。

一、多倍体与多倍体育种

多倍体（polyploid）是高等植物染色体进化的显著特征。一般所讲的多倍体是指染色体组的数目在3（3n）或3以上（>3n）的个体、居群和种，如3倍体（3n）、4倍体（4n）、5倍体（5n）等都是多倍体。多倍体的种类，根据产生方法分为：天然多倍体（natural polyploid）和人工多倍体（artificial polyploid）；根据染色体来源分为同源多倍体（homologous polyploid），增加的染色体来源于同一物种和异源多倍体（heterologous polyploid），增加的染色体来源于不同的物种或不同的属；根据染色体数目分为三倍体（triploid）、四倍体（tetraploid）、六倍体（hexaploid）、八倍体（octoploid），以此类推。植物界中多倍体极为常见，藻类和真菌中都掌握了存在多倍体的例证。在高等植物中，苔藓植物53%是多倍体，蕨类植物约97%是多倍体，裸子植物约5%是多倍体，被子植物约70%是多倍体。多倍体是在千万年的历史进化过程中不断适应环境而形成的，许多学者认为最初的染色体加倍或者发生在合子中（即合子中的染色体加倍或由未减数的雌雄配子结合，产生具功能的四倍体合子）产生多倍体植株，或者发生在某些顶端分生组织中产生多倍体嵌合体。

多倍体育种（polyploid breeding）就是利用物理、化学方法，人为地诱导形成多倍体植株的一种育种方法。染色体是植物遗传基因的主要载体，因此染色体组倍数性的变化是导致植物产生较大遗传变异、产生新品种的重要因素。植物多倍体一般具有根、茎、叶、花、果实的巨型性，抗逆性强，药用成分含量高等特性，这正是药材的优质、高产育种所希望达到的目的。因此药用植物的多倍体育种具有较高的应用价值和增产潜力。日本把多倍体育种作为药用植物的重要育种方法之一，广泛地应用。目前已对丹参（*Salvia miltiorrhiza*）、黄芩（*Scutellaria baicalensis*）、桔梗（*Platycodn grandiflourum*）、白术（*Atractylodes macrocephala*）、当归（*Angelica sinensis*）、牛膝（*Achyranthes bidentata*）、菘蓝（*Isatis indigotica*）、白花曼陀罗（*Datura stramonium*）、蛔蒿（*Artemisia maritima*）等药用植物进行了多倍体育种，获得了一些新品种，取得了较好的增产效益。

二、多倍体在药用植物育种中的作用

多倍体在药用植物育种中的作用是由多倍体药用植物的特征所决定的。从植物进化的趋势来看，染色体多倍性的基数从不稳定到稳定，倍数性从少到多，因此，多倍体在植物进化中具有十分重要的意义；多倍体比它们的二倍体祖先有更广泛的生态上的忍受力，对环境有更大的适应性。多倍体植物的具体特征可总结如下。

1. 植株的巨型性和较强的适应性

多倍体植物一般较二倍体植物的细胞和植株均增大，细胞中染色体数目增加，花粉粒和气孔增大也是多倍体的一个显著特征。多倍体植株的农艺性状通常有明显变化，突出表现在根、茎、叶器官上具有巨型性，这能大幅度提高以相应部位入药的药材的产量，例如丹参（*S. miltiorrhiza*）同源四倍体普遍比原植物生长势旺而浓绿，茎秆粗壮，植株高，根部药材比原植物粗大；菘蓝（*I. indigotica*）同源四倍体较原植物叶宽大而厚实，茎秆粗壮，花、果实也略显增大；牛膝（*A. bidentata*）同源四倍体根的干重较二倍体有显著提高，但其木质化程度却比二倍体低，说明质量也有所提高。多倍体植株往往也具有较大的花和果实，因此对花和果实类药材的生产也具有重要意义。

2. 较好的结实性和较强的抗逆性

稳定型的多倍体结实性比较好。人工合成的多倍体染色体数若为奇数者则几乎都不育，如三倍体西瓜就没有种子。人工合成的多倍体染色体为偶数者最初也多结实性不良，但是经过长期选择淘汰，结实性则可大大超过二倍体，如六倍体普通小麦较二倍体小麦产量高得多。

自然存在的多倍体植物较之原始种的二倍体有更强的抗逆性，即有更强的对病虫害的抗性，对寒冷和干旱的忍受力也较强。在高原地带的植物常有多倍体变种，这也从一个侧面说明多倍体植物对寒冷等气候条件有较强的适应性。由于多倍体植株一般较矮，茎秆粗壮，故能较好地抵抗倒伏。有的还具有抗干旱、抗病虫害等其他抗性，例如由日本薄荷（*Mentha arvensis* var. *piperascens*）和库页薄荷（*M. gachalinensis*）诱导的异源四倍体具抗粉真菌、抗寒等优点，这些优点对扩大种植区域，提高产量及野生品种变栽培品种极为有利。

3. 多倍体植株通常具有较高含量的药用活性成分

在实践中发现，大多数多倍体植株中次生代谢产物的含量都有所增加。例如菖蒲（*Acorus calamus*）在长期自然变异过程中形成了二倍体、三倍体、四倍体和六倍体各种类型。据化学测定，其根茎的含油量、精油的化学成分、植物体内草酸钙的含量均与染色体倍数有关，二倍体中不含β-细辛醚、三倍体含20%~30%的β-细辛醚和顺甲异丁香油的混合物，四倍体精油中含有比三倍体高两倍的β-细辛醚。曼陀罗（*D. stramonium*）同源四倍体中生物碱含量大约是原植物的2倍；牛膝（*A. bidentata*）同源四倍体中蜕皮激素较原植物高出达10倍之多；丹参（*S. miltiorrhiza*）同源四倍体中隐丹参酮、丹参酮ⅠA、丹参酮ⅡA分别较原植物高203.26%、70.48%、53.16%。染色体倍性的增加与化学成分含量的变化并不成正比关系，例如毛曼陀罗（*D. inoxia*）的三倍体生物碱含量较二倍体、四倍体均高。多倍体与原植物比较，并不只限于原有性状的加强和提高，有的可能会产生新的性状和新的化学成分。例如福禄考（*Phlox drummondii* Hook.）的同源四倍体中能够产生亲本所不含有的黄酮类成分；菘蓝（*I. indigotica*）同源四倍体中游离氨基酸成分组成与二倍体亲本相比也不一致，从中可能筛选出具有药理活性的前导化合物。

4. 育性低

多倍体植株普遍具有育性下降的特点，这对于收获籽粒为目的农作物来说是个致命的缺点，但对于全草类、根茎类、叶类、花类的中药植物来说影响不大。

三、应用组织培养技术进行多倍体育种

对于多倍体育种，以往采用的是常规杂交育种方法进行的。如三倍体的育种是用四倍体品种与二倍体品种杂交。此法需先诱导四倍体植株，待其开花后再与二倍体品种杂交，不仅需时长，而且易出现生育不良的非整倍体植株及遗传性状不良的个体，即便采取幼胚培养的方法加以挽救，但获得三倍体植株的比率仍很低，仅占10%。近年来，采用胚乳培养技术和组织培养技术获得多倍体，取得了一定的进展，它克服了上述方法的缺点，省去诱导四倍体、杂交的步骤，技术要求不高，获得三倍体植株的比率高，嵌合体少，短期内可繁殖出大量的多倍体植株，是高效的育种途径。

（一）应用胚乳培养技术培育三倍体

近年来，植物的胚乳培养引起了众多研究者的注意，而更具意义的是培养胚乳和胚乳植株的诱导，有可能为药用植物等育种工作提供三倍体和多倍体的育种方法和原始材料。通过胚乳培养获得三倍体植株改良品种，在理论和实践上都具有重大意义。三倍体植株往往表现出无籽，这对一部分药用植物是十分有益的性状，例如山茱萸（*Cornus officinalis*）、枸杞（*Lycium barbarum*），果核大、种子多会带来加工的困难，降低产量和质量。应用胚乳培养技术进行多倍体育种在我国刚刚起步，分别在枸杞（*L. barbarum*）、百合（*L. brownii*）、党参（*Codonopsis pilosula*）等植物上取得成功，获得了新物种类型，实践证明应用胚乳培养技术培育多倍体不失为一种育种新技术。

1. 胚乳培养的基本原理

胚乳（endosperm）是胚发育过程中提供养料的主要场所。在具胚乳组织的植物中，胚乳也为种子的萌发和幼苗的生长提供营养。在裸子植物中，胚生长和发育所必需的营养组织（雌配子体）在受精时也已存在，胚乳是由雌配子发育而来的，所以是单倍体。然而，在被子植物中，这种营养组织一直延迟到受精后才

开始发育。胚乳组织在遗传组成上是独特的：①大多数显花植物的胚乳是三倍体，它是由3个单倍体的核融合的产物（2个来自母本，1个来自父本）；②胚乳组织还是一团均质的薄壁组织，没有任何器官发生和维管分化。

胚乳培养（endosperm culture）是指将胚乳从母体上分离出来，放在无菌的人工环境条件下，让其进一步生长发育，以至形成幼苗的过程。胚乳培养很早就引起了人们的重视，主要是它在理论研究和实践上都有重要价值，如可以了解胚乳的全能性，了解胚和胚乳的相互关系，还可以从培养的胚乳细胞中获得无籽结实的三倍体植株，进而可将它加倍成六倍体植株，这在育种上有一定意义。

被子植物的胚囊结构大部分物种为蓼形胚囊，蓼形胚囊具有2个极核；而贝母形、皮耐亚型、矾松形和小矾松形具有4个极核，它们的胚乳应是五倍体；而有些其他胚囊类型的植株的胚乳植株的染色体倍性就更高了，表明不同类型胚乳培养获得多种多倍体类型胚乳植株的可能性。

2. 胚乳培养的三倍体育种技术

胚乳培养的三倍体育种的程序分为以下几个步骤：胚乳植株的诱导→胚乳植株的再生→胚乳植株的移栽→胚乳植株的染色体鉴别。

（1）胚乳植株诱导的基本过程

①主要材料：植物的胚乳。

②胚乳培养的具体过程。

取材和培养：胚乳外植体制备很简单。对于有大块胚乳组织的植物种子来说（如大戟科和檀香科），可将种子直接做表面灭菌，无菌水冲洗干净后，在无菌条件下除去种子的表皮即可培养。对于某些植物，如桑寄生科植物，其胚乳被一些黏性流质层包围，取出胚乳很不方便，这时先将整个种子作表面灭菌后，在无菌条件下剥开种皮，去掉黏性流质层，取出胚乳组织。对于具有果实的种子，如槲寄生[*Viscum coloratum*（Kom.）Nakai]的植株，制备成熟胚乳时，取授粉后几天的幼果，用70%乙醇表面消毒数秒钟，再用饱和漂白粉灭菌10~20min，用无菌水冲洗3~4次。在无菌条件下切开幼果，取出种子，小心分离出胚乳，接种在培养基上培养。注意剥离胚乳时不能带有任何胚组织，稍有疏忽就有可能造成胚乳愈伤组织中混有胚来源的愈伤组织。培养温度25~27℃，黑暗或散射光下培养。

培养结果：胚乳接种到培养基中6~10天后，胚乳外观显得膨大而光滑，往往在切口处形成乳白色的隆突，并不断增殖成团块，且不断增多。少数胚乳外植体的这种突起可以转为绿色，形成叶状丛（例如猕猴桃），但大多数植物胚乳外植体上的隆突再行增殖成新的团块，成为典型的愈伤组织。这时，应及时转到分化培养基上培养，否则愈伤组织会停止生长，直至老化死亡。

（2）胚乳植株的再生　通过愈伤组织的再分化，把正在旺盛生长的愈伤组织及时进行分化培养。分化培养需供给充足的光照，培养一段时间后即可看到从愈伤组织处分化出芽。有些胚乳植株可直接由胚状体或不定芽形成，有些胚乳植株需将不定芽移至生根培养基上进行生根培养，才能长成完整植株。在贴近愈伤组织处切下不定芽，插入生根培养基中，光下培养10～15天后，就会在切口处长出白色的根。

（3）胚乳植株的移栽　通常是先将根系发育正常的试管苗，去掉瓶塞，在光下放2天，再取出洗去琼脂，浸入营养液中15～30min，然后移植在肥土：沙（4∶1）的土中，放在25%～30%的弱光下，待植株长出新叶后，即可移至大田。

（4）胚乳植株的染色体鉴别　取出植株的根尖、幼叶或胚乳愈伤组织，采用根尖压片法进行染色体鉴别。

（二）应用组织培养技术培育多倍体

应用组织培养技术培育多倍体是组织培养技术发展的一个新的技术，它是组织培养技术与秋水仙碱化学诱导技术的有机结合。以往的研究多采用浸种和滴涂生长点的方法，是在整体水平上染色体加倍诱导，受环境干扰大，易产生嵌合体，并可能发生回复突变。离体组织细胞染色体加倍也以其容易控制实验条件和重复实验结果，提高工作效率，减少嵌合体等优势而逐渐受到重视。随着组织培养技术的发展，很多物种通过组织培养再生植株已经不存在障碍，这使秋水仙碱在离体组织水平上诱导单个细胞内染色体加倍成为可能。目前应用组织培养技术已对黄芩（*Scutellaria baicalensi*s Georgi.）、宁夏枸杞（*L. barbarm* L.）、百合（*L. davidii*）、党参（*C. pilosula*）、川贝母（*Fritillaria cirrhosa* D.Don）、当归（*Angelica sinensis*）、黄花蒿（*Artemisia annua* L.）、白术（*Atractylodes macrocephala* Kiodz.）等药用植物进行了多倍体育种，取得较好的效果。

1. 应用组织培养技术培育多倍体的基本原理

应用组织培养技术进行多倍体育种是基于秋水仙碱的诱导作用而建立起来的。秋水仙碱（colchicine）是从百合科（Liliaceae）植物秋水仙种子、球茎中提取出来的一种植物碱，分子式为$C_{22}H_{25}O_6N$。秋水仙碱呈白色或黄色粉末或针状结晶，有剧毒，易溶于冷水、乙醇和氯仿，难溶于热水、乙醚等，有效诱导浓度为0.0006%～16%，一般以0.2%浓度效果最好。常被用作多倍体诱导剂，经秋水仙碱处理后的种子或幼苗细胞染色体数会发生加倍。其诱导加倍的机制与微管、着丝粒的结构和特性有关，主要是秋水仙碱具有干扰微管装配，破坏纺锤体形成和终止细胞分裂的作用。细胞分裂是从核开始的，核内染色体正在分裂，而整个细胞还没有开始分裂时，外界条件发生剧烈变化，造成细胞质分裂暂时终止，抑制纺锤丝的形成，核内的染色体则照常进行复制，但不能拉向两极，使全部子染色体包括在同一细胞中，当外界条件影响消失后，细胞再继续分裂时，核内的染色体已增加了1倍，形成了多倍性细胞。

组织培养中把秋水仙碱加入培养基，对丛生芽或愈伤组织进行诱变，可以做到剂量稳定可靠，方法简便易行，诱变处理时间长，因此诱变效果好，诱导变异类型多，选择余地大。同时，组织培养条件下诱变后的植株，用试管苗进行根尖染色体鉴定比在田间诱变后挖取根部逐株鉴定简便得多，可以在短期内快速鉴定大批量株系，从而筛选出多倍体。最后，经显微鉴定确认的多倍体植株，可以立即应用组织培养技术在短期内迅速繁殖出数以十万株以上试管苗，进行田间鉴定、生产试验和示范推广，而且繁殖出来的种苗纯度高、质量好，没有病虫害，这对提高药材产量和质量十分有利。

秋水仙碱的诱变作用只在细胞分裂时期，对于那些处于静止状态的细胞没有作用，因此所处理的植物组织必须是分裂最活跃、最旺盛的部分，通常是处理萌动的或刚发芽的种子、幼苗、嫩枝的生长点、芽及花蕾等，对于那些发芽慢的干燥种子效果往往不佳。

2. 应用组织培养进行多倍体育种的基本技术

染色体加倍实验的离体材料一般选用愈伤组织、胚状体、茎尖组织、叶片、子房和原生质体作材料。组织分化再生能力较强的植物，诱导染色体加倍以后用愈伤组织或胚状体为材料较好。因为愈伤组织的细胞可以分散，秋水仙碱处理可以提高染色体加倍的效率，还可以减少嵌合现象。

根据秋水仙碱处理的材料不同，可将此技术分为两种：一种是通过芽的处理进行四倍体的诱导；另一种是通过愈伤组织的处理进行多倍体的诱导，现分叙如下。

（1）应用处理芽技术培育多倍体　应用处理芽技术培育多倍体的程序分为以下几个步骤：不定芽的诱导→芽的增殖培养→壮苗培养→多倍体诱导→芽的培养→染色体检查。

①不定芽诱导的基本过程（以百合为例）。

主要植物材料：植物的各种组织、器官。

培养条件：培养温度（25±2）℃，光照强度800～1200lx，每天照射9～14h。

不定芽诱导的具体过程：a.取材。取兰州百合、川百合的鳞片为外植体。

b.消毒。在无菌条件下，将鳞片经70%乙醇消毒处理30s，再投入到0.1%升汞溶液中浸泡10min，再用无菌水冲洗3~5次。c.培养。将消毒好的材料切成0.5cm小块，接种于MS附加1mg/L 6-BA和0.5mg/L NAA的培养基中培养。d.培养结果。两种百合在培养基中培养15~30天后，皆能在切口基部诱导出1~5个白色的小突起，继续培养数天后，小突起分化成乳白色或淡绿色的丛生芽。

②芽的增殖培养。切割不定芽转入MS附加1mg/L 6-BA和0.5mg/L NAA中培养，不定芽在增殖培养基中培养30天后，在其基部又产生3~8个丛生芽。切割丛生芽转入壮苗培养基中培养，30~40天后形成小鳞茎，再切割小鳞茎，转入增殖培养基中培养15~30天，在其基部又萌生3~5个丛生芽。如此反复培养，就能达到快速繁殖的目的。

③壮苗培养。切割丛生芽，转入MS附加0.5mg/L NAA和9%蔗糖和0.4%药用炭的培养基上培养。丛生芽转入生根壮苗培养中培养15天后，在其切口基部形成3~5条白色的根系，继续培养15~20天后，形成绿色小鳞茎。小鳞茎可直接移栽到大田中。

④多倍体诱导。可采用浸泡方式和药棉处理两种方法进行：a.浸泡方式。在无菌条件下，将幼小丛生芽浸入含0.1%秋水仙碱浓度下处理2~4天或0.25%秋水仙碱浅层溶液的培养瓶中处理1~3天，再转入增殖培养基中培养。b.药棉处理方法。将浸透0.1%秋水仙碱溶液的脱脂棉，经高压灭菌后，嵌在已转入增殖培养基上的丛生芽上，处理2~3天后逐日取出药棉，使秋水仙碱溶液渗透丛生芽生长点。

⑤芽的培养。经过秋水仙碱溶液处理后的丛生芽培养30天后，在分化培养基中产生各种变异的丛生芽。变异芽的叶片、鳞片均不同程度地增大变厚，切割后转入生根壮苗培养基中培养60天。一般四倍体植株的植物形态正常，叶色变深，叶片增大变厚，根系粗大。嵌合体植株则表现为叶片肥厚、粗糙无光泽，叶色浓绿。

⑥染色体检查。采用根尖压片法进行染色体的检查。取培养15~20天的根，置于8-羟基喹啉中预处理4~5h，放入新配的卡诺固定液中过夜，切取根尖分生组织，以30g/L纤维素酶和果胶酶混合液在25℃下解离50~60min，蒸馏水低渗8~10min，固定0.5h，火焰干燥制片，玻片经空气干燥后，用5% Giemsa染色液染色15~20min，流水冲洗，晾干，显微镜下观察。

（2）应用处理愈伤组织技术培育多倍体 应用处理愈伤组织技术培育多倍体的程序分为以下几个步骤：愈伤组织的诱导→多倍体诱导→芽的培养→试管苗的生根和染色体检查→试管苗的移栽→四倍体植株的农艺性状的观察→四倍体植

株中的药用成分含量的鉴定。

愈伤组织诱导的基本过程（以黄芩为例）如下。

①主要材料：黄芩的种子。

②愈伤组织诱导的具体过程：将种子放在75%乙醇中表面消毒1min，转入0.1%升汞中消毒15min，然后用无菌水冲洗5次以上。接种在MS附加6-BA 2.0mg/L培养基上无菌萌发。愈伤组织诱导出来后，转移到MS附加6-BA 1.0mg/L的培养基中诱导出丛生芽，并扩大繁殖。

③多倍体诱导：待黄芩愈伤组织表面分化出绿色芽点时，将愈伤组织切成0.5cm左右的小块并分别用两种方法进行处理：a.将愈伤组织块接种在添加不同浓度秋水仙碱的MS+BA 0.1mg/L+PP$_{333}$ 0.5mg/L培养基上培养1个月，然后把培养物转到不含秋水仙碱的上述培养基中，使其分化成苗，再进行继代培养并编号建立株系，继代培养基为MS+BA 0.1mg/L+PP$_{333}$ 0.5mg/L。b.将愈伤组织块用含有0.2%秋水仙碱和2%二甲基亚砜（DM-SO）的水浴槽分别浸泡0h、3h、5h、8h、12h、16h和24h，无菌水洗3次，然后接种在MS+BA 0.1mg/L+PP$_{333}$ 0.5mg/L培养基上，使其分化成苗，再进行继代培养并编号建立株系，继代培养基为MS+BA 0.1mg/L+PP$_{333}$ 0.5mg/L。

④试管苗的生根和染色体鉴定：将上述两种方法处理得到的各株系接种在1/2MS+NAA 0.1mg/L+PP$_{333}$ 0.5mg/L培养基上诱导生根，待根长至0.5～1.0cm时切取根尖，进行染色体鉴定，并进行显微摄影，经3次以上鉴定确认为四倍体的株系予以保留并扩大繁殖。

⑤黄芩试管苗的移栽：黄芩试管苗在生根培养基上，待根长至2cm左右时，开瓶在室温下炼苗2～3天。用镊子小心取出小植株，在温水中洗去根上的琼脂，傍晚时将苗栽入以珍珠岩：煤渣（1:3）为基质的苗床中，每日喷雾2h保湿，约一个半月后连营养土移栽在田间。黄芩试管苗在气温较高且晴朗的天气条件下移栽的效果较好，移栽成活率达到80%。

⑥黄芩四倍体植株农艺性状的初步鉴定：对经3次以上显微鉴定确认是四倍体的株系，进行加速繁殖，试管苗生根后于当年9月栽入苗床，约一个半月后再移栽到同一块试验地里，于次年5月对各株系的农艺性状进行初步比较鉴定，观察记载植株高度、茎直径、叶片大小、气孔大小及密度等一系列农艺性状，并对四倍体植株叶部性状与其亲本二倍体之间的差异进行统计分析。田间农艺性状的观察结果可见，四倍体植株和原黄芩植株相比，各种农艺性状均发生了明显的变化，四倍体植株的叶子明显比二倍体大，二倍体叶子的平均宽度和长度分别为11.04mm和42.13mm，而四倍体叶子的平均宽度达13.13～16.46mm，长度为

42.33~48.62mm；同时叶子普遍比二倍体厚，叶面粗糙；四倍体的叶下表皮气孔显著增大，但是密度下降，二倍体气孔平均宽度为7.69μm，平均长度为15.12μm，而四倍体气孔平均宽度为8.88~10.46μm，平均长度为16.44~19.26μm；二倍体气孔密度为54.4，而四倍体为31.4~37.5，变化极为显著；四倍体植株高度稍高于二倍体，但茎秆明显增粗，株型紧凑，根部比二倍体植株粗大。以上这些农艺性状变化很明显地显示了一般多倍体植株所表现的典型性状——巨型性。这为日后获得高产的黄芩优良品系提供了基础。

⑦高效液相色谱法测定多倍体株系中黄芩苷的含量：测定结果表明，在供试的20个四倍体株系中，有1个株系（D20）的黄芩苷含量略高于二倍体，其余四倍体株系的含量虽然都低于二倍体，但相差并不大，多数为二倍体的80%以上；而四倍体株系的根重明显大于二倍体，综合这两方面因素，大多数四倍体株系明显优于二倍体。

第三节　药用植物的细胞突变体育种

一、突变与细胞突变体育种

突变（mutation）是指一个基因内部结构所发生的可遗传的变异。狭义的突变专指基因突变，也称点突变，它通常可以引起一定的表现型改变。由基因突变而引起表现性状突变的细胞或个体，称为突变体（mutant）。基因突变的特征为：①稀有性。基因突变率很低，高等生物中通常观察到的每一基因位点上每一世代的突变率为10^{-5}左右。②随机性。生物体发育的任何时期和任何细胞都可以发生某种性质的突变。基因突变是不定向的，如基因A可突变为a1、a2、…成为复等位基因。③可逆性。由野生型基因突变为突变型基因称为正突变。突变型基因也可以回复突变为野生型基因，称为反突变。通常正突变率高于反突变率。突变的情形根据有无诱发因素分为自发突变（spontaneous mutation）和诱发突变（induced mutation）。不经过诱变处理所发生的突变称为自发突变。有报道表明，由组织培养物再生植株的后代中存在着广泛的变异。在植物器官培养中往往首先产生大量愈伤组织，这是一种非组织形式继续增殖的细胞团。往往包含了一些变异类型。由这些细胞进一步分化再生的植株就表现出性状上的变异，这种变异已被通称为体细胞无性系变异（somaclonal variation），可以成为植物育种的新的变异源，进而可开拓为植物育种的一项新途径，即细胞突变体育种。

利用体细胞无性系变异来获得突变体的技术称为细胞培养遗传变异技术。无论是愈伤组织培养还是细胞培养，培养细胞均处在不断分生状态，容易受培养条件和外界压力（如射线、化学物质等）的影响而产生诱变，从中可以筛选出对人们有用的突变体，从而育成新品种。尤其对原来诱发突变较为困难、突变率较低的一些性状，用细胞培养进行诱变、筛选和鉴定时，处理细胞数远远多于处理个体数，因此一些突变率极低的性状有可能从中选择出来，例如植物抗病虫性、抗寒、耐盐、抗除草剂、生理生化变异株等的诱发，为进一步筛选和选育提供了丰富的变异材料。目前，用这种方法已筛选到抗病、抗盐、高赖氨酸、高蛋白、矮秆高产的突变体，有些已用于生产。

二、利用细胞变异筛选突变体的优缺点

培养细胞的基因突变与在整体水平上的基因突变一样，都具有以下特征：①突变的细胞再生出植株后，从再生植株所产生的愈伤组织也表现出被选择的表现型；②选择出来的表现型能通过有性生殖保持其突变的特征。

1. 利用细胞变异筛选突变体的优点

整体植株的各种突变体是以可观察到的表型特征为手段而鉴别的，当突变使某些生化功能改变时，一般不能通过表型观察而进行鉴别，因此在植株水平上研究突变的分子基础是较困难的。而植物细胞通过培养可产生大量的可供选择的各种变异群体，这些群体的生长易于控制，有时可达到同质水平。在培养的细胞中选择突变体有利于研究突变的分子基础。另外通过植物细胞培养筛选突变体可比利用田间试验筛选突变体节省大量的空间和时间。

2. 利用细胞变异筛选突变体的缺点

利用培养的细胞诱发和筛选突变体不利之处是在细胞水平上筛选的突变不一定都能在植株水平上表达；与微生物相比，植物细胞群体增殖的时间较长、细胞易集聚、染色体不稳定以及再生能力容易丧失等缺点。除了原生质体外，难以得到完全是单细胞的材料。

三、利用植物组织细胞培养技术进行突变体育种的途径

（一）应用单细胞培养技术培育突变体

单细胞培养（single cell culture）是指从植物器官、愈伤组织或悬浮培养物中游离出单个细胞，在无菌条件下进行体外生长、发育的一门技术。植物的单细胞既是进行生化研究的良好材料，也可为植物细胞育种创造基本技术条件，从而

将传统的个体水平的植物育种方法提高到细胞水平的细胞育种。20世纪50年代发展起来的分子遗传学主要以微生物为主要对象，通过生物学家、物理学家、化学家的合作，对微生物的遗传变异、生化背景进行了深入细致的研究。到了20世纪70年代，又发展了生物工程，按照预先设计好的蓝图，按照生物工程程序施工，对微生物进行有目的的改造。由于农作物在人类生活中的重要地位，人们很快把注意力转移到作物的遗传工程上来，分子遗传学和微生物遗传学的研究方法开始用于改进传统的植物育种学方法。特别是1958年Steward发现胡萝卜悬浮细胞培养再生胚状体和植株以后，为植物细胞育种创造了基本条件。目前只有枸杞（*Lycium barbarum* L.）、土人参[*Trlinum paniculatum*（Jeaq.）Geartn]等少部分药用植物通过单细胞培养获得了再生植株。

（二）应用体细胞无性系变异培育突变体

体细胞无性系变异（somaclonal variation）是指由于组织培养而发生在植株上的变异。植物组织培养研究者很早就发现了组织培养后在再生植株上产生的变异现象。Larkin和Scowcroft首次将这种变异命名为体细胞无性系变异。通过对组织培养产生的植株同无性繁殖或种子繁殖植株的变异进行对比研究表明，经组织培养产生的变异要比常规繁殖方法产生的植株表现更多的变异。自从Sheoard等在马铃薯（*Solanum tuberosum*）栽培品种"Russet Burbank"的叶肉原生质体无性系中获得范围广泛的变异后，Larkin等建议采用"体细胞无性系变异"来描述经组织培养后在再生植株上观察到的表型变异。到目前为止，体细胞无性系变异几乎可以在所有的植物类型上发生，有时甚至高达90%以上。

四、中草药的突变体育种的应用实例

（一）单细胞培养技术培育突变体的应用实例

枸杞（*Lycium barbarum* L.）又名宁夏枸杞、西枸杞、山枸杞等，为茄科（Solanaceae）枸杞属植物。枸杞的干燥成熟果实及其根、皮可入药。果实具有滋补肝肾、益精明目的功能，主治肝肾阴虚、精血不足、腰膝酸痛、视力减退、头晕目眩等证；根、皮有除湿凉血、补正气、降肺火的功能，主治肺结核低热、骨蒸盗汗、肺热咯血、高血压病、糖尿病等。枸杞叶俗称天精草，既是一味重要的中药材，具有补虚益精、清热止渴、养肝明目之功效；也可作为蔬菜栽培，叶肥美，通常作春季的时鲜菜食用。枸杞叶是滋补强壮剂，具有很高的药用和食用价值。近年来，国内外学者十分重视枸杞单细胞培养，已经建立了枸杞细胞系，进行了单细胞分离培养，并诱导形成了完整的植株。为枸杞的研究和改良，特别是细胞突变体筛选打下了基础。

1. 枸杞的单细胞的培养

（1）培养材料　宁杞1号的髓组织。

（2）单细胞培养的基本过程

愈伤组织的诱导及继代培养：取当年生长的明显分化成髓组织的枝条，接种到MS固体培养基上进行愈伤组织的诱导和继代培养。

单细胞的分离及悬浮培养：取鲜重1～2g上述愈伤组织，置于盛有20mL培养基的100mL的三角瓶中，用无菌玻璃棒将愈伤组织压碎，然后放在摇床上摇散，24h后，用100目尼龙网过滤，除去愈伤组织碎片及较大的细胞团，再经100r/min的速度离心2min，去掉上面的碎渣，加入一定量的液体培养基，制成细胞悬浮液，调节密度使其为2×10^5个/mL。用于髓部细胞悬浮培养的培养基与继代培养的培养基相同，只是不加琼脂，摇床振荡速度为100r/min。单细胞悬浮液在100r/min的摇床上培养2天，可见细胞开始分裂，第3天可见细胞分裂形成的细胞团，培养8～10天细胞团开始形成胚状体，将这些胚状体转移到固体分化培养基表面，体细胞胚继续发育和萌发，最后产生绿色小芽，产生正常绿色小芽的胚状体频率为40%。

悬浮细胞的分化：当芽长到1cm时，从基部切下，在MS附加6-BA 0.2mg/L培养基上继续培养一段时间，然后转移到MS附加NAA 0.2mg/L培养基上诱导生根。30天后开始生根，发育成完整植株。

2. 枸杞单细胞再生苗的移栽

枸杞单细胞再生苗长到5～7片叶时，将其连同三角瓶一起移到阴凉通风处，取掉棉塞，向培养基中加入少量水，进行炼苗。大约一周后，将幼苗连同培养基取出，用清水将根部培养基清洗干净，移栽到盛有砂质土壤的花盆中，并用只含有MS大量元素的营养液进行浇灌。用一个大的烧杯将幼苗罩住，使其保持一定的湿度。以后每天将花盆移到较弱的阳光下进行光照，并逐渐增加日照时间，直到幼苗成活。

（二）体细胞无性系变异产生突变体的应用实例

植物营养缺陷型的细胞突变体的筛选，主要是从微生物上的工作借鉴和移植过来的，营养缺陷型细胞在确定生理生化的程序和环节以及研究分子遗传上具有特殊的用途。现以烟草营养缺陷型的筛选为例介绍营养缺陷型筛选的具体操作步骤。

1. 烟草的细胞悬浮培养物的建立

（1）培养材料　烟草的花粉。

（2）单倍体培养物的建立　接种烟草处于单核后期的花粉于附加0.1mg/L

IAA、4%蔗糖和0.8%琼脂的LS培养基上诱导产生花粉植株。小苗形成后，取苗的小切段于附加2mg/L IAA，0.3mg/L KT，4%蔗糖和0.8%琼脂的LS培养基上培养，诱导苗切段产生单倍体愈伤组织。

（3）细胞悬浮培养物的建立 转移单倍体愈伤组织到附加2mg/L IAA、0.3mg/L KT和4%蔗糖的LS液体培养基上，振荡培养，用120目尼龙网过滤，得到单细胞和小细胞团块，继代培养1～2次。

2. 细胞诱变

用0.05%～0.1% EMS处理细胞悬浮培养物24h，用同上液体培养基洗涤3次，转入新鲜液体培养基中振荡培养3～4天。

3. 突变体筛选

在细胞悬浮液培养物中加入5-BuDR，使最终浓度为10μmol/L，黑暗培养2天，用同上培养液洗涤2次，洗涤时低速离心（100r/min）收集细胞，转入附加800mg/L LH、400mg/L YE和10μmol/L胸腺嘧啶的LS固体培养基上，在可见光下培养，正常细胞被杀死，存活的是营养缺陷型突变体细胞。对每个长出的细胞团块，分别转入LS固体培养基继代培养以建立细胞无性系。

4. 营养缺陷型突变体的鉴定

营养缺陷型细胞无性系经扩大繁殖后，接种到分别含有各种营养因子（各种氨基酸、维生素、核酸碱基等）的LS基本培养基中，能在某些特定补充成分培养基上生长的细胞，即为该特定成分的营养缺陷型突变体。则只需把经过杀灭正常细胞后的培养物直接转入含有这种特定成分的LS培养基中去筛选即可。

第十一章

酶工程技术及应用

第一节	**酶工程的基本技术**

　　酶工程是生物技术的一个重要组成部分，指在一定的生物反应器内，利用酶的催化作用，进行物质转化的技术。酶工程有广义与狭义之分，狭义的酶工程是指现代酶工程，包括酶的分子工程、工业酶学、酶反应工程及酶反应器等，如酶固定化、修饰、人工合成、反应器设计及制造等。广义的酶工程包括工业微生物、微生物遗传及发酵工程等传统酶工程技术，如菌种选育及发酵生产多种氨基酸、核酸、抗生素及激素等技术。

一、酶

（一）酶的发现历史及其化学本质

1. 酶的发现历史与概念

　　酶的概念出现早于细胞，早在现代生物学产生之前酶催化过程就被广泛应用着，比如利用酵母发酵来酿酒可以追溯到我国4000多年前的夏禹时代；而利用曲霉发酵制作豆酱也具有1000多年的历史。但第一次将酶催化过程与细胞联系起来则应归功于18世纪巴斯德的杰出工作，他发现发酵过程实际上是微生物的代谢。

　　Jaseph Gay-Lussac（1810年）发现酵母可将糖转化为乙醇，第一次将酿酒过程与一种微生物联系起来；Payen和Person（1833年）在进行麦芽成分分离过程中，提取到一种可以催化淀粉水解成可溶性糖的不含细胞的淀粉酶制剂，将酶的概念从细胞更进一步深化到某一种细胞成分的水平。Berzelius在1835年提出了催化作用的概念，并将上述生化现象中起催化作用的物质称为酵素（ferment）或生物催化剂（biocatalyst），Ferdrich Wilhelm Kuhne（1878年）在酿酒体系中也发现了和Payen类似的实验现象，即乙醇发酵现象中起催化作用的不是酵母本身，而是酵母中某种物质组分，并给这种物质取名为酶（enzyme，希腊文en：in+zyme：yeast，意思是在酵母中）。这表明酶最初的概念指的是生物体中具有催化功能的物质。

　　Buchner兄弟（1896年）在石英砂研磨粉碎酵母细胞后，发现离心获得的无细胞上清液，可以像酵母细胞一样将1分子葡萄糖转化为2分子乙醇和2分子二氧化碳，再次证明酶不是细胞本身，而是细胞中一类可溶解的、有催化活力的物质，第一次从实践中将酶和活细胞分开，开始触及酶的一些本质问题。Sumner的工作第一次涉及酶的化学本质，他于1926年从刀豆中分离得到脲酶结晶，具有催化尿素水解的能力，并发现脲酶是一种蛋白质，因此提出了酶的化学本质是蛋白质的假说。随后分离获得的胃蛋白酶、胰蛋白酶、糜蛋白酶（胰凝乳蛋白酶）都被证明是蛋白质，酶的蛋白质属性才逐渐被人们接受。

综上所述，酶是细胞产生的一类具有催化活力的蛋白质。

2. 对酶概念的挑战

应该指出的是，酶的概念的产生和发展是伴随着科学进步而产生和发展的。随着科学的进一步发展，酶概念的外延将进一步扩展。例如，1982年切克（Cech）等发现四膜虫细胞大核期间26S rRNA前体具有自我剪接功能，并于1986年证明其内含子L-19IVS具有多种催化功能，将这些具有生物催化功能的RNA分子称为核酶（ribozyme）。核酶虽然来源于生物体，但它的化学本质是RNA。再比如通过基因工程技术，如DNA shuffling等技术产生的新的具有催化能力的蛋白质，就不具有天然细胞来源属性。

另外，抗体酶、人工酶及模拟酶等，除了在催化功能上与传统酶极其相似外，在来源和化学本质方面又各有特点，不同于传统酶。抗体酶都是通过生物体产生的蛋白质属性的酶，但它的产生离不开人工免疫等技术。人工酶是具有催化功能的蛋白质或肽，但它们的产生完全依赖人工的体外合成法。模拟酶和博莱霉素（bleomycin，BLM）都是非蛋白质的小分子物质，所不同的是模拟酶是人工合成的，BLM则来源于生物体。

（二）酶作为催化剂的特点

化学催化一般是在高温、高压下进行，进而对设备的耐压耐高温性能提出了较高的要求，并相应提高了设备的制造成本，而酶催化过程则不同，它一般在常温、常压下进行，不需要高温高压设备，极大地降低了设备成本，减少了副产物的生成，具有明显的优势。酶作为生物催化剂，具有催化效率高、催化专一性强以及酶活性可控等3个特点。

1. 高的催化效率

包括酶在内的催化剂，其催化效率定义为催化剂存在条件下的反应速度和没有催化剂存在时的反应速度的比值。考虑到常温、常压没有酶存在的条件下，多数反应的速度慢到了难以测量的程度，而通过加入酶制剂，可以检测到明显的反应产物合成，因此说明酶的催化效率非常高，比如丙糖磷酸异构酶和分支酸变位酶的催化效率分别达到10^9和1.9×10^6，而乙酰胆碱酯酶的催化效率则更是高达为10^{13}。

2. 强的专一性

酶的专一性表现在底物专一性、立体构型专一性以及序列专一性等方面。大多数酶对底物和催化的反应是高度专一的。一般分解代谢中的酶的专一性较低，从而减少分解代谢所需要的酶的种类，而合成代谢中酶的专一性较高。中等专一性的酶具有基团专一性，如己糖激酶可以催化许多己醛糖的磷酸化，而大多数酶呈现出绝对的或者近乎绝对的专一性，它们只催化一种底物进行快速反应，如脲酶催化尿素分解的速度非常快，而对其他尿素类似物则几乎没有催化活力。

第2类核酸内切酶能专一性地识别DNA上4～6个碱基，然后在识别序列上的特异位点切开磷酸二酯键，因此其专一性表现为序列专一性。

正是由于酶的高度专一性，才使得DNA复制、转录、翻译具有高保真特性，从而保证亲代细胞将正确的遗传信息传递给子代，并按照中心法则合成出正确的蛋白质，保证生命的延续以及生命活动的正常进行。研究表明这种高度专一性一部分来源于酶的底物乃至序列专一性，另一部分来源于酶分子上存在的与合成部位不同的校读部位，可以将不正确的催化产物降解。如DNA聚合酶Ⅲ在校读DNA复制时具有外切核酸酶的活力，以保证DNA的准确复制。

3. 可调节性强

酶是细胞产生的大分子物质，是控制细胞内物质流和能量流的催化中枢。而细胞生活在一个变化的环境中，环境的变化必然要求细胞的物质流和能量流也发生对应的变化，与之相适应，否则必然被环境淘汰。因此作为进化的结果，酶应该具有高度的可调控性，从而保证细胞内代谢的灵活性，赋予细胞高的环境适应能力。

酶活力的调节主要有以下几种方式：①酶浓度调节。一是诱导或抑制酶的合成，二是调节酶的降解。如β-半乳糖苷酶只在乳糖存在的情况下才开始合成。②酶比活力调节。包括磷酸化、腺苷酸化等共价修饰，酶原的限制性蛋白酶水解，抑制剂和金属离子对酶比活力的调节，以及产物反馈调节等。

二、酶工程简介

酶工程作为酶学和工程学相互渗透、结合，进而形成的一门新的技术科学，是生物技术的一个分支，是酶学、微生物学、化学工程的有机结合产生的边缘交叉学科。酶工程与酶学研究的侧重点不同，后者是从理论的角度研究酶，是酶工程的理论基础之一；而酶工程是从应用的目的出发研究酶，是研究如何在一个生物反应器中利用酶的催化性质，将原料转化为有用产物的技术，是生物工程的重要组成部分。由于酶能在常温、常压、中性的温和条件下催化物质转化，且具有催化效率高，专一性强的优点，因此酶的开发和利用成为当代新技术革命的一个重要方面。酶工程主要研究酶制剂在工业方面的应用，包括酶的产生、分离纯化、酶的固定化和生物反应器等。

（一）酶的合成

酶制剂按照其来源和研发历史阶段可以分为3类，最早的酶制剂是从天然微生物中提取的天然酶的纯品或者其粗提物。但由于这些天然来源的酶制剂来源有限，酶不稳定，容易失活，特别是生产中的酶所处的环境和细胞中的环境存在较大差异，失活现象更为普遍，所以在目前发现和鉴定的近万种天然酶中，真正应用于工业化生产的只有数十种。第2代酶制剂是利用基因工程的方法，在基因工程菌中实现天然酶蛋白的大规模生产，又称为重组蛋白酶制剂。方法是将天然酶基因克隆，连接到高效表达载体上，转化细菌或者酵母等真菌，从而基本上解决了酶的来源问题，但酶的稳定性没有明显改善。第3代酶制剂是利用化学或者生物工程的方法（DNA shuffling），对酶进行化学修饰或者改变蛋白质的氨基酸序列，从而创造出活力更高、更稳定、更能适应恶劣环境的酶。

（二）酶的分离纯化

现在工业应用的酶都是蛋白质，并且是通过基因工程菌重组蛋白的形式表达的，因此与一般的重组蛋白的分离纯化类似，酶的分离纯化可以分为粗提和精提两个阶段。

对于胞内酶，首先是细胞的收集和破碎，并通过离心去除细胞碎片。如果酶已经分泌到胞外，则可直接离心收集培养基。粗提阶段主要是采用一些选择性低，成本也比较低的分离过程，如盐析、有机溶剂沉淀、有机聚合物沉淀等，将蛋白质与其他细胞成分和培养基成分分开，收集蛋白质混合物，同时浓缩分离物。

精提阶段则是采用选择性比较高的分离方法，如色谱（包括离子交换色谱、凝胶过滤色谱、疏水色谱、亲和色谱、高效液相色谱、高效液相亲和色谱等）和电泳（包括自由流动区带电泳、膜固定pH梯度等点聚焦电泳），将目的酶蛋白从蛋白质混合物中分离出来。其中亲和分离具有最高的选择性，包括亲和色谱、亲和过滤、亲和沉淀等，其原理是利用能与目的酶蛋白特异性结合的物质，比如抗体，结合目的酶蛋白，而其他蛋白不能被结合。在亲和色谱中，这些抗体是连接在色谱中的固定相上，因此目的酶蛋白将被吸附到固定相上，而其他蛋白则随流动相一起流出。由于酶蛋白与抗体是可逆结合，可以采用洗脱液将目的酶蛋白从色谱柱上洗下来，从而获得纯品。

（三）酶的固定化

酶的固定化就是在保持酶催化能力的同时，将酶固定到酶催化反应器中，而不是随反应的液相主体流出反应器。细胞中结合在内质网等膜上的酶就是天然存在的固定化酶的形式之一，而另一种天然形式是固定在真核细胞细胞器中的酶，这些酶蛋白根据信号肽的引导，从细胞质进入某个特定的细胞器。由于细胞器膜属于一种选择透过性膜，阻止了这些酶蛋白从细胞器中逸出，从而将这些酶蛋白固定到特定的细胞器中。正是不同细胞器中的酶蛋白组成的不同，赋予了各细胞器不同的功能。比如呼吸作用相关酶集中在线粒体，光合作用相关酶集中在叶绿体，而核酶则集中在细胞核。从这个意义上看，细胞就是一个复杂的固定化酶反应器，细胞首先通过细胞膜选择性吸收，并将其送入各种细胞器，这些物质在固定于内质网和细胞器中的酶催化下进行复杂的细胞代谢，产生目的产物和能量，一些产物则被细胞分泌到细胞外的环境中。

模拟以上两种天然的酶固定化现象，在工业上出现了两种酶固定化方式。一是利用多孔的不溶物模拟细胞中的内质网结构，作为一种固相载体，将酶固定在其表面（将酶分子的一部分和载体的一部分连起来实现固定）或者内部（通过包埋的方式实现固定），由于不溶物作为固相，可以很容易与液相反应体系分离开来，便于酶的回收和重复利用，其中膜固定化最为典型。二是目前应用较少的固定化方式，属模拟细胞器的固定化方式，即在反应器中用不能透过高分子物质的半透膜形成一个对酶封闭的空间，将酶置于这个空间中进行反应，反应物和产物可以连续不断地透过滤膜，而酶则被封闭在滤膜所形成的空间中。

（四）细胞的固定化

虽然催化作用是由于细胞内的蛋白酶作用的结果，但将酶从细胞中分离提纯出来需要耗费大量的时间和费用，更为重要的是提纯后的酶在催化活力和稳定性方面都有明显下降，并且在固定化过程中，酶的催化活力下降也很明显。如果不进行酶的提纯，而是直接采用活细胞进行固定化，借助于细胞内环境的相对稳定、可以避免酶催化活力的损失，因此直接固定细胞，作为生物化学转化的催化剂，受到广泛的关注。与固定化酶催化反应相比，固定化细胞催化反应的差别是多了底物的跨膜吸收和产物的跨膜释放。

固定化细胞的方法与固定化酶基本相同，由于细胞表面难以找到适合的共价键化学耦联的基团，所以共价键化学耦联法不适用于固定细胞，而多孔聚合物的物理吸附和包埋法比较适合细胞的固定化。

（五）固定化酶反应器概述

固定化酶虽然和游离酶催化相同的物质转化过程，但游离酶催化是在一个液体的均相体系中进行，而固定化酶催化则是在一个固液两相的非均相体系中进行，除了固定化造成的酶比活力、专一性以及稳定性的变化对整个催化过程产生影响外，固相的引入增加了物质传递的复杂性。

固定化酶反应器按照其形状和结构的不同，常用的固定化酶反应器包括搅拌釜反应器、管式（床式）反应器、中空纤维反应器、膜反应器等多种。

（六）固定化酶反应器的选择

固定化酶反应器的本质是一个为固定化酶提供一个最适合发挥其催化作用的容器，并提供对反应器中温度、pH、底物产物浓度水平的灵活控制。

不同的固定化酶具有不同最适宜催化温度，偏离这个温度就会造成酶活力下降。由于环境温度与酶催化最适宜温度可能存在差别，并且酶催化过程可能伴随热量的吸收或释放，所以必须有一个高效的加热冷却系统，以保证反应器中各部位的温度相同并都等于酶的最佳催化温度。除了外界的加热冷却系统，反应器中的物料状态以及固定化酶填充方式都影响反应体系的传热性能。如果酶催化伴随较强烈的热量产生或者吸收过程，则最好采用流化床反应器，利用其高的传热性能，控制温度的均一恒定。

pH同温度一样，也存在一个适宜酶催化的范围。同时酶催化过程可能伴随着质子的吸收或者释放，引起pH的变化。当反应过程中pH变化明显时，最好采用搅拌釜反应器，利用其接近全混的混合性能，将反应体系中不同部位的pH都稳定在酶的最适宜pH附近。而管式反应器由于返混程度小，反应器中不同部位的pH、底物以及产物浓度都不相同，难以实现反应器中所有部位的pH都达到最佳水平。

对于存在底物抑制的酶催化过程，采用连续搅拌釜反应器最有利，因为反应器中底物浓度等于出口物料中的底物浓度，达到最低水平，可最大限度地消除底物抑制。对于间歇搅拌釜反应器，则可以采用在反应过程中加底物的方法，来限制过高底物浓度的出现。而对于产物抑制的酶催化过程，则应选用管式反应器，由于其低返混特性，只有反应器末端的产物浓度较高，而其余部位都比较低，所以总体产物抑制效应较小。产物抑制也可以通过反应分离耦合来消除，就是在反应过程中，同步将产物从反应体系中分离出去，以减少反应体系中的产物浓度。

（七）固定化酶反应器操作

酶工程要解决的主要问题是如何降低酶催化过程的成本，即能以最少量的酶，最短的时间完成最大量的反应。要完成这个任务，除了要选择恰当的酶应用形式，选择和设计合适的酶反应器以外，还要确定合理的反应操作条件。这三者往往是相互联系在一起的。

酶反应器的操作中，应该注意如下几个方面：①控制酶反应器中流动状态；②维持酶反应器的恒定生产能力；③保持酶反应器的稳定，使其能长期运转使用；④防止酶反应器的污染。

酶工程技术在制药工业中的应用

酶在制药工业中的作用主要是催化前体物质转化为药物，另外固定化酶膜或者酶管也广泛应用于制药过程的参数检测与测量，特别是生物制药过程。

一、青霉素酰化酶在新型抗生素生产中的应用

青霉素酰化酶能以青霉素或头孢霉素为原料，可以分别在青霉素的6位或者头孢霉素的7位催化酰胺键的形成与断裂。典型的应用顺序为首先催化青霉素或头孢霉素酰胺键的断裂，获得半合成抗生素的直接底物6-氨基青霉烷酸（6-APA）或7-氨基头孢霉烷酸（7-ACA）；然后在其他酰基供体存在的条件下催化形成新的酰胺键，从而获得具有全新侧链的新型抗生素。其化学反应式如下（图11-1、图11-2）。

图11-1 青霉素酰化酶催化青霉素水解生成6-氨基青霉烷酸

图11-2 青霉素酰化酶催化头孢霉素水解生成7-氨基头孢霉烷酸

天然发酵生成的青霉素有两种，一为青霉素G（R：苯基-CH_2-），另一为青霉素V（R：苯基-$O-CH_2-$）。通过青霉素酰化酶催化下进行酰基置换反应，用新的酰基供体置换苯乙酰基，则可以获得许多新型的半合成青霉素。比如用α-氨基苯乙酰基置换原来的苯乙酰基，可以获得氨苄西林（R：苯基-$CH-$，NH_2）。羟氨苄西林（R：$HO-$苯基-$CH-$，NH_2）、羧苄西林（R：苯基-$CH-$，$COOH$）和磺氨苄西林（R：

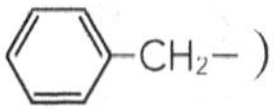

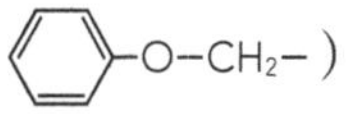

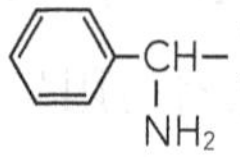

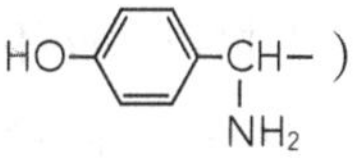

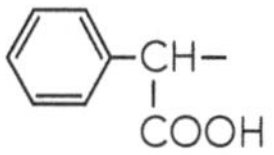

159

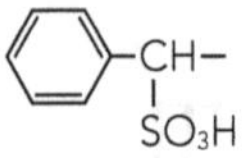

等也都是采用酶催化半合成的方法通过青霉素的酰基置换反应获得的。

天然发酵生成的头孢霉素是头孢霉素C，其结构如下（图11-3）。

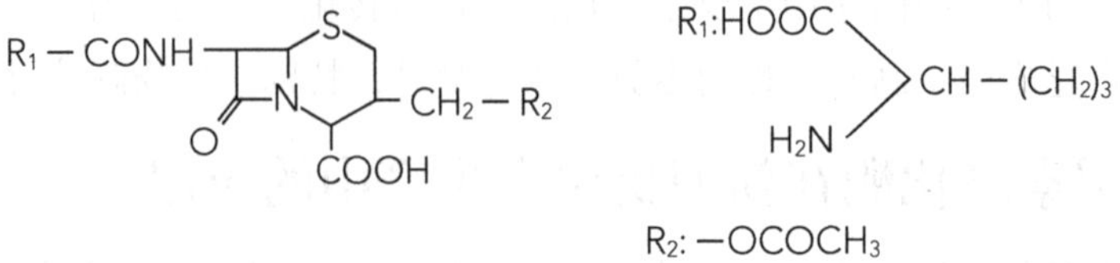

图11-3 头孢霉素C结构示意图

头孢霉素C在青霉素酰化酶催化下，首先水解生成7-ACA，再与侧链羧酸衍生物反应形成各种新型头孢霉素。

虽然青霉素酰化酶既可以催化酰胺键的形成，也可以催化其水解，具有催化正逆两个反应的能力。但催化水解反应和催化合成反应时所要求的条件存在较大差异，特别是最优催化pH相差较大。常用的催化水解反应的pH为7.0～8.0，而催化合成反应的pH应降到5.0～7.0。因此应采用两个连续但独立的反应器顺序进行水解和合成反应。

二、酶应用于生物大分子

由于中草药多来源于植物，即药源植物。但只有这些植物中的一些特定小分子成分，才是其中的药效成分。中草药制剂提取就是将这些有效成分从植物整体或者器官中提取出来，并结合铺料，制备成适合保存、运输和服用的药物。这个过程的第1步就是中草药药材的粉碎提取，由于植物中纤维素的存在，使得药材的粉碎难度加大。一个可行的方案是采用纤维素酶降解纤维素，形成可溶性单糖，从而提高其溶解度降低黏度。但由于纤维素酶价格较高，目前该应用还限于实验室研究阶段。

另外利用纤维素酶降解农作物秸秆中的纤维素形成可被微生物利用的可溶性单糖，可以使得生物质能系统中的微生物利用原来难以利用的纤维素作为碳源进行发酵，从而提高产能效率。

三、固定化酶在生物传感方面的应用

生物传感器是用生物活性材料（酶、蛋白质、DNA、抗体、抗原、生物膜等）与物理化学换能器有机结合的一门交叉学科，是发展生物技术必不可少的一种先进的检测方法与监控方法，也是一种物质分子水平的快速、微量的分析方法。在知识经济发展过程中，生物传感器技术必将是介于信息和生物技术之间的新增长点，在国民经济中的临床诊断、工业控制、食品和药物分析（包括生物药物研究开发）、环境保护以及生物技术、生物芯片等研究中有着广泛的应用前景。其原理为：待测物质经扩散作用进入生物活性材料，经分子识别，发生生物学反应，产生的信息继而被相应的物理或化学换能器转变成可定量和可处理的电信号，再经两次仪表放大并输出，便可知道待测物浓度。

生物传感器具有以下共同的结构：包括一种或数种相关生物活性材料（生物膜）及能把生物活性表达的信号转换为电信号的物理或化学换能器（传感器），两者组合在一起，用现代微电子和自动化仪表技术进行生物信号的再加工，构成各种可以使用的生物传感器分析装置、仪器和系统。其中固定化酶膜是采用最多的生物膜。

生物传感器采用固定化生物活性物质作催化剂，价值昂贵的试剂可以重复多次使用，克服了过去酶法分析试剂费用高和化学分析烦琐复杂的缺点。另外，生物传感器还具有其他特点：①专一性强，只对特定的底物起反应，而且不受颜色、浊度的影响。②分析速度快，可以在1min内得到结果。③准确度高，一般相对误差可以达到1%。④操作系统比较简单，容易实现自动分析。⑤成本低，在连续使用时，每例测定仅需要几分钱人民币。⑥有的生物传感器能够可靠地指示微生物培养系统内的供氧状况和副产物的产生。在生产控制中能得到许多复杂的物理化学传感器综合作用才能获得的信息。同时它们还指明了增加产物得率的方向。研制的生物传感器已广泛应用于体育、工业发酵等行业。

目前重组蛋白药物、抗体、疫苗等生物药物都来源于发酵过程，而发酵过程的监控是实现发酵过程最优化的前提。目前应用最成功的生物传感器都是利用固定化酶催化原理实现信号转换，从而实现发酵过程参数的测量。

应用最早的葡萄糖传感器就是采用固定化葡萄糖氧化酶的生物膜作为活性材料，在有氧气存在的情况下，当样品中的葡萄糖组分接触到固定在膜上的葡萄糖氧化酶时，就被转化为过氧化氢和葡萄糖酸。产生的过氧化氢可以通过电化学的方法通过氧电极进行准确的测量。由于葡萄糖的浓度和经酶催化产生的过氧化氢浓度之间存在线性关系，所以可以通过氧电极作为换能器将过氧化氢浓度转化为电信号，从而通过电信号的强弱来表示样品中葡萄糖的浓度。具体操作是首先利用标准葡萄糖溶液建立校正曲线，由于该设备线性程度非常好，只需要采用两个标准葡萄糖溶液即可。

利用相同的原理，采用其他氧化酶替代葡萄糖氧化酶，可以用于乳酸、谷氨酸、乙醇、次黄嘌呤、肌苷、尿素和胆碱等测量。

但由于固定化酶膜热稳定性差等原因，生物传感器难以制作成溶解氧电极的形式对发酵过程中参数进行实时检测。比如高温灭菌会严重破坏生物传感器生物活性物质如酶的活性；发酵时pH、温度等条件与生物传感器上酶测定条件不符造成的测量偏差；发酵液的底物浓度往往超出传感器线性范围；膜长期与底物接触活性下降，使电极寿命缩短等。因此，在生化反应体系中实现在线检测生物、化学量的分析系统尚未见报道。但可以通过接口将发酵物从发酵罐中自动取出，并进行过滤、稀释等预处理后，送入自动生物传感测量装置实现发酵过程的自动在线检测。

第十二章

药用植物基因工程技术

目的基因的克隆

　　基因克隆具体是指利用体外重组技术，把特定的基因或DNA序列连接到载体上，并进行扩增。因为基因克隆的目的是分离特定基因，研究阐明基因的功能，为理论研究或生产实践服务，所以通常也把鉴定分离基因的整个过程称为基因克隆。植物基因克隆技术和策略经过多年的改进，不断发展完善，具有代表性的有以下几种。

一、根据基因编码产物的功能克隆基因的方法

　　功能克隆（functional cloning）是根据遗传性状的基本生化特性这一功能信息，在鉴定已知基因功能后进行基因克隆，也就是从基因的产物（蛋白质）着手来克隆基因。功能克隆的原理是，如果基因产物（蛋白质）的结构功能已知，可通过分析蛋白质的部分多肽或两端氨基酸序列，反推其核苷酸序列，设计探针或简并引物，从基因组DNA文库或cDNA文库中筛选或扩增相应目的基因，也可以制备特异抗体，从表达载体构建的cDNA表达文库中筛选相应的克隆，进而分离目的基因。在基因工程发展的早期阶段，有关功能基因的分离与克隆，就是从生物体的组织或器官中提纯特异功能蛋白质开始的。纯化特异的蛋白质后，构建cDNA文库或基因组文库，而后从文库中进行基因筛选，具体做法有如下3种：①将纯化的蛋白质进行末端测序，据此合成寡核苷酸探针，从cDNA文库或基因组文库中筛选编码基因。②将纯化的蛋白质进行末端测序，据此合成简并引物，从cDNA文库中筛选全长基因或通过RACE法（rapid amplification of cDNA ends）即cDNA末端的快速扩增得到基因的全部序列。③用纯化的蛋白质制备出特异的抗体探针，从cDNA表达文库中筛选相应基因。

　　功能克隆的关键是分离出纯度很高的蛋白质。但是，在植物不同的发育阶段，在不同的环境条件下，不同类型的细胞中其蛋白质的种类不完全相同；况且还有许多基因的蛋白质产物是未知的或者可纯化的数量不足以进行氨基酸序列分析及相应抗体的制备；更有一些基因并不编码相应的蛋白质产物，因而单从蛋白质水平出发分离目的基因，显然是存在着相当的难度和一定的局限性。功能克隆是从功能蛋白的分离开始的，所以也可以看作一个独立完整的基因克隆方法，但从得到蛋白序列后，其下的操作部分类似于同源克隆。

二、根据已知核苷酸或蛋白序列克隆基因的方法

（一）同源克隆

同源克隆（homologous cloning）是一种参考已知同源基因的序列，设计聚合酶链式反应（polymerase chain reaction，PCR）引物或者合成杂交探针，通过PCR扩增或筛选文库来克隆基因的方法。同源克隆的原理是，来自相同祖先的同源基因的核苷酸序列高度相似，基因家族成员所编码的蛋白质结构中具有保守的氨基酸序列。当克隆某一个基因时，可从GenBank或其他数据库中找到它的已知同源基因，分析这些基因的保守序列，设计简并引物，扩增得到基因全长或片段；也可以直接合成探针，从cDNA文库中筛选全长基因，其中PCR方法最为简单常用。同源克隆的基本方法是：根据已知同源基因的保守序列设计合成一对引物，从植物中提取RNA反转录为cDNA，作为PCR扩增的模板，扩增的片段纯化后连接到合适的克隆载体上，测序并与已知基因序列进行比较。如果只是基因片段，还需要从cDNA或基因文库中得到全长序列，或通过cDNA末端的快速扩增（rapid amplification of cDNA ends，RACE）等技术获得全长序列。

同源克隆中应用的主要技术是PCR，它实际上是在试管内模拟生物的DNA复制，在模板、引物和4种脱氧核糖核苷酸存在的条件下，由DNA聚合酶催化的DNA合成反应，反应结果是使模板得到大量扩增。其基本的反应过程分为3个步骤：①变性（denaturation），指通过加热使DNA双链间的氢键断裂，形成两条单链的过程。通常加热到92~95℃就可使复杂的DNA达到变性的目的。②退火（annealing），指在温度降低的过程中，DNA的复性过程，即反应体系的温度降至36~65℃时，变性后的两条单链在碱基互补的基础上与特异引物形成氢键，结合成双链。在PCR反应的复性过程中，由于引物浓度大大高于模板浓度，且引物结构简单，故引物和模板间的结合概率远远大于两条DNA模板链之间的互补结合。③延伸（extension），指在引物的3'端不断连接上核苷酸单体，沿DNA模板，由DNA聚合酶催化的DNA互补链的合成反应。

上述3步反应构成一个循环，在下一个循环中，前一轮循环的产物再变性为两条单链作为模板，这样往复循环，可使靶序列大大扩增。从理论上讲，每循环1次，就可使产物在前一轮循环的基础上翻1倍，因而产物呈几何级数增加。经过25~30个循环，最初的靶序列可被扩增10^5~10^9倍。

在获得目的基因时，除了常规PCR技术外，经常还会用到下述一些改进的PCR方法：如反转录PCR法，这种方法是指以RNA为模板，经反转录获得cDNA，然后再以cDNA链为模板进行PCR扩增。反转录的引物可以用通用的poly

（T）引物，也可以用基因特异的引物。反转录反应和PCR可以分别在不同的管中，也可以在同一根管子中完成。此外还有锚定PCR法，该方法适合于扩增那些仅知道一端序列的目的基因。可以通过DNA末端转移酶给未知序列的那一端加上一段多聚dG，然后用带有多聚dC的引物和已知序列的引物进行PCR扩增。反向PCR法也是一种常用的方法，该方法适于对已知序列两侧的未知序列进行PCR扩增，基本原理是：选择一个在已知序列中没有而在其两侧可能存在位点的限制性内切酶，用相应的限制性内切酶消化DNA，将酶切的片段在连接酶的作用下连接成环状分子。然后根据已知序列的两端序列，设计两个引物，以环状分子（已知序列位于其上）为模板进行PCR扩增，就可以扩增出已知序列两侧的未知序列。

PCR产物需要连接到载体上进行下一步的操作，在具体选定载体时要考虑以下几个因素：①如克隆片段需要表达，应选用表达载体；②PCR产物要与载体的末端匹配；③如果PCR产物很长，超出普通质粒的克隆容量，应选用非质粒载体。

同源克隆的方法在药用植物基因工程技术中有广阔的应用前景，因为药用植物的次生代谢途径中的许多关键酶非常保守，在不同植物之间非常相似，特别是代谢途径的上游基因在进化上往往比较保守，比如萜类合成酶类和黄酮合成酶类，所以可以参考已知的基因序列，用同源克隆的方法从不同的植物中克隆到相应的基因。

（二）电子克隆

电子克隆（in silico cloning）是依据生物信息学知识，利用互联网和计算机工具克隆基因的方法。电子克隆的原理是，从表达序列标签（expressed sequence tag，EST）和基因组数据库中，找到自己感兴趣的一组相互重叠的EST或基因组序列片段，发掘未知功能的新基因，或者预测拼接得到目的基因的全长，并通过实验进行序列和功能验证，从而克隆基因。这样一组相互重叠的EST或基因组序列片段通常称为重叠群（contig）。BLAST（basic local alignment search tool）比对作为电子克隆的基本工具，它是一种比较核苷酸或蛋白序列之间相似性大小的计算机软件，通过这个软件可以获得一组相互重叠的DNA片段，这些片段形成的重叠群，进一步可以拼接组装成一个完整的基因。

电子克隆的基本方法是：①选择自己感兴趣的DNA或氨基酸序列，来源包括通过研究基因的差异表达获得的大量差异表达片段，定位克隆获得的候选基因的部分核苷酸片段，还有近似物种中的同源基因，以及各种来源的DNA序列片段。②用BLAST工具，从GenBank中获得一组相互重叠的EST或基因组序列片段，并尽可能向两端延长获得大片段或全长cDNA。③分析开放读码框架（open reading frame，ORF），根据"Kozak规则"和同源基因的5'端序列确定翻译起始位点，以及前导肽的有无等情况，确定预测基因5'端的完整性。④在基因的两端设计引物，用RT-PCR扩增全长基因。⑤对克隆的基因可进行表达、功能验证。

　　随着基因组测序及生物信息技术的迅猛发展，特别是几十种生物基因组序列和大量EST序列结果的先后公布，电子克隆已成为人类寻找以及克隆未知功能的新基因的一条有效途径，具有费用低、速度快、技术简单和目的性强等优点，大大加速了基因克隆的速度。由于电子克隆方法简便，这种方法将得到更广泛的运用。电子克隆与同源克隆有一定的区别，同源克隆是基于基因家族在进化中是保守的，基因中存在着保守区域。电子克隆则是基于DNA的大规模测序和生物信息学的发展。

　　上述获得基因的方法一般是只知道基因或蛋白的部分序列，如果全长基因或蛋白序列已知，获得目的基因就更加简单，可以人工直接合成目的基因。人工合成的优点是，根据需要可以对目的基因加以修饰，改变目的基因的密码子偏爱性，增加或减少具有特殊功能的序列元件，如信号肽。对于较短的基因（60~80bp），可以通过化学方法分别合成两条互补DNA单链，让这两条单链在适当条件下退火，形成双链完整基因。如果要获得大于300bp的DNA双链，可以采取下述两种方法：第一种方法是合成一套将全长基因包括在内的，并且带有彼此互补的黏性末端的短DNA片段，然后使这些DNA片段的黏端在适当条件下退火，最后用T$_4$DNA连接酶连接，即可获得完整的基因。第二种方法是合成一系列具有重叠区域的短核苷酸片段（40~100bp），在适当条件下退火，而后用大肠埃希菌DNA聚合酶I补平，并用T$_4$DNA连接酶连接，即可得到完整的基因。

　　在设计人工合成的目的基因时，应考虑到植物本身对遗传密码子的喜好与选择性，以及目的基因蛋白在植物体内的稳定性和对植物的正常生长代谢的影响，还有对人和动物的毒理效应等。人工合成基因的过程中错误率较高，所以不适于合成过长的基因。

三、利用各种遗传标记技术克隆基因的方法

　　利用遗传学或分子生物学手段建立遗传标记，然后进行基因克隆的方法，称为定位克隆（positional cloning），又称图位克隆。20世纪90年代初，随着各种生物分子标记连锁图的相继建立和越来越多的基因被定位，定位克隆技术应运而生。定位克隆的原理是，通过构建高密度的分子连锁图和对分离群体的分析，找到与目的基因紧密连锁的分子标记。根据遗传连锁分析，将目的基因定位到

染色体的一个具体位置上后，通过染色体步移不断缩小筛选区域，进而克隆目的基因，并研究此基因的功能。它是用于分离基因编码产物尚不知道的目的基因的一种有效的方法。从理论上讲，任何一种可鉴定出突变性状的基因，都可以通过基因定位技术予以分离。定位克隆的基本方法是：先将目的基因，亦即目的基因的突变定位到染色体上，并在目的基因的两侧确定一对紧密连锁的分子标记；接着利用最紧密连锁的一对标记作探针，通过染色体步移（chromosome walking）技术将位于这两个分子标记之间的含目的基因的特定的基因组片段克隆并分离出来；最后是根据其同突变体发生遗传互补的能力从克隆中鉴定出目的基因。

成功应用基因定位克隆技术分离目的基因有两个条件：一是构建含有大片段DNA的基因组文库；二是要有可用的同目的基因紧密连锁的DNA探针。理想的情况是两者之间的遗传图距应在数百千碱基对（kb）之间。如果距离太远，就难以克隆两者之间的全长DNA，而且从长度为数百千碱基对的DNA片段中分离目的基因的工作也是相当艰巨的。正是由于这方面的原因，基因的定位克隆对于那些基因组较小并可构建高密度RFLP或RADP分子标记图谱的植物，诸如拟南芥和番茄等无疑是有效的。而对于像小麦、玉米等具有大型基因组而又难于构建高密度分子标记图谱的粮食作物，尽管近年来在方法上已经有不少改进，但仍然是一项十分艰巨而繁琐的工作。

在基因组测序已经完成的生物中，定位克隆的方法使获得基因变得比较容易。分子标记所在区域的核酸序列编码的基因的性质和数目，都可以通过软件详细地预测出来，虽然这些基因的数目仍然有几十个到上百个，但是可以根据各种生理生化知识，判断控制遗传性状的基因可能编码蛋白的种类，这样就可以把研究对象进一步缩小，然后利用各种分子生物学手段筛选得到目的基因。

四、通过创造突变体克隆基因的方法

传统的由寻找突变体开始，进而克隆基因的研究方法被称为反向遗传学，但是自然界的突变体毕竟有限，所以很快发展出很多创造突变体的方法，包括物理辐射诱变、化学试剂诱变和生物学诱变。其中利用转座子和T-DNA产生突变体的方法，在实践中运用得较为成功。它是将转座子或T-DNA插入到基因的内部或附近，使基因发生突变而表现出外部性状变化，然后以转座因子作为探针，利用杂交或PCR方法追踪突变所在的位置，从而克隆到目的基因。

（一）转座子标签法

转座子标签法（transposon tagging method）是把转座子作为基因定位的标

记，通过转座子在染色体上的插入和嵌合来克隆基因的方法。转座子标签法的原理是，转座子（transposon）是可从染色体上一个位置转移到另一位置的DNA片段，在转移过程中原来的DNA片段（转座子）并未消失，发生转移的只是转座子的拷贝，转座可引起插入突变，使插入位置的基因失活，或是在插入位置上出现新的编码基因，并诱导产生突变型。通过转座子的标记作用，就可检测出突变基因的位置并克隆出目的基因。对于无紧密连锁的分子标记的功能基因，采用这种克隆办法是较为合适的。根据转座子来源的不同，把用内源转座子分离同源寄主基因的技术，叫作同源转座子标签法（homologous transposon tagging）；而利用已经在分子水平上研究比较清楚的外源转座子来分离异源寄主基因的技术，则叫作异源转座子标签法（heterologous transposon tagging）。

转座子标签法分离基因的基本方法是：①把选择标记和转座子构建到质粒载体上；②将包含转座子的载体导入目标植物；③利用Southern杂交等技术检测质粒载体上的转座子是否转化到目标植物基因组中，这是转座子定位和分离目标基因所不可缺少的；④转座子插入突变的鉴定及分离。

在植物中常用的转座子系统有：Ac/Ds、En/Spm和Mutator等，其中以Ac/Ds双因子系统利用最多。Ac含有编码转座酶的基因，能够自主转座。在Ac/Ds系统中，Ac为Ds提供了转座酶，Ds就可以转座了。利用转座子标签法进行植物基因的分离首先是要把Ac等转座子转化到要进行基因克隆的植物中，目前多数是利用土壤农杆菌介导的转化系统把转座子导入目标植物中。

自从Johal和Bridgs（1992年）利用转座子标签法克隆到第1个新的植物抗病基因——玉米抗圆斑病基因hm1以来，又有许多成功的例子报道，如Aarts等（1993年）利用En/Spm系统克隆了拟南芥的1个雄性不育基因；Cui等（1996年）利用Mutaor转座子从玉米中克隆了1个T胞质核恢复基因rf2；Jones等（1994年）利用Ac/Ds系统克隆了番茄抗叶霉病的cf9基因。

实践证明，和其他植物基因克隆手段相比较，转座子标签法在那些编码产物未知的发育调节基因、代谢调节基因以及环境应答基因的分离方面，有着特殊的效果；但它也如同任何基因分离技术一样，存在着一些不足的地方：①它仅适用于存在着内源活性转座子的植物种类，而遗憾的是这种植物自然界内并不多。②转座引起的插入突变频率比较低，而且在植物基因组中常常存在着过多拷贝的转座子序列。因此，应用转座子标签法克隆植物基因，试验周期长、工作量大。③如果转座子的转座引起了致死突变，就得不到突变的植株。对于由多基因控制的某种性状，转座造成的单基因突变就不足以使植株产生出明显的表型变异。由于以上这些不利因素，应用转座子标签法分离目的基因的成功率并不高。

（二）T-DNA标签法

T-DNA标签法（T-DNA tgging method）是指利用土壤农杆菌介导的T-DNA整合到植物基因组产生插入突变，作为基因定位的标记来克隆基因的方法。T-DNA标签法的原理是，T-DNA片段是农杆菌质粒上的一个片段，两侧带有一个26bp的边界，可以从质粒上转移插入到植物染色体上，引起基因突变。这种方法的优点是产生的插入突变稳定并且操作方法简单。T-DNA标签法在拟南芥和水稻功能基因组学的研究中应用比较成功，但这种方法也存在一些缺点：①T-DNA的整合是一个复杂的过程，在染色体上的位置和整合的拷贝数都存在一定的随机性，随后的分析受到影响。②T-DNA方法受宿主范围限制，仅对那些农杆菌转化系统非常成熟的植物有效，但对单子叶植物等不容易转化或很难转化的植物，这种方法就很难应用。T-DNA片段与转座子的区别是T-DNA片段上不带转座酶，不能自主转移，所以它的插入需要细菌和植物中一些蛋白的协同作用。在一些植物中，如果暂时没有合适的转座子系统，而农杆菌转化系统又很成熟，T-DNA标签法就比较适用。

基因克隆的技术发展很快，种类也越来越多，但每一种方法都有它的优势和劣势及适用范围和限制因素，因而我们必须根据所克隆基因的类型和实际条件选择最佳的方案。随着各种知识的积累，克隆基因的技术也逐步完善，速度效率也不断提高，相信人类终将掌握大规模、快捷、经济基因克隆的技术。对于中草药基因工程而言，目前对控制中草药中药用成分的基因了解还不够多，可以了解的也多是一些控制代谢途径中上游前体合成的有关基因，很多重要的下游修饰基因仍然是未知的，而这些修饰基因对合成正确的药效成分必不可少。克隆中草药的目的基因时，可以借鉴的方法和资料都比较有限，试验方法也不是非常完善，因此要考虑研究对象的特点，选择最有效的方法，也可以考虑使用几种方法，把各种方法的优势结合起来。方法越简单越好，尽量参考前人已经得到的信息，可以起到事半功倍的效果。

第二节　植物基因转化载体系统的构建

目前已经建立的多种植物基因转化系统中，载体转化系统是应用最多，技术最成熟，成功实例最多的一种转化系统，其中尤以Ti质粒和Ri质粒转化载体在国内外植物基因工程研究中应用得最为广泛。

一、根癌农杆菌Ti质粒基因转化载体构建

最常用的植物基因转化载体是根癌农杆菌的Ti质粒。根癌农杆菌是一种革兰阴性菌，能感染大多数双子叶植物的受伤部位，使之产生冠瘿瘤。该菌具有趋化作用，可以在复杂的土壤环境中敏感地识别相应的植物细胞。根癌农杆菌对植物致瘤性的原因是农杆菌带有一个双链共价闭合环状质粒，该质粒的部分遗传信息可以转移到植物染色体上，其携带的基因的表达使植物细胞无限扩增，形成瘤状物。由于致瘤性的英文名称叫tumor-inducing，所以把这个质粒命名为Ti质粒。

（一）Ti质粒的改造及卸甲载体构建

根据Ti质粒诱导的植物冠瘿瘤中所合成的冠瘿碱种类，Ti质粒可分为3种类型：章鱼碱型（octopine）、胭脂碱型（nopaline）和农杆碱型（agropine）。

Ti质粒可分为4个功能区域：①T-DNA区，T-DNA是农杆菌浸染植物细胞后，可以从Ti质粒上转移到植物染色体上的一段DNA。②Vir区，又称毒性区，其上的基因能激活T-DNA转移，使农杆菌表现出毒性。③Con区，该区段上存在与细菌间接合转移有关的基因，调控Ti质粒在农杆菌之间的转移。④Ori区，该区是质粒的复制起始位点，可以调控Ti质粒的复制。

野生型Ti质粒可以作为植物基因工程的一种载体，但因其分子量过大不易于操作，所以野生型Ti质粒一般不直接用作转化外源基因的载体。为了方便体外的遗传操作，将T-DNA片段克隆进大肠埃希菌的质粒，带有T-DNA的大肠埃希菌衍生载体称为中间载体（intermediate vector）。而后通过体内的同源重组将带有外源基因的T-DNA片段重组到农杆菌的Ti质粒，接受中间载体的Ti质粒则称为受体Ti质粒（acceptor Ti plasmid），一般是经过改造的卸甲载体（disarmed vector）。

利用野生型的Ti质粒作载体时，影响植株再生的直接原因是T-DNA中*onc*基因的致癌作用。因此，为了使野生型质粒成为基因转化的载体，必须切除T-DNA上的*onc*基因，即"解除"其"武装"，构建成卸甲载体。这种*onc*-卸甲载体中，T-DNA中缺失的部位被大肠埃希菌的一种常用质粒pBR322取代，这样，任何适合于克隆在pBR322质粒中的外源基因，都可以通过与pBR322质粒DNA的同源重组而被共整合到*onc*-质粒载体上。

（二）中间载体的构建

构建中间载体是为了更方便基因工程的操作，它是把合适的T-DNA片段插入到普通的大肠埃希菌的克隆载体（如pBR322质粒）中而构成的一种小型质粒。

中间载体可分为两类：共整合系统中间载体和双元载体系统中间载体。

1. 共整合系统

共整合系统（cointegrate vector system）使用无毒的（non-oncogenic）Ti质粒作为中间载体，所以又称为onc-载体法。由于失去了onc区段，使得野生型Ti质粒的分子量缩小，适宜于外源DNA分子的直接克隆。在onc-载体中，已经缺失的T-DNA是由大肠埃希菌的一种常用的质粒pBR322取代，它直接被Ti质粒的边缘区所包围。这种载体具有如下特征：①含有与Ti质粒T-DNA区同源的序列；②具有细菌选择标记，这将有利于筛选共整合质粒；③具有bom位点；④含有植物性选择标记；⑤含有多克隆位点，以利于外源基因的插入；⑥不含T-DNA区的边界序列。

2. 双元载体系统

双元载体系统（binary vector system）利用Vir区参与T-NDA的转移与整合到植物细胞基因组的作用，将带有外源目的基因的T-DNA和Vir区，安置在不同的质粒载体上进行操作的系统，称为双元载体系统。它的特点是由两个彼此相容Ti质粒组成的。其中之一是含有为T-DNA转移所必需的Vir区段的质粒，另一个则是T-DNA含有T-DNA区段的寄主范围广泛的DNA转移质粒。它和共整合载体系统中间载体的区别在于：①无同源序列；②具有LB和RB。

中间载体上一般同时带有大肠埃希菌和农杆菌的复制子，以便在两种细菌中都能复制，方便克隆操作，又称为穿梭载体。现在植物基因工程中应用最多的还是双元载体系统，其中比较成功的有pCAMBIA系列载体。

（三）中间载体上的启动子元件

在中间载体中加上能在植物细胞中表达的各种启动子，可使外源基因在植物细胞中表达；当启动子与显性选择标记基因连接，构成嵌合基因时，这些标记基因同样能表达，从而可提供用于筛选的表型。这类植物特异启动子的中间载体称为中间表达载体。

启动子是启动基因转录表达所必需的一段调控序列。目前已从植物、植物病毒及植物病原微生物中分离到许多适用于植物的启动子。根据作用方式可将启动子分为3类：组成型启动子、组织特异型启动子和诱导型启动子。

1. 组成型启动子

组成型启动子（constitutive promoter）是指在该类启动子控制下，基因的表达大体恒定在一定水平上，在不同组织和部位表达水平没有明显差异。目前使用最广泛的组成型启动子是花椰菜花叶病毒（CaMV）35S启动子，来自根癌农杆菌Ti质粒T-DNA区域的胭脂碱合成酶基因nos启动子，后者虽来自细菌，但具有植物启动子的特性。

2. 组织特异性启动子

组织特异性启动子（tissue-specific promoter）又称器官特异性启动子（organ-specific promoter），在这类启动子调控下，基因往往只在某些特定的组织部位或器官表达，并表现出发育调节的特性。烟草的花粉绒毡层细胞中特异表达基因启动子TA29已成功地应用于通过基因工程获得作物雄性不育系的研究中。

3. 诱导型启动子

诱导型启动子（inducible promoter）是指在某些特定的物理或化学信号的刺激下，该种类型的启动子可以大幅度地提高所调控基因的转录水平。目前已经分离了光诱导表达基因启动子、热诱导表达基因启动子、创伤诱导表达基因启动子、真菌诱导表达基因启动子和共生细菌诱导表达基因启动子等。

除了启动子之外，基因的表达转录还要有终止子。目前植物基因工程中常采用的终止子是胭脂碱合成酶的Nos终止子和Rubisco小亚基基因的3'端区域。

（四）中间载体对植物的转化

中间表达载体失去了野生型质粒的浸染能力，不能将外源基因导入植物细胞。因此，必须有相应的辅助质粒或受体Ti质粒的存在，才能形成可以浸染植物细胞的基因转化载体，这一步是在农杆菌细菌细胞中完成，只要把中间载体转入农杆菌即可完成。

目前主要采用两种Ti质粒基因转化载体系统，即一元载体系统和双元载体系统。一元载体系统是中间表达载体与改造后的受体质粒通过同源重组所产生的一种复合型载体，通常又称为共整合载体；由于该载体的T-DNA区与Ti质粒Vir区连锁，因而又称为顺式载体（cis-vector）。双元载体系统是指由两个分别含T-DNA和Vir区的相容性Ti质粒构成的双质粒系统；由于其T-DNA和Vir区在两个独立的质粒上，通过反式激活T-DNA转移，故又称为反式载体（trans-vector）。

二、发根农杆菌Ri质粒基因转化载体构建

（一）发根农杆菌的分类

根诱导质粒（root inducing plasmid，Ri质粒）是发根农杆菌（*Agrobacterium rhizogenes*）染色体外的遗传物质。在带有完整T-DNA的Ri质粒的转化植物细胞中都能检测到一类特殊的非蛋白态的氨基酸，这一类氨基酸被总称为冠瘿碱。在Ri质粒转化细胞中检测到的冠瘿碱有农杆碱（agropine）、农杆碱酸（agropinic acid）、农杆碱素（agrocinopine）A-D、甘露碱（mannopine）、甘露碱酸（mannopinic acid）、黄瓜碱（cucumopine）。这些冠瘿碱合成基因存在于T-DNA上，只能在真核细胞中转

录，而不能在农杆菌中转录。寄主植物中合成的冠瘿碱作为唯一的碳源和氮源供农杆菌利用，而对寄主植物本身则没有用处。某一种农杆菌类型合成一种或几种相应类型的冠瘿碱，人们按照发根农杆菌主要合成的冠瘿碱种类来分类，可将发根农杆菌分为3种菌株类型：农杆碱型、甘露碱型和黄瓜碱型。

（二）Ri质粒的结构特征和发根农杆菌对植物的转化机制

发根农杆菌中与诱导毛状根有关的结构包括染色体毒性基因（chromosomal virulence，*chv*）和Ri质粒两部分。*chv*基因的活化表达关系着发根农杆菌与植物细胞壁的附着，是致病早期阶段的必要步骤。

Ri质粒是存在于染色体外的大型质粒，大小为200~800kb，而且一种菌体中可能存在几种质粒，例如在A4菌体中有3种不同分子质量的巨大质粒：pArA4a（180kb）、pArA4b（250kb）、pArA4c（430kb），其中pArA4b是引起毛根病的因子，pArA4c是pArA4a和pArA4b的整合型。

Ri质粒具有两个和转化及诱导毛状根有关的区域，即致瘤区（virulence region，Vir区）和转移进植物细胞核的T-DNA区，它们分别含有许多基因。此外还有一个复制起点（Ori），启动质粒DNA的复制。当农杆菌浸染植物时，Ri质粒可将其中的T-DNA转移并插入到植物细胞基因组中，在植物细胞中相应基因转录、表达，结果是产生毛状根。

Ri质粒的不同类型之间结构不尽相同，农杆碱型Ri质粒T-DNA有两个不连续的边界区域，即TL-DNA区和TR-DNA区，可分别插入寄主植物基因组DNA。TR-DNA区域有农杆碱合成酶基因（*ags*基因）和生长素合成酶基因（*tms*1、*tms*2基因），它与Ti质粒*tms*1、*tms*2基因同源，长度可以在5~28kb的范围内变动。TL-DNA区的长度则相当稳定，有与农杆碱素合成有关的基因（*agc*基因）和决定毛状根的形成及再生植株某些形态特征的*rol*A、*rol*B、*rol*C、*rol*D基因群（称core T-DNA）。有研究表明农杆碱型Ri质粒T-DNA有11种转录产物，在TR-DNA上有6种mRNA转录，其中包括生长素合成酶基因*tms*1、*tms*2基因有相同的功能；在TL-DNA上有5种mRNA转录，其中有4种（*rol*A ~ *rol*D）与肿瘤和毛状根形成有关。

甘露碱型Ri质粒只有单一的T-DNA区域，与农杆碱型Ri质粒的TL-DNA有较高的同源性，也有相当于农杆碱型Ri质粒TR-DNA的部分，因为在该区域存在甘露碱合成酶基因。甘露碱型Ri质粒的致病性一般较弱，感染时进行生长素处理可以提高感染率。用激素处理获得的毛状根，在含激素培养基上培养可以迅速增殖。黄瓜碱型Ri质粒具有黄瓜碱合成酶基因，与甘露碱型Ri质粒一样，只有单一的T-DNA区域。

各种类型的Ri质粒均有core T-DNA。在Ri质粒转化植物细胞的过程中，core T-DNA，尤其是其中的*rol*B基因起着十分重要的作用。T-DNA区左右边界各具25bp的重复序列，是将T-DNA从Ri质粒上切出的酶的识别位点，缺此序列不能形成毛状根。

Vir区约20kb，位于复制起点和T区之间，距T-DNA区约35kb。3种类型Ri质粒的Vir区具有很高的保守性，而且与Ti质粒的Vir区同源。Vir区基因不发生转移，但它在T-DNA转移过程中起着十分重要的作用，该区域缺失或突变，农杆菌无浸染能力，不能诱导植物产生毛状根。Vir区基因群由7个联合基因（A～G）组成。Vir区基因群中除VirA外的6个基因通常处于抑制状态。当发根农杆菌感染寄主植物时，被损伤的植物细胞释放特殊的小分子酚类化合物（如乙酰丁香酮等），后者与VirA基因产物（一种结合在膜上的受体蛋白）结合，再激活VirG基因的表达，从而诱导其他联合基因的表达，其中VirD基因可编码两个分子量分别为16 200 000和47 400 000的多肽，这两个多肽共同作用表现为限制性核酸内切酶活性，专一识别T-DNA的两个25bp边界序列，并分别在这两个部位剪切形成游离的T-DNA，游离的T-DNA在其他Vir基因产物的协同作用下以某种方式转移并整合到植物细胞基因组中。T-DNA上的基因进入植物细胞后能被植物的RNA聚合酶Ⅱ催化转录，决定毛状根表型的基因及合成冠瘿碱的基因均位于T-DNA上，例如TR-DNA的*aux*基因表达导致生长素局部浓度提高，生长素浓度的提高作为信号，激活TL-DNA尤其是其中*rol*B基因的表达从而诱导出毛状根。

（三）Ri质粒载体的构建

Ri质粒的T-DNA上的基因不影响植株再生，野生型Ri质粒直接可以作转化载体。因此，Ri质粒基因转化载体构建程序是：①中间载体构建；②中间表达载体构建；③Ri质粒基因转化载体构建。Ri质粒基因转化载体的构建也有两种策略：共整合载体策略和双元载体策略。植物基因转化载体系统的具体构建较为复杂，限于篇幅，此处不再详述。

第三节　目的基因的遗传转化系统

目的基因的转化是指利用生物、物理或化学等手段将外源基因导入植物细胞以获得转基因植株的技术。近十几年来，植物的遗传转化技术得到了迅速的发展，已经建立了多种遗传转化系统。根据遗传转化系统的原理，植物遗传转化系统可分为3种，即载体型遗传转化系统、DNA直接转化系统和种质转化系统。

一、载体型植物遗传转化系统

该系统是指将目的基因连接于某一载体DNA上，而后通过载体将外源基因转入植物细胞的技术。载体型植物遗传转化系统主要包括农杆菌Ti质粒介导法和Ri质粒介导法。

（一）转化受体系统的建立

植物基因转化受体系统是指用于转化的外植体通过组织培养途径能高效、稳定地再生无性系，并能接受外源DNA整合，对转化选择抗生素敏感的再生系统。受体系统的建立主要依赖于植物组织培养技术，但比一般的组织培养复杂些。该系统的建立包括高频再生系统的建立和抗生素的敏感性试验。

1. 高频再生系统的建立

所谓高频再生系统必须具备4个条件：一是外植体的组织细胞具有再生愈伤组织和完整植株的能力，而且最好是外植体能直接分化芽；二是芽的分化率达90%以上；三是易于离体培养，具有高度可重复性；四是体细胞无性系变异小。为了建立这样一个高频再生系统，应进行以下工作。

首先是选择合适的外植体。作为建立再生系统的外植体，通常要求年幼、增殖能力强，且处于萌动期、具有较强再生能力基因型和遗传稳定性好等特点。一般情况下，顶端分生组织和形成层中的初生形成层细胞、胚细胞等具有以上特点。

其次是确定最佳的培养基。培养基是建立一个好的再生系统的另一个重要因素，一般是在了解基本培养基类型和特点的基础上，根据供试植物材料的分类地位、生理特性、繁殖、栽培条件及品种类型等特点，在调查前人研究工作的基础上，确定培养基中各种成分的浓度和各种其他参数。

2. 抗生素的敏感性试验

除了高频再生系统的建立，还要进行抗生素的敏感性试验。在共培养转化中，一个很重要的环节是抑制农杆菌生长，防止细菌过度生长而产生污染。因此，常在培养基中添加对植物细胞无毒害作用的抑菌性抗生素，对这类抗生素的要求是：既不影响植物细胞的正常发育，又能有效地抑制细菌的生长。在转化操作后的筛选过程中，须使用选择性抗生素，以利于初步进行转化体的筛选。对选择性抗生素的要求是：既能有效地抑制非转化细胞的生长，使之缓慢死亡，又不影响转化细胞的正常生长。

为了适当地运用抗生素，就需要对抗生素种类及对不同植物受体类型的适用浓度进行敏感性测定，目前一般采用的方法是：先确定愈伤组织诱导或分化再生培养基配方，然后加入不同种类、不同浓度梯度的无菌抗生素。将未经转化的受体材料置于选择培养基上培养并观察分化再生状况。以未附加抗生素的培养基接种同样的受体材料为对照。

（二）根癌农杆菌Ti质粒介导的遗传转化法

随着对农杆菌Ti质粒转化机制研究的不断深入，对其转化技术已日趋成熟，转化的成功率也不断提高。尽管目前已建立了多种行之有效的转化方法，但它们转化的基本程序、操作步骤是基本相同的。

在长期的研究中，科学家们已建立了整体植株接种共感染法、叶盘转化法和原生质体共培养法3种方法，下面简要介绍这3种方法。

1. 整体植株接种共感染法

整体植株接种共感染法就是模仿农杆菌天然感染的过程，人为地在整体植株上造成创伤部位，然后把农杆菌接种在创伤面上，或用针头把农杆菌注射到植株体内，使农杆菌在植株体内进行浸染实现转化，获得转化的植物细胞，因此也称之为体内转化。为了获得更高的转化频率，一般采用无菌的种子实生苗或试管苗。

2. 叶盘转化法

叶盘转化法（leaf disc transformation）由Horsch等（1985年）建立，是双子叶植物较为常用也较为简单有效的方法。其基本步骤是：选取健康的无菌苗，用打孔器从叶片上取得叶圆片（亦称为叶盘），在过夜培养至对数生长期的农杆菌的菌液中浸数秒钟后，将带有新鲜伤口的叶圆盘与载有目的基因的农杆菌液在培养基中共培养2~3天，待菌株在叶盘周围生长至肉眼可见的菌落时，转移到含有抑菌剂的培养基中去除农杆菌，同时在该培养基中加入抗生素进行转化体选择，再经培养可获得转化的再生植株。

3. 原生质体共培养转化法

原生质体共培养转化法是以原生质体为外植体，与农杆菌共培养来获得转化植株。该方法是指在原生质体培养的早期，将携带外源目的基因的农杆菌与原生质体共同培养，农杆菌的Ti或Ri就会随着外源信号分子的诱导而导入原生质体的核内，T-DNA就可能整合在受体基因组上。因此原生质体共培养法也可看作是一种在人工条件下诱发农杆菌对单个细胞浸染的一种体外转化法。

（三）发根农杆菌Ri质粒介导的遗传转化法

1. 发根农杆菌转化方法

（1）活体接种法　就是用新鲜菌液对发芽数日的无菌幼苗或试管苗的茎部或愈伤组织进行1～3次注射，2周后于注射处长出毛状根。这种方法的优点是简便，实验周期短；充分利用了这些无菌苗的生长潜力；避免了转化过程中其他细菌的污染；菌株接种的伤口与培养基分离，防止了农杆菌在培养基上过度繁殖，可以在无抗生素的培养基上生长。但该方法需要大量的无菌苗材料，镰田博等认为由于完整植株能合成抗菌物质，所以这种方法的诱导率较低。

（2）原生质体共培养转化法　是将发根农杆菌同刚刚再生出新细胞壁的原生质体作短暂的共培养，以实现农杆菌与细胞之间遗传物质的转化。

（3）外植体共感染接种法　就是把胚轴、子叶、子叶节、幼叶、肉质根、块茎及未成熟胚芽等作为外植体，将消毒后的外植体在菌液中浸染数秒钟至数分钟，进行共培养2～3天，然后转移到含有抑菌剂的培养基中去除农杆菌，一段时间后在伤口处长出毛状根。该方法使用范围广，操作简单而且有很高的重复性。

2. 影响发根农杆菌浸染能力的因素

（1）发根农杆菌菌株　不同的发根农杆菌菌株之间浸染能力相差很大，一般认为农杆碱型株系强于甘露碱型株系和黄瓜碱型株系，这是由于农杆碱型株系的Ri质粒上有TL-DNA和TR-DNA，在TR-DNA上有生长素合成酶基因（*aux*基因），能够使寄主细胞合成生长素，促进T-DNA转化细胞的根的形成，而甘露碱型Ri质粒和黄瓜碱型Ri质粒上只有TL-DNA而无TR-DNA，不能使寄主细胞合成生长素，所以浸染能力较农杆碱型Ri质粒弱。农杆碱型Ri质粒的T-DNA右端边界存在三叶草式的碱基结构时，则浸染效率极高。对弱致病性菌株，用不同的生长激素处理可增加寄主植物的感染效率。

不同农杆菌的Vir区基因表达的强弱直接关系到浸染能力的强弱，而Vir区基因的表达又受到启动子的调控，强表达的启动子或启动子的增强子均可提高Vir区基因的表达从而提高浸染能力。

发根农杆菌的基因组基因对浸染能力也有一定的影响。农杆菌基因组中的*chv*基因与感染率有关，如果缺失，感染率降低，成为狭寄主性。农杆菌核基因组中存在的色氨酸合成酶基因也与感染率有关。

（2）植物种类　不同种类植物的毛状根诱导率相差极大，甚至同一种植物的不同品种，对农杆菌敏感程度也会大不相同，这主要是与被转化植物细胞产生的酚类物质的种类、数量的差异及宿主植物的生理状态、年龄、植物自身合成抗生物质等情况有关。如有研究表明，在切茎生理上端接种时，外植体不出现症状；在生理下端接种时，则容易出现毛状根。外植体经过预培养后再进行转化可提高转化率。当条件不合适时，Ri质粒感染可能只出现瘤状突起而不出现毛状根。

（3）外植体取材部位　即使同一种植物用同一种发根农杆菌感染，来自不同部位的外植体的诱导率依然会相差很大，因为农杆菌转化只发生在很短的时期内，可能只有处于分裂周期的S期（DNA合成期）才具有外源基因的转化能力，因此细胞具有分裂的能力是转化的基本条件。处于发育早期的组织细胞，如分生组织、维管束形成层组织等，具有很强的分裂能力，并且它们的发育性质未最后确定，称为性质未定细胞，处于转化的敏感期。对于已经分化的组织，幼年期的较成熟期的转化能力强，同样是因为幼年期的组织细胞分裂能力强，仍然具有脱分化的能力。

外植体的极性对毛状根的诱导率也有很大影响。黄菊辉在诱导茎用芥菜毛状根时发现，近根端朝上的倒插外植体的出根能力强，尤其是倒插真叶柄，在接种LBA9402时不仅出根率高达100%，而且出根快，这主要是由于生长素在高等植物体内为向基式极性运输，近根端生长素含量较高，而生长素对rolC和rolB基因的启动子产生正调控，rol基因的高效表达产生毛状根。外植体的器官组成也影响出根能力，例如茎用芥菜的带芽的倒插下胚轴比不带芽的倒插下胚轴出根率更高，说明芽能促进下胚轴出根，这是因为芽是生长素的合成场所，带芽的下胚轴能不断合成生长素，并通过极性运输到近根端，因此其近根端的生长素含量比不带芽的倒插下胚轴更高，其出根能力也就更强。

（4）转化条件　由于预培养能够促进细胞分裂，分裂状态的细胞更容易整合外源DNA，所以经过一段时间的预培养（1～3天）通常能提高转化率。

在毛状根形成的起始阶段，需要高浓度的生长素（auxin），因为生长素对T-DNA的rol基因的启动子有正调控作用。尽管农杆碱型Ri质粒本身能够合成生长素，但在培养基中加入外源生长素还是能提高诱导率；对本身不能合成生长素的甘露碱和黄瓜碱型Ri质粒来说，添加外源生长素对诱导率的提高效果更明显。在共培养阶段加入生长素能促进外植体细胞分裂，保持细胞活力，也有利于转化后细胞的生长，从而提高转化效率。

二、DNA直接转化系统

所谓DNA直接导入转化就是不依赖农杆菌载体和其他生物媒体，将特殊处理的裸露DNA直接导入植物细胞，实现基因转化的技术，因此也称之为无载体DNA介导转化。常用的主要有电击法、PEG法、基因枪法、超声波法、显微注射法和脂质体介导法等。在此，我们主要介绍操作简单、使用较多的基因枪法、电击法和PEG法。

1. 基因枪法

基因枪法（gene gun method）是目前导入外源基因的最有效方法之一。国外生物技术界从不同的角度出发给这种基因导入法起了多种名字，因此其别称也很多，如生物弹道法（biolistics）、生物爆炸法（bioblaster）、微射弹法（microprojectile）、微粒轰击法（particle bombardment）等，不论哪一种名称，其基本原理都是相同的或相似的。

基因枪的结构和一般军事上的枪相似，用该装置发射一个装载着金属粒子的塑料弹丸，金属粒子的表面包着遗传物质（外源基因）。在封闭的弹膛里有一固定的特殊金属挡板，该板上有一微孔，这样发射塑料弹丸能被金属板阻止，但带有外源基因的金属粒子可穿过微孔高速进入植物叶、茎、胚等组织或细胞中。

利用基因枪法导入外源基因的适用范围是非常广的。首先，从理论上讲能把外源基因导入到各种生物体，从酵母到水藻及高等植物，甚至动物、人体细胞等，这是其他方法所不及的。其次，可把外源基因直接导入完整的细胞（带有细胞壁）。这一点对于单子叶植物较为重要，因为单子叶植物从完整细胞培养成植株要比从原生质体培养成植株容易。基因枪法不仅克服外源基因不能直接导入完整细胞的困难，而且也使那些难以接受外源基因的生物有可能被导入外源基因。

基因枪法操作的一般步骤如下：①制备DNA微弹，制备过程均在无菌条件下进行。首先要洗涤金属微粒。取60~100mg钨粉或金粉，其微粒直径最好为细胞直径的1/10，悬浮于1mL无水乙醇中，用超声波振荡洗涤。离心尽量除去乙醇，加1mL的无菌水，振荡离心，移去上清液。如此重复2次，将残留的乙醇除净，再用1mL无菌水重悬沉淀，室温密闭贮存备用，保存时间不要超过1周。其次是加入各种辅助试剂和样品DNA，使DNA吸附在金属微粒上。离心，移去上清液，加1mL无菌水重悬；每份样品取25μL的金属微粒重悬液，充分混匀；加入25μL 2.5mol/L的CaCl$_2$溶液；加入20μL 40%的PEG4000；加入2.5mL 0.1mol/L的亚精胺；混合液在室温下静置10min，将DNA沉淀吸附到金属微粒上；离心5min，移去50~60μL上清液；制备好的DNA微粒载体，可在冰中存放保存，但不能超过4h，枪击时每次取样8μL。②外植体材料的准备，在无菌条件下截取外植体，放于培养皿中。外植体的大小按基因枪的要求选择。在无菌条件下，把外植体放入基因枪的样品室，并对准子弹发射轴心。③DNA微弹轰击，按照不同的基因枪说明书操作。④轰击后外植体的培养，DNA微弹轰击后立刻转入相应的培养基中培养，以免材料脱水加重细胞受伤害的程度。

基因枪法转化技术既适用于双子叶植物又适用于单子叶植物。它的特点在于所转化的完整细胞组织容易再生植株，其问题是得到的转化子有时是嵌合体。人们利用基因枪转化技术已经得到了烟草、大豆、木瓜、水稻和小麦等多种转基因植株。

2. 电击法

电击法（electroporation）是通过高压电脉冲把外源基因导入细胞，实现遗传转化的方法。通过电击产生的高压电脉冲的作用，在原生质体膜上"电击穿孔"，形成可逆的瞬间通道，从而促进外源DNA的摄取。当电脉冲以一定的场强和持续时间作用于细胞等渗液时，细胞膜上将生成一些小孔，其大小随电击条件不同而变化。电场消失后这些小孔又可以重新闭合，闭合时间依赖于温度，温度越低，小孔维持时间越长。电击法就是基于上述原理用外加电场使外源基因导入植物细胞。目前使用的电击仪有两类，一类以指数波形式输出电场，一类以方形波形式输出电场。两者的差别在于电击停止后，前者有一个随时间而降低的余电压，后者则在电击停止后，立即停止输出电压。

此方法的操作步骤如下：①原生质体悬浮液离心，去除上清液，加电击缓冲液重悬，密度（3～4）×10^6/mL。电击缓冲液的配方为：HEPES 10mmol/L，NaCl 150mmol/L，CaCl$_2$ 5mmol/L，pH7.2。②按照浓度10μg/mL质粒DNA和50μg/mL载体DNA制备原生质体与DNA的混合液，水浴5min。③不同参数电击。④水浴10min。⑤600r/min离心3min，去除电击缓冲液，用液体培养基洗涤。⑥将原生质体包埋于固体培养基中，28℃黑暗条件下进行选择培养。

电击法不受宿主范围限制，可以把外源基因导入水稻、小麦、玉米、大麦等重要农作物的原生质体中。虽要专门的电击仪，但操作比较方便；虽与PEC法一样存在原生质体再生植株的问题，但其转化率往往比PEG法要高，无PEG的毒害作用，在改良作物中具有较大的潜力。

3. PEG法

PEG即聚乙二醇，它是一种多聚化合物，具有一系列分子量，以PEG6000最常用。PEG法最初是用于细胞融合。1982年，Kren首先用此法将一段T-DNA转入烟草原生质体中，并获得转化植株，从此，PEG法便被广泛地用于原生质体的基因转化。PEG分子量在1000～8000范围内都有成功的报道，也有的报道用PVA（聚乙烯醇）。其作用原理是通过破坏膜通透性使外源DNA进入植物细胞。一般使用40% PEG，原生质体悬浮液按1：2体积混合，室温放置30min后，即可完成反应。PEG法转化效率与电击法差不多，使用小牛胸腺DNA为载体，DNA可在一定程度上提高转化效率。目前PEG法已经用于多种植物。

此方法的具体操作步骤如下：①Ti质粒的提取。从构建的农杆菌Ti质粒载体或中间载体中提取Ti质粒DNA。②原生质体分离。从新鲜的叶片或其他组织中分离原生质体。③转化培养。将新制备的原生质体悬浮液与Ti质粒DNA一起保温培养，同时加入分子量为4000～6000的PEG，在pH8～9下促进原生质体摄取DNA，从而使细胞转化。④转化培养的同时，加入载体DNA，即鲑鱼精DNA或小牛胸腺DNA，促进转化。⑤离心收集原生质体或用钙离子溶液使PEG逐步稀释。⑥将原生质体培养于选择培养基上，或先不加选择压力，按一般方法进行培养。⑦当细胞团长到一定大小时，将细胞团转移至含选择压力的培养基中筛选转化细胞。

PEG法一般只适用于原生质体的转化，而原生质体再生植株不易，加之PEG对原生质体的活力有较大的毒害作用，转化效率较低。但PEG法不受宿主范围的限制，可直接用于重要农作物的遗传转化，操作简便，成本不高，无需特殊的较昂贵的基因转化仪器，故而受到人们欢迎。

三、种质转化系统

种质转化系统是指以植物自身的种质细胞作为受体实现外源基因转移的技术，是一种在植株整体水平进行目的DNA导入的技术。具有下列特点：①目的DNA是总DNA或重组质粒DNA。②转化过程依靠植物自身的种质系统或细胞结构功能来实现。③方法简便易行，并与常规育种紧密结合。

这一转化系统的成功与否取决于受体间DNA分子的相容性，但是其可克服常规育种的一些障碍，缩短了育种周期，且便于广大作物育种工作者应用。

1. 花粉管通道法

花粉管通道法（pollen-tube pathway method）是利用花粉管通道导入外源DNA的技术。该法是由中国科学院周光宇等（1988年）建立并在长期科学研究中发展起来的。主要原理是，授粉后外源DNA沿着花粉管渗入，经过珠心通道进入胚囊，转化尚不具备正常细胞壁的卵、合子或早期胚胎细胞。花粉管通道法操作的主要步骤为：①外源DNA的制备。有3种途径，一是从植物中提取；二是从大肠埃希菌中提取重组的中间载体质粒总DNA；三是从农杆菌中提取已重组构建的Ti质粒。②分析受体植物受精过程及时间，确定导入外源DNA的时间和方法。③外源DNA导入受体植物。④后代材料的处理。

虽然花粉管通道法有所争议，但该技术方法简单、操作简便、适应面广，只要根据不同植物的花器结构和授粉、受精时间制定具体技术细则，可以应用于任何开花植物，可直接应用于生产栽培品种的遗传操纵，利用这一技术我国已选育出棉花、水稻、小麦等新品种，如棉花3118、湘棉12号、水稻GER-1等。

2. 种子浸泡法

顾名思义，浸泡法是将供试的外植体如种子、胚、胚珠、子房、花粉粒、幼穗悬浮细胞培养物等生殖细胞，直接浸泡在外源DNA溶液中，利用渗透作用可将外源基因导入受体细胞并稳定地整合表达与遗传。种子浸泡法是生殖细胞浸泡法（germ cell imbibition transformation）介导基因转化的一种形式。种子浸泡法的原理是利用植物细胞自身的物质运转系统将外源DNA直接导入受体细胞。其主要操作程序为：①外源DNA的制备。可来源于两种途径，一是植物DNA的分离提取；二是质粒DNA的提取。②将种子常规消毒，无菌剥去外种皮，或剥出幼胚，注意不要损伤幼胚；将剥离后的材料再次轻度消毒；消毒后的种子或幼胚浸于无菌的0.1×SSC缓冲液中，加入20%的二甲基亚砜（DMSO）。③加入供体DNA浸泡30min。④用无菌的0.1×SSC缓冲液冲洗种子。⑤将材料平铺于无菌纸上，放在不含激素的固体培养基上培养。⑥将生长发育正常的胚转入含抗生素的固体培养基上筛选培养。

种子浸泡法是高等植物遗传转化技术中最简单、快速、便宜的一种转化方法，它不需涉及昂贵的仪器及组织培养技术，容易为人们所接受。其致命弱点是分子生物学方面的证据不足。

3. 子房胚囊注射法

子房胚囊注射法是指使用显微注射仪将外源DNA溶液注入到子房或胚囊中，由于子房或胚囊中产生高的压力及卵细胞的吸收使外源DNA进入受精的卵细胞中，从而获得经遗传转化的植株。其主要原理依据以下几点：①植物的八核胚囊除具有卵细胞、助细胞、反足细胞外，胚囊结构还具有较大空隙的空腔，能够注入一定外源DNA溶液。②卵细胞有一侧没有细胞壁，只有一层细胞膜，能够吸入外源DNA。③正常的花粉管进入胚囊后也是在胚囊中破裂，释放出的雄配子也在胚囊中。④受精后的细胞能发育成胚及种子。⑤外源DNA溶液注入胚囊后对卵细胞造成一个较大的渗透压，迫使外源DNA进入卵细胞。⑥如外源DNA进入子房中，通过花粉管进入胚珠的通道，能够使外源DNA从子房引入胚囊。⑦注入的外源DNA可以是带目的基因及启动子的重组DNA，因此，导入卵细胞后可以整合到核DNA中并得到表达。

子房胚囊注射法的操作程序为：①外源DNA的制备（同花粉管通道法）。②确定外源DNA注射的时间，通常在卵细胞受精后，到第1次细胞分裂前这一段时间。③确定外源DNA注射的部位，有以下几种情况，外源DNA被注射在子房室（locule）内；外源DNA被注射在胚囊；外源DNA被注射在胎座中。④注射外源DNA。在受体植物受粉后一定时间，用自制的玻璃毛细管在膨大的子房上部先扎一个小孔，再插入胚珠部位，用微量进样器注入DNA混合液，注入量约为1μL/个，最后用标签标记。⑤后代材料的筛选。

许多科学家认为子房胚囊注射法是一种简便可行的转化途径，特别对于那些子房大、胚珠多的作物更为适宜。

第十三章

药用植物基因工程技术与应用

药用植物抗性基因工程

药用植物在人工引种栽培的过程中，病虫害以及逆境胁迫（如低温、高盐、杂草等）都将对药用植物的产量与品质产生严重负面影响，不利于其大规模的栽培与质量控制。通过基因工程技术对药用植物进行品质改良可以从根本上提高药用植物的抗病虫及抗逆能力，减少化学农药的施用和栽培管理成本的投入，从而为建立GAP基地生产无公害"绿色药材"提供源头保障。

一、药用植物抗虫基因工程

抗植物虫害的基因有许多种，目前经常使用而且效果显著的主要有：微生物来源的抗虫基因，如从苏云金杆菌分离出的苏云金芽孢杆菌杀虫结晶蛋白（*Bacillus thuringiensis* insecticidal crystal protein，Bt-toxin）基因；从植物中分离出的昆虫的蛋白酶抑制剂基因，如豇豆抑肽酶抑制剂（cowpea trypsin inhibitor，CpTI）基因、淀粉酶抑制剂基因、外源凝集素基因等，以及动物来源的抗虫基因，如来自哺乳动物和烟草天蛾的蛋白酶抑制剂基因。

（一）苏云金芽孢杆菌杀虫晶体蛋白基因

苏云金芽孢杆菌是一种革兰阳性芽孢杆菌，在芽孢形成过程中产生的伴胞晶体被称为δ-内毒素，或杀虫晶体蛋白（insecticidal crystal protein，ICP），属于一种碱溶性蛋白，具有毒杀鳞翅目、双翅目、鞘翅目等昆虫的特性，是目前世界上应用最为广泛、最有效的微生物杀虫剂。

1. 苏云金芽孢杆菌杀虫晶体蛋白基因的分类

根据*bt*基因杀虫范围和基因序列的同源性不同可将其分为六大类，每一类中又可分为许多亚类。如*cry* I基因间，氨基酸同源性在82%～90%的归为*cry* IA，在55%～71%的归为*cry* IB、*cry* IC和*cry* ID，它们之间彼此各不同，也都不同于*cry* IA。*bt*基因的前5类称为晶体蛋白基因家族（crystal protein coden gene family）。第6类被称为细胞外溶解性晶体蛋白基因（cytolytic protein coden gene，*cyt*），来源于*bt*以色列亚种，它在基因结构及功能上与*cry*基因不同，在毒性上，除对双翅目昆虫有毒杀作用外，还对不同的无脊椎动物和脊椎动物有溶解细胞的毒杀作用，属细胞外毒素。

2. 苏云金芽孢杆菌杀虫晶体蛋白的分子结构与功能

不同种类的*bt*所编码的毒蛋白的大小也并不一样，分子量大致有3个区域范围：129000～138000、65000～78000和25000～28000。但Cry家族在氨基酸序列上具有的同源性，说明Bt毒蛋白在进化上具有同源性。典型的ICP为130kb左右，由两个部分构成，N端的活性片段和C端的结构片段。带有结构片段的ICP被称为原毒素，它经过蛋白酶的消化作用后，产生有活性的毒性肽。有人认为C端的结构片段与毒蛋白分子的稳定及分子的形成有关，依据是结构片段中存在大量的分子间二硫键。还有人认为结构片段可防止Bt细胞自身受到毒性作用。如果真如此，不含有C端结构片段的Cry Ⅱ、Cry Ⅲ型毒蛋白则为例外，这些分子量65000～70000的ICP实质上就是不包含C端结构部分的毒蛋白。N端的活性片段又分为毒性区和细胞结合区。毒性区都含有若干个疏水区，富含α螺旋结构。研究表明，在ICP疏水区，至少有6个α螺旋，定点突变其任何一个，则使毒性下降，证明疏水区以及α螺旋结构对ICP的毒性是必需的。一般认为，这种结构与毒蛋白在昆虫消化道细胞膜上穿孔有关。由可变区和保守区组成的细胞结合区对ICP的毒力范围起决定性作用，决定着ICP能否与昆虫肠道受体发生特异性结合，主要由β折叠片构成。虽然Bt毒蛋白作为一个整体具有广泛的杀虫谱，但具体到每一种Bt毒蛋白，它的杀虫范围是一定的。

3. 苏云金芽孢杆菌晶体蛋白的杀虫机制

一般认为，ICP的作用过程要经过溶解、酶解活化、与受体结合、插入和孔洞或离子通道形成等5个环节。ICP通常以原毒素形式存在，当昆虫食入ICP后，在昆虫中肠内被溶解，然后原毒素被某些特定的蛋白酶水解，释放出毒性肽。最近有人指出在昆虫肠道内，ICP的溶解和毒性激活同时发生。这是因为ICP碳端的分子间二硫键使它不易在昆虫肠道内溶解（pH偏低），只有在蛋白酶的作用下，ICP才能完全从晶体点阵结构中逐步释放出来而被完全溶解。蛋白酶对ICP的水解并不是一次完成的，而是分步进行的。例如Cry I杀虫蛋白分子量约13000，其毒性肽分子量约7000。据研究，其C端的约60000片段是经过蛋白酶的7次水解消化作用而被除去的。活化毒性肽穿过围食膜与昆虫中肠道的纹缘膜上的受体（BBMV）结合，进一步插入膜内，使细胞膜穿孔，形成孔洞，破坏了细胞的渗透平衡，并最后引起细胞裂解。穿孔一般是多个分子的协同作用。

一般来说，Bt毒蛋白需要在碱性环境下溶解，中肠内环境如pH、还原电势、去垢性、体积等都可能影响ICP在昆虫体内的溶解性。鳞翅目幼虫的中肠pH一般都较高，呈碱性，对ICP的溶解很有利。而不同昆虫消化道的pH是有区别的，这是决定天然Bt毒蛋白杀虫范围的一个因素。例如Cry IB可以毒杀玉米螟，却对马铃薯甲虫无作用。但如果先将Cry IB溶解，并用酶水解，则它对马铃薯甲虫也产生了毒性，而且并不失去对玉米螟的毒杀作用。研究表明，马铃薯甲虫的消化道环境为近中性，未处理的Cry IB不能毒杀马铃薯甲虫是由于Cry IB不能溶解所致。这可能与对鞘翅目有毒杀作用的Cry Ⅲ蛋白几乎都为不含有C端结构片段分子量65000~78000的蛋白有关。但至于Cry Ⅱ、Cry Ⅲ毒其次，每种昆虫消化道表皮细胞上与Bt结合的受体都有好多种类，分别与不同种类的毒性肽结合。不同Bt产生的毒性肽，能否与某一昆虫消化道表皮细胞结合，即这种昆虫的消化道细胞膜上是否存在特异性受体，是影响Bt毒力范围的另一个因素。研究表明Bt的毒性与毒性肽和昆虫中肠的刷状缘膜小泡（brush border membrane vesicles，BBMV）的结合力呈正相关。

在Bt的杀虫机制研究中，对昆虫消化道内细胞膜上的受体的研究是一个热点。有人认为受体是细胞膜上的一种糖蛋白。如果是这样，可以推测毒蛋白与BBMV的结合与受体糖蛋白的识别功能有关。

4. 转*bt*毒蛋白基因植物

（1）第1代转*bt*基因植物　1987年诞生了第1代转*bt*基因植物，有3个实验室都独立地获得了转*bt*基因烟草。比利时Montagu实验室Veack等人用*cry* IA（*b*）基因与*npt* Ⅱ基因融合，转基因烟草检测到了微弱的抗虫性；美国Agraceus公司的Barton等人和Arigenefic公司的Adang分别将3'端缺失的*cry* IA（*a*）和*cry* IA（*c*）转入烟草，也得到了抗虫转基因植株。但上述转基因烟草的抗虫性都很弱，难以检测出mRNA的转录，蛋白的表达量很低，仅占可溶性蛋白的0.001%。进一步研究发现，基因的表达量过低的原因是野生型*bt*基因的mRNA含有大量AU序列，在植物中使mRNA不稳定，半衰期短。此外，*bt*基因是微生物基因，故在翻译时由于植物中相应的某些tRNA含量过少，也使翻译效率太低。

（2）第2代转*bt*基因植物　1991年美国Monsanto公司的Perlak等人在不改变毒蛋白氨基酸序列的前提下，对*cry* IA（*b*）基因进行了部分改造和完全改造，选用了植物偏爱的密码子，去除了原序列中存在的类似植物内含子、多腺苷酸信号序列或富含AT的ATTA等不稳定元件，然后将改造的基因转入番茄和烟草中，结果转基因植株的毒蛋白表达量增加了100倍，有些植株的毒蛋白可高达可溶性蛋白的0.2%~0.3%。

继Monsanto公司人工改造*bt*基因之后，国内外广泛开展了*bt*基因的改造和转化研究。可以说，利用改造或人工合成的*bt*基因进行遗传转化已成为植物抗虫基因工程的主流。近几年已有大量的相关研究被报道。Lannacone等将*cry* Ⅲ基因进行改造，去除了影响表达的不稳定元件，选用了植物偏爱的密码子，极大地提高了毒蛋白的表达水平，获得了高抗鞘翅目甲虫的茄子。我国在以*bt*基因为基础的植物抗虫基因工程领域也取得了丰硕成果。范云六领导的研究小组将3'端截短了的bt基因导入棉花和水稻，均已获得转基因植株。1995年，郭三堆等人领导的研究组成功地构建出可高效表达所合成的GFM *cry* IA杀虫基因的高效植物表达载体，导入中国已普遍推广的两个品种，获得了数个株系的抗虫转基因棉花。另外，番茄、玉米、马铃薯、菊花等多达25种以上植物的转bt基因植株有过报道。

（3）转融合bt毒蛋白基因的转基因植物　近年来，有人开始尝试用复合的具有非竞争性结合关系的bt杀虫基因来转化植物，以获得昆虫难以对之产生抗性的转基因植物。可以说这样的转bt基因植物为第3代转bt基因植物。Honee等人在1990年用分别属于*cry* IA（*b*）和*cry* IC的两个基因bt Ⅵ和bt Ⅱ构建了一个融合基因，编码一种由这两种Bt毒蛋白的活性片段构成的融合蛋白。在大肠埃希菌中表达这种融合蛋白发现，它具有杀虫活性，并且它的杀虫范围比单一的Bt Ⅵ或Bt Ⅱ的杀虫范围都大。1994年，Salm和Honee等人又分别将Bt Ⅵ和Bt Ⅱ进行了修饰和改造，使之适应于真核生物，并用同样的方法构建了融合基因。导入了烟草和番茄，结果得到了对烟草天蛾，甜菜夜蛾、烟草夜蛾都有抗性的转基因植株。这方面的工作还有待于进一步开展。

（4）bt与其他抗虫基因协同的抗虫转基因植物　利用bt基因及其他抗虫基因构建多价杀虫基因载体来提高抗虫植物的抗虫能力及抗虫范围也是一个令科学家们感兴趣的领域。例如可以与蛋白酶抑制剂基因、凝集素基因和α-淀粉酶抑制剂基因等的同时应用，尤其是CpTI基因，因为它的杀虫谱宽，可以对以胰蛋白酶为主要消化酶的大部分鳞翅目、直翅目、双翅目、膜翅目和一些鞘翅目的昆虫都有毒杀作用。另外，蛋白酶抑制剂作用于昆虫体内的消化酶的活性中心，而酶的活性中心在进化上是高度保守的，这就很可能使昆虫难以直接产生抗性。因而人们开始尝试将bt及CpTI基因同时转入植物，以获得抗虫能力更强的转基因植物，减少害虫对单一转bt基因植物产生抗性的潜在威胁。1996年，崔洪志等人利用人工合成的bt基因及修饰后的CpTI基因成功构建了双价杀虫基因高效植物表达载体，并转入烟草，证明了双价杀虫基因载体具有理想的杀虫效果。

（5）转bt的药用植物　我国药用植物的转基因运用才刚刚兴起，与其他农作物种植和栽培一样，药用植物的栽培也受到昆虫的侵害和使用农药产生污染的问题，转抗虫基因可以说为保证人类使用绿色合格药材提供了一条新途径。第二军医大学药学院生药学教研室在多年培育和评价菘蓝的研究基础上，经过论证和申请，获得国家基金的支助，从事转bt基因入菘蓝获取新品系的研究，现已获得抗虫效果好的转基因菘蓝，并正进一步从事成分、毒理和药理等方面的研究。

（二）蛋白酶抑制剂基因

蛋白酶抑制剂（proteinase inhibitor，PI）是一类存在于某些植物中的蛋白质，它能抑制昆虫或动物消化系统的蛋白酶活性，对植物起着天然保护作用。

1. 蛋白酶抑制剂基因的抗虫原理

20世纪50年代，Birk等发现含有大豆抑肽酶的大豆浸提物可抑制拟谷盗（*Tribolium confusum*）幼虫的生长。用某些纯化的蛋白酶抑制剂喂养昆虫发现，PI具有明显的抗虫作用。至今PI的抗虫机制仍不完全清楚，通常的解释是PI与昆虫消化道内的蛋白消化酶相结合，形成酶抑制剂复合物（EI），从而阻断或减弱蛋白酶对于外源蛋白质的水解作用，导致蛋白质不能被正常消化；同时EI复合物能刺激昆虫过量分泌消化酶，这一作用使昆虫产生厌食反应。这样，由于昆虫缺乏生理代谢中所必需的一些氨基酸，必然会导致昆虫发育不正常或死亡。此外，PI分子可能通过消化道进入昆虫的血液淋巴系统，从而严重干扰昆虫的蜕皮过程和免疫功能，以致昆虫不能正常发育。

进一步的PI的抗虫机制要涉及昆虫肠道内蛋白酶的合成、分泌和调控机制。Broadway等的研究表明，昆虫在摄食含有PI的食物后，会分泌过量的消化酶来抵抗PI的抑制作用。Hinks等的试验也证实，提高昆虫食物中蛋白质的含量，可减轻或消除PI的抑制作用。此外，昆虫肠道内有多种蛋白酶，由于PI的存在而导致各种酶之间在分泌或功能上的失调，这也可能是PI抗代谢效应的一个原因。

PI与昆虫之间的相互作用是植物与昆虫长期共同进化的结果。PI抗虫的影响因素涉及植物PI的合成、积累、降解和诱导，昆虫蛋白酶的合成和调控，以及其他分子对PI与蛋白酶两者互作的影响等诸多方面。植物生长发育过程中PI的合成是有阶段特异性的。即PI只在某一生长阶段合成，随后便会被降解。种子在发育过程中往往会成为害虫的摄食对象，PI的合成则早于贮藏蛋白，并在种子成熟的时候与贮藏蛋白同时达到最高值。

PI作用于蛋白消化酶的活性中心。活性中心是酶最保守的部位，产生突变的可能性极小，故可以排除害虫通过突变产生抗性的可能性。PI对于人、畜是无害的，其原因在于人、畜的消化机制和昆虫的明显不同。

2. 蛋白酶抑制剂的分类及抗虫谱

根据作用于酶的活性基团不同及其氨基酸序列的同源性，可将植物中的PI分为4类：丝氨酸蛋白酶抑制剂、半胱氨酸类蛋白酶抑制剂、酸性蛋白酶抑制剂和金属蛋白酶抑制剂。其中，丝氨酸蛋白酶抑制剂与抗虫关系密切，因为大多数昆虫（如大部分鳞翅目、直翅目、膜翅目以及某些鞘翅目）肠道内的蛋白酶是丝氨酸蛋白酶，半胱氨酸类蛋白酶抑制剂则对以半胱氨酸类蛋白酶为主要消化酶的鞘翅目昆虫防治有价值。

（1）丝氨酸类蛋白酶抑制剂 这类蛋白酶抑制剂富含于植物种子和贮藏组

织中，在某些情况下可被机械损伤或害虫的侵害诱导而表达。这类抑制剂具有广谱的活性位点，对鳞翅目、直翅目及鞘翅目的许多昆虫有毒杀活性。

（2）半胱氨酸类蛋白酶抑制剂　半胱氨酸类蛋白酶抑制剂对于利用半胱氨酸类蛋白酶消化植物蛋白的昆虫具有特殊的抗性，而这一点是*CpTI*所不具有的。

（3）蛋白酶抑制剂基因的应用　1987年，英国科学家Hilder等利用农杆菌叶盘转化法把编码CpTI的cDNA转入烟草，首先获得转CpTI基因的转基因植株。DNA分子杂交结果表明转基因植株基因组中整合了多拷贝未重排的CpTI DNA，获得的转基因植株能够正确表达CpTI基因，有的转基因植株中CpTI的表达量高达9.6μg/mg总可溶性蛋白，转基因植株对烟芽夜蛾（*Heliothis virescens*）、棉铃虫（*Heliothis armigera*）、黏虫（*Leucania separata*）等幼虫具有明显的抗性，而且CpTI的表达量和抗虫能力呈正相关。随后，美国、英国和我国等的研究人员相继成功地把CpTI基因转入水稻、油菜、苹果、杨树等许多具有重要经济价值的植物中。中科院遗传研究所高越峰等克隆了大小约663bp的大豆kunitz型抑肽酶，并构建了此基因的一系列植物表达载体，用于烟草、棉花和水稻等作物的转化。对获得的经PCR-Southern杂交实验证明为转基因的烟草进行棉铃虫抗性测试，结果表明转基因烟草具有明显的抗虫能力。

水稻半胱氨酸类蛋白酶抑制剂OC含有典型的保守序列Glu—Val—Val—Ala—Gly，这是其抑制活性不可缺少的区段。由于OC的抗虫谱与CpTI抗虫谱具有互补性，其转基因研究日益受到重视。目前，水稻、小麦、玉米等重要作物的半胱氨酸类蛋白酶抑制剂cDNA已被克隆。用OC转化烟草和水稻获得了成功，并高水平表达。国内学者通过农杆菌介导法将OC基因导入毛白杨，为选育抗鞘翅目害虫的转基因杨树打下了基础。

PI基因用于抗虫基因工程的不足之处是往往需要大量表达才能产生明显的抗虫效果。转入*cry* ⅠA基因的棉株中，其表达量占到可溶性蛋白的0.05%～0.10%时即有良好的抗虫性，而转CpTI基因的烟草，其表达量达到可溶性蛋白的0.5%以上时才有明显的抗虫效果，可见提高PI在转基因植物中的表达量是十分重要的课题。

（三）α-淀粉酶抑制剂基因

α-淀粉酶抑制剂（α-amylase inhibitor，α-AI）是植物界普遍存在的一类蛋白质，尤其在禾谷类作物豆科植物中含量丰富。它的杀虫机制就是在于其能抑制昆虫消化道内α-淀粉酶的活性，使食入的淀粉不能消化水解，阻断了主要的能量来源。同时，α-AI和淀粉消化酶结合形成EI复合物，也会刺激昆虫的消化腺过量分泌消化酶，使昆虫产生厌食反应，导致发育不良或死亡。与cry蛋白不同，α-AI

可以结合到害虫的肠膜上，对几个目标昆虫均有毒性作用，其抗虫谱较广，因此在一定程度上可以弥补Bt毒蛋白抗虫范围窄的不足。在小麦和大麦中已有多种ai全长基因或cDNA被克隆，Altabella等把菜豆AI基因编码区和种子特异性表达的蚕豆植物凝集素基因及其调控区融合在一起，插入Ti质粒中转化烟草发现ai在转基因烟草中能够准确表达，并在种子发育过程中积累。体外分析表明，它能抑制猪胰α-淀粉酶的活性，对黄粉虫的肠道α-淀粉酶也有显著的抑制效果。另有报道转α-ai基因的豌豆中α-AI蛋白产物可达3%，具有良好的抗虫活性。短期的研究还显示转基因豌豆可以在300g/kg食物的水平上喂养而不会对小鼠的生长、代谢和健康有害，但其长期的安全性仍有待于进一步检验。

（四）植物凝集素基因

植物凝集素（lectin）是非免疫来源的能可逆特异结合单糖或寡糖的蛋白质，在自然界广泛存在，主要存在于细胞的蛋白粒中，其抗虫机制是当被昆虫吸食之后，外源凝集素在昆虫的消化道中与肠的糖缀合物（也有认为是肠道围食膜上的几丁质或糖基化的消化酶）相结合，从而影响营养的吸收；同时还可能在昆虫的消化道内诱发病灶，促进消化道内细菌的繁殖对害虫造成危害。植物凝集素不但具有抗虫作用，而且对病原微生物（如真菌、细菌、病毒）也具有拮抗作用，它在植物中与α-淀粉酶抑制剂及表壳蛋白（arcelin，ARL）一起组成了植物防卫蛋白质（plant defence protein）家族。

随着人们对于植物凝集素研究的不断深入和发展，发现凝集素在植物的防御反应中扮演着重要的角色。许多研究表明植物凝集素对昆虫的生长、生存有显著的抑制作用，因此有关其抗虫功能的研究备受国内外学者的关注。近年来一批植物凝集素基因已被分离克隆出来，并在马铃薯、小麦和水稻等多种作物中得到表达，增强了转基因作物的抗虫性，显示出非常广阔的应用前景。

二、药用植物抗病及其他抗性基因工程

病毒、真菌和细菌病害一直是威胁农业生产的大敌，爆发流行时损失巨大，一般年份的损失及化学农药防治造成的污染亦相当严重。防治该类病害的根本措施是使用抗病品种。同时，药用植物在其整个生长周期中经常会受到各种不利于生存与生长的环境因子的胁迫（如重金属、低温、高盐、除草剂等），这些逆境条件导致种植的药材不能正常生长甚至死亡。随着分子生物学的迅猛发展，运用基因工程手段提高植物的抗病、抗逆性，为培育具抗病、抗逆的新品系开辟了一条崭新途径。

（一）病毒外壳蛋白基因及其应用

病毒外壳蛋白（coat protein，CP）是一种存在于绝大多数病毒中的结构蛋白，且是其中含量最多的一种蛋白。病毒上存在一种交叉保护现象，即当一种弱浸染性病毒浸染植株后，该植株就获得了一种抵抗强浸染性病毒浸染的抗性。1986年，美国的Roger Beachy研究组利用此原理将烟草花叶病毒（tobacco mosaic virus，TMV）的外壳蛋白基因导入烟草，首次获得了抗TMV的烟草植株，开创了抗病育种的新纪元。在转外壳蛋白基因的植物中表达这种蛋白以后，就可以产生类似交叉保护的效果，大大减弱了以后病毒对转基因植物的浸染及进行系统性传播的能力。这种抗病毒作用存在于病毒复制的早期，并能导致病毒的重要成分的合成受阻。

Beachy等（1990年）认为，CP介导的抗性是由于转基因植物表达的病毒外壳蛋白干扰了病毒浸染早期的脱壳过程所致。然而，随着研究的深入，越来越多的证据表明这一认识还比较狭窄，比如，在苜蓿花叶病毒（ALMV）CP介导的抗性研究中，低水平表达的CP只具有对完整病毒粒子的抗性，而高水平表达突变型CP，则不仅对完整的病毒颗粒具有抗性，还对裸露的RNA具有抗性；在马铃薯病毒X组（PVX）的实验中发现，CP的反义RNA具有保护效果。可见，CP介导抗性的作用机制是很复杂的。目前，主要有以下几种观点：其一，CP的表达抑制了病毒的脱壳，转基因植物细胞内大量游离的外壳蛋白亚基的存在，使病毒基因组的5'端难以释放，从而阻碍了病毒的脱壳；其二，CP干扰了病毒RNA的复制，当入侵病毒的裸露核酸进入植物细胞后，它们立即被细胞中的自由CP所重新包裹，阻止了核酸的复制；其三，CP限制了病毒粒子的扩展与转运；其四，抗性的产生是由于CP基因所表达的mRNA与侵入病毒RNA之间相互作用的结果，这类抗性被称为RNA介导的病毒抗性。

近几年来，"病毒外壳蛋白基因"法被用来提高植物对多种病毒的抵御力，包括TMV、黄瓜花叶病毒（CMV）、苜蓿花叶病毒（ALMV）、烟草条纹病毒（TSV）、烟草脆裂病毒（TRV）、马铃薯X病毒（PVX）、PVY、烟草蚀刻病毒（TEV）等12个属近20种病毒。另外，国内还成功地克隆了水稻和小麦黄矮病毒的外壳蛋白基因。采用这一方法培育成功的抗病毒转基因植物有烟草、苜蓿、番茄、马铃薯等。尽管用这种方法不能获得对病毒的完全抗性，但可获得高水平的抗性。而且，来自于一种病毒的外壳蛋白基因有时对不相关的病毒可提供广谱抗性。通过转基因植株所进行的田间试验和实验室研究证明了这种方法的可行性。

（二）核糖体失活蛋白基因及其应用

1. 核糖体失活蛋白的作用原理

植物核糖体失活蛋白（ribosome inactivating protein，RIPs）能够破坏真核或原核细胞的核糖体大亚基RNA，使核糖体失活而不能与蛋白质合成过程中的延伸因子相结合，从而导致蛋白质合成受到抑制。根据RIPs的作用机制不同又分为两类：大多数植物和细菌的RIPs是通过其RNA N-糖苷酶（RNA N-glycosidase）活性来实现其抑制蛋白质合成的功能，而真菌中的RIPs则以其核酸酶（RNase）活性来起作用。RIPs的 N-糖苷酶活性具体表现为它可以特异水解28S rRNA的第4323位核苷酸的腺嘌呤与核糖之间的N-C糖苷键，干扰核糖体与延伸因子EF-Tu和EF-G的结合，从而抑制蛋白质合成。

2. 植物RIPs的分类

根据分子结构和性质，RIPs分为两类。Ⅰ型NPs只有一条多肽链，分子量大约30000，如商陆抗病毒蛋白（pokeweed antiviral protein，PAP），它是第1个被发现的Ⅰ型RIPs；此外还有麦芽凝集素（agglutinin）、苦瓜抑制剂（momordin）、多花树毒蛋白（gelonin）、丝瓜素（luffin）均为一条链的蛋白，对无细胞系统的蛋白质合成有强烈的抑制作用，而对完整细胞或动物毒性很小或无毒，称为单链核糖体灭活蛋白，简称单链蛋白或单链毒素、半毒素；Ⅱ型RIPs是由A、B两条链组成的高毒性毒蛋白，分子量大约60000，如蓖麻毒蛋白（ricin）、相思子毒蛋白（abrin）等。A链与Ⅰ型RIPs同源，是毒性分子，B链是凝集素，能结合到细胞膜表面并协助A链进入细胞。从结构和基因的分析表明，Ⅱ型RIPs可能是由Ⅰ型RIPs进化来的。

3. RIP基因的应用

离体研究表明，从大麦种子中纯化的RIP在500μg/mL的浓度下，即可抑制立枯丝核菌的生长，天花粉蛋白对9种不同的真菌都有抑制作用。1992年，Logemann等将大麦胚乳RIP基因在马铃薯创伤诱导基因 *wunl* 的启动子控制下转入烟草，明显提高了烟草对立枯丝核菌的抗性。大麦种子RIP的转基因烟草在感染立枯丝核菌时，病情指数与对照相比下降了51%。玉米胚乳胞质中b-32的转基因烟草以及表达商陆抗病毒蛋白（PAP-Ⅱ）基因的烟草同样在立枯丝核菌浸染时，抗病性增强，转基因烟草生长发育正常。

但是RIPs也有灭活植物自身核糖体，杀死自身细胞的可能性，因此在正常情况下，植物必然会采取措施防止这种自杀行为的发生：①核糖体对自身的RIP具有抗性。②以不具活性的核糖体前体形式存在，必要时再加工成活性状态，如带有C末端扩展序列的肥皂草素S6、TCS是无活性的。但玉米胚乳胞质中pro-RIP酶原似乎并不是防止其自身核糖体免受活性RIP（αβRIP）破坏的一种机制，至于pro-RIP在其中所起的作用目前并不清楚，可能与植物的发芽等生理过程有关。③大多数双子叶植物的RIPs是分泌性蛋白，这可能是保护自身核糖体的一种机制。④RIPs与自身核糖体是分离的，如PAP定位于细胞壁与细胞膜之间的基质中，皂苷积累在细胞间或液泡内，这种区室化分布就防止了RIPs对自身核糖体的作用；⑤单子叶植物禾谷类如玉米胚乳b-32、大麦RIPs、小麦tritin-s存在于细胞质中，与核糖体直接接触，但并不灭活自身核糖体，推测可能是由于细胞质中一些可溶性因子，如核糖体蛋白参与维持了核糖体的某种构象所致。

（三）几丁质酶基因及其应用

1. 几丁质酶作用原理

植物几丁质酶主要水解几丁质多聚体的β-1,4-糖苷键，产生N-乙酰氨基葡萄糖寡聚体。几丁质酶可抑制真菌菌丝生长和孢子萌发。现已证明，提纯的几丁质酶能抑制20多种病原和非病原的真菌菌丝生长和孢子萌发，主要是通过水解真菌的菌丝生长端点来抑制真菌生长。通过降解菌丝生长端部新合成的几丁质，破坏菌丝顶端生长，使其顶端细胞壁变薄，继而发生球状突起，最后原生细胞膜破裂。几丁质酶不同的同工酶形式对真菌的作用不同。Ⅰ类几丁质酶分布于液泡中，在体外有强烈的抑制真菌生长作用。当入侵的病原菌破坏植物细胞壁后，Ⅰ类几丁质酶被释放出来，水解菌丝细胞壁、抑制孢子萌发。尤其与β-1,3-葡聚糖、核糖体失活蛋白等共同存在时，其抑菌作用更为强烈。Ⅱ类几丁质酶在细胞外的细胞间隙中，可通过分解病原菌的几丁质，产生作为激发子的几丁质寡聚体，而诱导周围细胞对病原菌作出反应，促使胞内几丁质酶的含量升高。

2. 几丁质酶基因的应用

目前，在植物抗病基因工程研究中，几丁质酶基因主要应用于3个方面：①把其他来源的几丁质酶基因导入寄主植物中，以提高植物几丁质酶的表达水平；②改造植物原有的几丁质酶基因，改换强启动子、导入增强子等，以增加几丁质酶基因的表达量；③改造野生生防菌株，通过转基因使生防菌株获得新的抗病机制。

1996年Clark等使用木霉（*Trichoderma reesei*）的纤维酶基因*cbhl*启动子，可使*T. harzianum*中几丁质酶产量提高5倍，而总的几丁质酶活性提高10倍。几丁质酶基因的过度表达将产生更有效的抗真菌性生防因子。近年来，英国学者通过向双子叶植物引入编码几丁质酶外源DNA，产生表达该酶的转基因植株能抑制真菌病原体。已经获得的转基因植株包括烟草、大豆、棉花、水稻和玉米。与此同时，美国DNA Plant Technology公司也已就抗真菌转基因植物获得美国专利。该专利内容是几丁质酶基因能够分解真菌细胞壁，从而摧毁真菌；经基因操作技术将酶基因整合入植物基因组中，从而提高植物的抗病能力。该公司期望除在栽培期间显示抗病性外，还能防止收获后保存期引起的真菌污染。现已用番茄、马铃薯、甜菜等多种作物表达几丁质酶基因获得成功。

（四）β-1,3-葡聚糖酶基因及其应用

1. β-1,3-葡聚糖酶基因的作用原理

β-1,3-葡聚糖酶能催化β-1,3-葡聚糖多聚体（大多数植物病原真菌细胞壁的主要成分之一）的水解，从而抑制真菌的生长与增殖。植物β-1,3-葡聚糖酶可由病原物、化学或物理因子诱导产生。TMV、水杨酸盐、乙烯及机械伤害诱导了烟草基因编码的酸性和基本的两种β-1,3-葡聚糖酶不同程度的表达；紫外线照射、机械损伤可诱导烟草细胞内β-1,3-葡聚糖酶及几丁质酶的产生。尤其是当病原真菌浸染能诱导β-1,3-葡聚糖酶等的快速积累，是植物抵抗病原真菌浸染的主要防卫反应之一。

迄今为止，至少已从9个植物品种中分离纯化得到了26种β-1,3-葡聚糖酶和它们的cDNA克隆，一些蛋白质的氨基酸序列及其基因的核苷酸序列也被测出。这些β-1,3-葡聚糖酶至少可分为3个结构上不同的类型。第1类包括4个碱性异构体，它们在氨基酸序列上的同源性很高，仅有1%的差异。第2类包括6种异构体，4种是酸性的，它们在氨基酸序列上有18%的不同。第1类、第2类之间的氨基酸序列有48.4%的差别。第3类中只含有一种，是酸性蛋白质，它和第1类、第2类之间氨基酸序列的差异是43%。该酶的催化活性依赖于其结构中的天冬酰胺和谷氨酰胺以及色氨酸和酪氨酸残基。

2. β-1,3-葡聚糖酶基因的应用

正常情况下，β-1,3-葡聚糖酶在植物体内只有低水平的组成型表达。植物在病原真菌入侵后，β-1,3-葡聚糖酶及几丁质酶防卫蛋白在细胞内积累增加，而这些蛋白往往表达量不够，或表达期太晚，或由于病原真菌分泌蛋白对内源β-1,3-葡聚糖酶的抑制等，以致不能使植物体免受病害。将外源β-1,3-葡聚糖酶基因导入植物，可提高植物对病原真菌的抗性。

Yoshikawa等将来自大豆的β-1,3-葡聚糖酶基因导入烟草中，获得了高效表达。研究结果显示，其β-1,3-葡聚糖酶活性是非转基因烟草植株中的4倍，转基因烟草表现出对*Phytophthora parasitica*和*Alteria altenata*的良好抗性，β-1,3-葡聚糖酶活性与抗病性之间存在很高的相关性。Jensen等将一种来自细菌的β-1,3-葡聚糖酶基因经修饰后导入大麦，与大麦自身的β-1,3-葡聚糖酶同工酶$E\mathrm{II}$基因相匹配，转基因大麦获得了有效表达，该外源基因同*bar*、*gus*基因一起，均在T_1 17个后代

植株中被检测出。而未经修饰的基因导入后则未被检测出活性。

（五）抗菌肽基因及其应用

抗菌肽是以昆虫抗菌肽为代表的一类具有抗菌作用的小分子肽。自1989年Boman从天蚕的免疫血淋巴中发现了第1种抗菌肽——天蚕素（cecropin）以来，在昆虫中已发现了大量的抗细菌肽、抗真菌肽以及既抗细菌又抗真菌的抗菌肽，有100多种。近年来有研究表明低等动物和哺乳动物在长期的进化过程中也选择了多种小分子物质（如抗菌肽）来作为自身的防御物质。目前已在青蛙皮肤中发现了magainin、bombinins、brevinins等，在亚洲蟾蜍中分离到BLP（bombinin-like-peptide），在猪小肠中发现天蚕素类似物Cecp以及在鼠类组织和人的皮肤中发现了小分子的抗菌肽。此外，在大肠埃希菌、乳酸菌和革兰氏阴性菌中也发现了Microcins、Lantibiotics及Lactococcin等几十种细菌来源的抗菌肽。西班牙学者J.Lacadena又在巨大曲霉的分泌物中发现了抗真菌肽（AFP）。因此，抗菌肽被认为是从细菌到高等哺乳动物普遍存在的一类防御性多肽，对生物的天然免疫起关键作用。由于其具有抗细菌、真菌、疟原虫及抑杀病毒，并对肿瘤细胞和癌细胞有明显的杀伤作用而对正常真核细胞不起作用的特点，因而在植物抗病育种上有着良好的发展前景。

1. 抗菌肽的结构及作用机制

（1）抗菌肽的分子结构和生物学效应　目前已确定了20几种抗菌肽的一级结构，发现来自不同物种的抗菌肽一级结构有着不少相似之处：肽的N端富含亲水的氨基酸残基，特别是碱性氨基酸如赖氨酸、精氨酸，而C端则含较多的疏水残基，且末端均酰胺化。Boman研究表明，C端的酰胺化对抗菌肽的广谱抗菌极为重要。在肽的许多特定位置有一些保守的残基，有些位置尽管残基不同，但仍是保守替换。来自不同目或种的昆虫抗菌肽，其一级结构中构成分子的氨基酸序列高度同源。根据它们的氨基酸组成和结构特征又可分为4类，即天蚕素类（cecropins）、昆虫防御素（insect defensins）、富含脯氨酸的抗菌肽和富含甘氨酸的抗菌肽。

（2）抗菌肽的作用机制　尽管关于抗菌肽的作用机制已研究得较多，但目前对其机制仍未明了。现行的抗菌肽作用模型认为抗菌肽通过在细胞膜上形成孔洞，造成内容物大量外泄而致使细胞死亡。Christeson等认为，抗菌肽首先通过静电作用被吸引到膜表面，然后疏水尾部插入细胞膜中的疏水区域，通过改变膜构象，多个抗菌肽聚合在膜上形成孔洞，造成物质泄露和细胞死亡。Fink等认为只有C端的疏水螺旋插入膜中，而N端的双亲螺旋只结合在膜表面。Juvvadi推测抗菌作用的第1步是抗菌肽的阳离子与膜上磷脂基团的阳离子之间相互作用，再与膜上碳氢化合物互作，然后疏水螺旋插入膜上，聚合形成孔道。

2. 抗菌肽在植物抗病基因工程中的应用

抗菌肽基因工程在模式植物烟草与马铃薯中首先获得成功。1996年Jaynes等报道，将Shiva-1和SB-37基因转入烟草和马铃薯中，获得的转Shiva-1基因的烟草上青枯病发病延迟，病情指数低下，植株死亡率降低。张满朝等将人防御素-1导入烟草，转基因植株对TMV具有明显抗性。在禾谷类作物中，李丹青等用合成的柞蚕cecD基因与穿梭质粒DCO24重组后导入根癌农杆菌，以此转化水稻也取得一定进展。在木本及果树植物中，也获得了转抗菌肽基因植株，如Norelii获得转attacin E的转基因苹果植株，转基因植株对梨火疫菌（*Erwinia amylovora*）抗性增强。

（六）病毒卫星RNA的利用

所谓卫星RNA（satellite RNA）是指在复制和包装时需其他病毒的小分子RNA，与辅助病毒在核酸序列上没有任何同源性。卫星RNA只要在辅助复制酶病毒的衣壳中，在体内和体外都有很高的稳定性。实验表明，卫星RNA可以干扰和抑制辅助病毒的复制。因此，人们认为可以把卫星RNA转入植物从而获得抗病毒的转基因植物。1986年Bawlcome等成功地将CMV卫星RNA导入烟草，获得了表达全长序列卫星RNA的工程烟草植株，对该病毒或相关病毒的复制和症状表现有抑制效果。1988年，吴世宣、田波等将CMV的卫星RNA反转录为cDNA，加上调控序列，通过Ti质粒引入烟草，从而在我国首次培育出抗CMV的烟草植株。

（七）病毒复制酶基因及其应用

研究表明，向植物体内转入缺损的病毒复制酶基因，表达出的无功能的缺损的复制酶可以与有功能的复制酶相互竞争，从而干扰病毒的正常复制。1990年，Golemoboski将烟草花叶病毒TMVul株系的非结构基因导入烟草，获得了对TMV免疫性抗性的工程植株。将豌豆早枯病毒（PEBV）的复制酶C端编码序列转入烟草后，转基因烟草对PEBV、胡椒环斑病毒（PRV）和烟草脆裂病毒都表现出抗性。将黄瓜花叶病毒的复制酶基因通过限制性内切酶切去其活性中心的GDD区域后，将缺损的基因转入烟草，转基因烟草对缺损的复制酶株系相同的病毒具有抗性。

病毒的复制酶基因赋予植物相当高的对病毒的抗性，但其作用机制还不十分清楚。从实验室结果来看，病毒复制酶基因所介导的抗性远远强于CP基因介导的抗性。其最大优点在于，即使对转基因植株使用很高浓度的病毒或其RNA，抗性仍然明显。

（八）溶菌酶基因及其应用

溶菌酶是由弗莱明在1922年发现的，它是一种有效的抗菌剂，全称为1,4-β-N-溶菌酶，又称黏肽N-乙酰基胞壁酰水解酶。它能切断肽聚糖中N-乙酰葡萄糖胺和N-乙酰胞壁酸之间的β-1,4-糖苷键之间的联结，破坏肽聚糖支架，在内部渗透压的作用下细胞胀裂开，引起细菌裂解。人和动物细胞无细胞壁结构亦无肽聚糖，故溶菌酶对人体细胞无毒性作用。

在植物中，内源溶菌酶存在于液泡里，而细菌浸染植物后是在寄主的细胞间隙繁殖，这样内源溶菌酶因不能与病菌接触而难以奏效。当细菌达到一定数量致使植物发病并使植物液泡破裂时，释放出的内源溶菌酶已难以有效地控制病菌的进一步扩展了。于是人们设想通过把一种外源溶菌酶基因导入转基因植物并使其在信号肽的引导下表达分泌溶菌酶到细胞间隙，从而实现抗菌蛋白与病菌在时间和空间上一致，达到抗病的目的。目前已有3种不同的溶菌酶基因（鸡卵清、T4噬菌体和人的溶菌酶）被应用到植物抗细菌基因工程。利用这种策略得到的转基因马铃薯明显提高了对*Erwinia carotovora* ssp. *atroseptica*的抗性。

（九）硫堇

硫堇（thionine）是一类首先在禾本科植物种子中发现的分子量为5000左右的碱性蛋白，氨基酸残基数为45～47，根据含有半胱氨酸Cys的多少可分为两类，一类含8个Cys，而另一类只含6个，如在萝卜贮藏器官及*Abyssinian cabbage*种子中得到的硫堇都含6个Cys，而禾本科植物的种子、叶的硫堇蛋白都含有8个Cys。在所有的硫堇蛋白中具保守的氨基酸残基序列是3位、4位、16位、27位、33位和41位的Cys，10位的Arg以及13位的芳香族氨基酸残基。三维结构研究表明无论是含8个Cys的或6个Cys的硫堇都具有相似的"L"形结构，其长臂由两条反平行的α螺旋构成，短臂由两条反平行的β链构成的β折叠形成。从小麦种子得到的两种含8个Cys的硫堇α-1-嘌呤硫素（α-1-purothionin）和β-嘌呤硫素（β-purothionin）都包含一个磷脂结合的位点，这可能是它们对动物及植物细胞产生毒性的原因所在。

硫堇广泛分布于单子叶植物和双子叶植物，在植物体的根、种子及叶也得到了多种硫堇蛋白。近年来研究表明，硫堇能抑制许多病原细菌（包括革兰阳性和阴性菌）和真菌的生长，其抗菌机制可能是造成病原菌的细胞内物质泄漏。

（十）植物防卫素

植物防卫素（plant defensin）因与动物防御素同源而得名，分子量与硫堇相当，一般有45～54个氨基酸残基，合8个Cys，正因如此，人们曾将分离到的第1个防卫素叫作γ-硫堇，直到与硫堇蛋白完全不同的高级结构的阐明才将它们区别开来。典型的植物防卫素包含一条三链的反平行的β折叠和一段α螺旋。其中α螺旋中的CXXXC（C代表Cys，X代表任意氨基酸，下同）片段的半胱氨酸残基都通过二硫键与C-末端的β链中的CXC片段的半胱氨酸残基相连，这种由半胱氨酸残基稳定的α螺旋结构也见于昆虫防卫素中。一系列植物防卫素氨基酸序列的比较研究表明，8个Cys，13位、34位的GIy以及11位的芳香氨基酸和29位的GIu都是严格保守的。

植物防卫素能抑制多种真菌的生长，大量研究表明它能导致真菌显著而持续的钙离子流入和钾离子渗出，培养基中离子浓度的增加会降低防卫素的抗真菌能力，但植物防卫素在体外抑制真菌的精确机制目前还不十分清楚。

植物防卫素广泛分布于种子植物，在植物的各种器官（叶、块茎、花、种子和某些夹果等）中都发现过防卫素。对拟南芥（*Arabidopsis*）的研究表明，植物防卫素基因是严格的器官特异性表达。目前所知，至少有4种防卫素（即来源于豌豆、烟草、拟南芥、萝卜）是被真菌感染后诱导的，因此防卫素在植物的防御反应中起着重要作用，可能是抵御或杀灭外来微生物的重要成分。

（十一）其他抗性基因

1. 重金属抗性基因

一些重金属（如Cu、Zn等）对是植物的生长发育所必需的，但当环境中重金属数量超过某一临界值时就会使植物体内的代谢过程发生紊乱，生长发育受到抑制，严重的可导致植物死亡。许多生物在长期的进化过程中产生了对重金属的抗性，其中一种非常有效的生物解毒方式就是通过生物体内金属结合蛋白以及植物络合素（phytochelatins，PCs）来螯合进入体内的重金属。

2. 抗盐耐旱基因

土壤盐渍化使全球20%的耕地和近半数的灌溉土地都受到不同程度的盐害威胁，随着农作物种植面积的不断减少，药用植物的栽培也必然受到土地资源限制，因此开展药用植物的抗盐耐旱基因工程研究将会提供一个新的解决途径。渗透调节物质是植物在高盐或干旱的逆境胁迫下维持体内渗透平衡和减少体内水分损失而产生和积累的一类小分子化合物，主要有以下几类：①氨基酸及其衍生物，脯氨酸、甜菜碱等；②多元醇，如甘露醇、山梨醇等；③糖类，如海藻糖等。有关这类渗透调节物质合成酶的基因已被分离和克隆用于植物的抗旱耐盐基因工程。

3. 耐寒抗冻基因

寒冻是危害严重的自然灾害之一，在寒冻经常发生的地区容易对大面积人工栽培的药用植物构成威胁，往往造成巨大经济损失，而药用植物耐寒抗冻基因工程的研究将会提供一个比较好的解决途径。有关植物的耐寒抗冻的机制研究已经取得了一些进展，部分耐寒抗冻基因已被克隆并已应用于作物的耐寒抗冻基因工程。

4. 抗除草剂基因

通过化学方法如施用除草剂来控制杂草已成为现代化农业不可缺少的一部分，在药用植物的大面积栽培过程中同样也会采取这一措施，而除草剂的使用在消除杂草的同时也会伤害种植的药材。在农业上，一个解决的办法就是提高作物的抗除草剂能力。目前抗除草剂基因工程主要采取两种策略，一种修饰除草剂作用的靶蛋白使其对除草剂不敏感或过量表达，作物吸收除草剂后仍能进行正常代谢作用；另一种是引入酶或酶系统，在除草剂发生作用前将其降解或解毒。

第二节 药用植物的代谢工程

植物次生代谢产物（secondary metabolites）是指植物体中一大类并非生长发育所必需的小分子有机化合物，其产生和分布通常有种属、器官、组织和生长发育期的特异性。植物次生代谢物种类繁多，化学结构迥异，一般可分为酚性化合物、萜类化合物、含氮有机物三大类。在自然资源匮乏和传统生物技术遇到不可逾越的障碍的情况下，现代生物技术发挥重要的作用。利用基因工程技术，针对提高次生代谢物产量的目的，人们采取不同的策略：如使内源基因超表达或者导入外源异构酶，下游产物对其没有反馈抑制或者对底物有更高的亲缘关系，从而克服速率限制步骤；在代谢途径的分支点引入反义基因，阻滞前体向副产物代谢路线流动；降低分解代谢速率；调控基因超表达等。明确植物次生代谢途径是开展代谢工程的基础。放射性核素标记、磁共振波谱学、质谱学、X线结晶学、分子标记法等技术的应用，确定植物次生代谢途径成为了可能和现实。沿着乙酸、甲瓦龙酸、莽草酸3个主要途径，已经阐明了黄酮、萜类、生物碱等许多次生代谢产物的代谢途径，并且在代谢工程上取得了成功。

一、黄酮类化合物及其代谢工程

黄酮类化合物是由苯丙烷类化合物衍生得到一大类植物次生代谢产物，它们的15碳骨架可以形成1,3-二苯丙烷碳架（黄酮结构）和1,2-二苯丙烷碳架（异黄酮结构）。尽管1,3-二苯丙烷结构的黄酮化合物在大多数植物中广泛存在，但

1,2-二苯丙烷结构的异黄酮化合物却主要集中在豆科植物中，另外有少量存在于夹竹桃科（Apocynaceae）、松科（Pinaceae）、菊科（Compositae）、桑科（Moraceae）中。作为药用植物中一类重要的活性成分，黄酮类化合物具有多种活性并且毒性较低因而一直备受关注，是代谢工程研究的一类主要目标产物。

（一）黄酮类化合物的生物功能

作为植物中的一大类次生代谢产物，黄酮类化合物对植物自身进行正常的生理活动起着重要作用，如形成花色素，防止UV辐射损伤，抵御病菌、昆虫和一些草食动物的侵袭，诱导植物根部与共生菌相互作用，影响花粉育性等。另外，对于人类，黄酮类化合物又具有多种保健与药用功能，这些功能包括清除自由基、抗氧化、抗癌、消炎、抗病毒，发挥植物雌激素样活性，保护心血管系统和肝脏，防止骨质疏松等。

（二）黄酮类化合物的生物合成途径

黄酮类化合物的代谢途径可能是目前我们了解最为清楚的植物次生代谢途径，其代谢途径中的多个酶编码基因或转录调控基因陆续被分离与克隆，因此黄酮类化合物可作为代谢工程研究的理想目标产物。

柚皮苷查耳酮是所有黄酮类化合物合成的一个前体物，它是由1分子桂皮酰辅酶A与3分子丙二酸单酰辅酶A缩合而成，前者来自苯丙酸中间途径，后者由醋酸经乙酰辅酶A羧化酶催化形成。该缩合反应是由查耳酮合成酶（CHS；EC 2.3.1.74）催化完成的，这是黄酮类化合物合成中第1个酶。目前已知胁迫如UV照射，添加诱导因子和伤害都可诱导CHS基因的表达，另外该基因的表达也受到苯丙素类化合物代谢中间产物以及植物激素、蔗糖的影响。

查耳酮异构酶（chalcone isomerase，CHI）催化柚皮苷查耳酮形成柚皮苷。查耳酮还原酶（chalcone reductase，CHR）则催化形成6'-脱氧查耳酮，它是一个多肽还原酶，催化多肽上的相应羰基在芳环A环化前发生还原反应随后脱水失氧。在查耳酮的合成与异构化和甲基化过程中，由于CHS、CHR、CHI和CHOMT（chalcone 2'-O-MTase）之间存在一个潜在的复合体，这些酶之间的相互作用导致了不同的代谢产物的合成，由此可见黄酮类化合物生物合成中存在复杂多样性。

在黄酮类化合物合成中，细胞色素P450是一个含有许多催化重要反应酶的大家族。这些酶包括芳环羟化酶如黄酮3'-羟化酶（flavonoid 3'-hydroxylase，F3'H），黄酮3',5'-羟化酶（flavonoid 3',5'-hydroxylase，F3'5'H）和异黄酮2'-羟化酶（isoflavone 2'-hydrolase，I2'H），单氧化酶（作用于非芳环碳原子）如（2S）-黄酮醇2-羟化酶，2-羟基异黄酮醇合成酶以及紫檀素6α-羟化酶。在二氢黄酮向黄酮的转化中，有两条独立的合成路线，分别由黄酮合成酶Ⅰ（FNSⅠ）和黄酮合成酶Ⅱ（FNSⅡ）控制。黄酮合成酶Ⅰ最初是从苜蓿悬浮细胞中分离得到的一种可溶性2-氧葡萄糖基化依赖性酶，而黄酮合成酶Ⅱ是一种在多种植物中存在的细胞色素P450家族酶，该酶催化C-2和C-3间形成双键实现二氢黄酮向黄酮的转化。

异黄酮合成酶（isoflavone synthase，IFS）是与黄酮合成异黄酮反应直接相关的一个关键酶，它催化芳环上的位移反应。在豆科植物中，该酶催化7,4'-二羟基黄酮醇（甘草素）和5,7,4'-三羟基黄酮醇（柚皮苷）分别形成大豆苷和染料木黄酮。

（三）黄酮类化合物合成的代谢工程

目前一些策略已成功地用于调控黄酮类化合物的生物合成，如通过表达或反义抑制代谢中的基因，操纵调控基因的表达等。以下着重介绍几类主要黄酮化合物代谢工程研究情况。

1. 花青素

由于根据花色可以很方便地进行遗传分析，因此对于花青素合成的代谢工程在过去20年中取得了很大进展。通过黄酮类化合物的代谢途径可以合成花青素（花器官的主要色素），黄酮和黄酮醇以及原花色素。花色素是一类水溶性化合物，其积累使植物的叶或其他器官显粉红色至紫色。这类化合物本身并不稳定，在细胞质中合成然后转运至细胞液泡中经糖基化以糖苷的形式稳定存在。原花色素是黄酮类化合物合成主途径的另一个副支路的终产物。F3'H、F3'5'H和FNSⅡ这些酶对花色的形成起着重要作用，它们催化B环羟基化形成深蓝花色。在园艺花培中利用突变阻断F3H、DFR或ANS等作用位点以获得蓝色花色以外的纯白花色。同时由于它们的抗氧化活力，提高食品中花青苷和黄酮的含量也是研究的兴趣所在。查耳酮异构酶是处于黄酮生物合成途径前端的关键酶，提高其活力可以有效地提高黄酮的含量。超量表达牵牛花chi基因使番茄果皮中的黄酮水平提高了78倍，经过加工后的番茄酱里的黄酮含量比对照提高了21倍，表明通过提高代谢中关键酶的表达活力来提高番茄及其加工产品中有益成分的含量是一个有效的策略。

2. 异黄酮类植物抗生素

异黄酮类植物抗生素（isoflavonoid PAs）是利用代谢工程实施改良以提高植物抗性的一类目标化合物。通常观察到随着化合物亲脂性的增强，其抗菌活性也会增强。因此，许多芳环化的异黄酮具有很强的抵抗病原微生物的活性，而这些化合物的未芳环化的前提物质中则不具备这种活性。对于异黄酮类植物抗生素的代谢工程实施有3种不同的方案。第1种是通过转基因超表达这类植物抗生素代谢中的基因以增强宿主植物中它们的现有水平从而提高抗病性。第2种是降低真菌对植物中已有抗生素的脱毒能力。一个可行的方法就是将非宿主物种的植物抗生素基因导入到宿主植物中表达以获得新类型的植物抗生素，因为许多真菌病原微生物对这些新类型的植物抗生素更为敏感，这可能是它们在代谢中不能对这类新的植物抗生素产生脱毒能力。第3种就是将新的植物抗生素代谢途径引入到目标植物中。例如，与查耳酮合成酶使用相同底物的二苯乙烯合成酶被引入到烟草中最终合成了植物抗生素白藜芦醇，从而增强了植株对真菌*Botrytic cinerea*感染的抗性。

3. 大豆异黄酮

豆科植物中的染料木黄酮和大豆苷是一类存在于食物中具有多种保健功能的重要的异黄酮类化合物。该类化合物天然含量较低，代谢工程的实施将为该类保健品的生产提供广阔前景。异黄酮合成酶是异黄酮合成的一个关键酶，该酶已从大豆和其他豆科植物被分离和克隆出来。在非豆科植物如拟南芥（正常无异黄酮合成）中异位表达异黄酮合成酶基因，其转基因植株中有大豆苷合成。将异黄酮合成酶基因以及查耳酮还原酶基因和转录因子一起导入植物组织进行表达，在拟南芥、烟草和玉米细胞中都有染料木黄酮或大豆苷合成，从而在一定程度将异黄酮合成的代谢工程领域拓宽到了非豆科的双子叶与单子叶植物组织中。在拟南芥中异黄酮合成的一个瓶颈存在于黄酮醇合成酶与异黄酮合成酶对共同底物二氢黄酮的竞争。查耳酮合成酶、查耳酮异构酶和黄酮醇3-羟化酶之间可能存在一个天然的复合体，而异黄酮合成酶则很难进入到这个复合体中。该研究表明进一步的相应的遗传操作应控制异黄酮合成酶与黄酮醇3-羟化酶作用位点的分流。通过反义抑制黄酮醇3-羟化酶从而阻断通向花青素合成途径或许是提高异黄酮含量的一个有意义的策略。

4. 缩合鞣质

缩合鞣质（condensed tannins，CTs）是一类多聚黄酮大分子，它们在饲料作物中的干重达到3%~4%时具有特殊作用。饲料植物叶中一定量的缩合鞣质可使进食的反刍动物预防胀气，同时它们在经食草动物胃瘤消化时也会提高副产品蛋白的含量从而提高草料的营养价值。但是饲料和草料中过高的单宁含量[>（3%~4%）干重]对于进食的反刍动物是有害的，并且对于非反刍动物如猪和鸡，饲料中的单宁含量过高或过低都是有害的。另外，缩合鞣质作为一种强的抗氧化剂对于人类的心血管和免疫系统健康也是有益的。因此，对CTs生物合成进行代谢调控也是相当有意义的。二氢黄酮醇还原酶（dihydroflavonol reductase，

DFR）是缩合鞣质合成的一个重要酶，它催化3,4-黄酮醇转变为2,3-反式-3-黄酮醇，如单宁缩合反应的"基本单元"（＋）-儿茶素等，超表达或抑制该酶编码基因可以起到改变CTs含量的目的。

5. 黄酮类化合物生物合成中转录调控

黄酮类化合物的自身代谢机制并不能保证终产物的合成，还必须经过相应的转录调控才能完成。这是因为整个代谢或次生代谢支路存在一些复合体或"代谢小室"使得代谢中间产物进入特殊通道。相对于超量表达代谢途径中的单个基因，利用转录因子调控一系列的基因显得更加有效。MYB/bHLH作为一种花青素的调控蛋白已在拟南芥、牵牛花、金鱼草和玉米中得到广泛研究。在花青素的生物合成中，参与代谢的大部分基因都受到编码bHLH蛋白的基因R和编码MYB蛋白的基因C1的调控。R蛋白与基本的双螺旋蛋白同源，都是由脊椎动物的原始致癌基因*c-myg*编码。C1蛋白与*c-myg*编码产物同源。调控因子R和C1可操纵代谢途径中的一些酶基因的表达如PAL（phenylalanine ammonia-lyase）、CHS、F3H、DFR、LDOX（leucoanthocyanidin dioxygenes）和3GT。在离体玉米细胞培养中已经通过超量表达转录因子R和C1诱导产生完整的黄酮合成途径。在水稻中同时超量表达玉米转录因子C1和R以及查耳酮合成酶，激活了花青素合成途径，增加了对病菌的抗性。调控因子P是一类不依赖于R和C1的MYB类型的调控因子，能独立调控3-脱氧黄酮类化合物合成，如二氢黄酮C-苷，3-脱氧花色素，4-黄酮醇和鞣红（phlobaphenes）。在玉米细胞系中异位表达P或C1/R，两个内源基因（*c2*和*a1*，分别编码查耳酮合成酶和二氢黄酮/二氢黄酮醇还原酶）都能被单独激活并呈一定的剂量关系。在拟南芥中分离出单MYB型转录因子（PAP1），经超量表达后在植物发育的整个过程始终表现出生成强烈的紫色色素。这些例子说明植物的次生代谢有严格的遗传控制，可以通过超量表达一个或者多个转录因子来增加天然产物的生成和积累。转录因子同时也能阻碍某种产物的生成。在拟南芥中敲除MYB型转录因子MYB$_4$的基因能提高叶中芥子酯的水平，增加对紫外光照射的耐受力。同样，在烟草中超表达来源于草莓的MYB型蛋白FaMYB$_1$导致花色素的减少，降低了花青苷和黄酮的含量，说明草莓FaMYB$_1$起着抑制黄酮合成途径的作用。利用转录因子改造植物次生代谢途径必须建立在对其调控的整个线路及其效果了解清楚的基础上。由于黄酮类化合物的生物合成网络呈现出复杂多样性，在此基础上实施代谢工程需要对该代谢途径和调控机制有详尽的了解，另外在构建表达载体时也需要考虑选用合适的启动子，使目标基因在合适的时间与空间上获得最佳表达。

二、萜类物质及其代谢工程

萜类是目前最大的一类植物天然产物，有超过22000种化合物。萜类在植物中可作为激素（赤霉素、脱落酸），光合作用色素（叶绿醇、类胡萝卜素），电转运（泛醌、质体醌），多糖装配中间体（聚异戊二烯磷酸盐）和膜的结构成分（植物甾醇类）。除了这些普遍的生理、代谢、结构功能以外，许多特殊的萜类化合物（通常是C_{10}、C_{15}、C_{20}家族）起着信号传导和增强抗性的作用。萜类含有精油、树脂、蜡质等一大类可再生资源，提供了许多有商业价值的产物，包括溶剂、调味品、香料、合成中间体、橡胶和制药。萜类化合物合成途径已经得到研究，其生物合成存在细胞质途径（MVA）和质体途径（DOXP/MEP）。随着近来发现了胡萝卜素、单萜和二萜等萜类生物合成中的2-C-甲基-D-赤藓醇-4-磷酸盐（MEP）途径，克隆得到了一些相关基因。对MEP途径进行修饰具有潜在的应用价值。青蒿素、紫杉醇和胡萝卜素的代谢工程已经研究得较为深入。

（一）青蒿素的代谢工程

青蒿素（artemisinin）是我国科技工作者分离并鉴定的一种含有过氧双桥键的新型倍半萜内酯，其结构中无N原子，分子式为$C_{12}H_{22}O_5$，是继氯喹、乙氨嘧啶、伯氨喹后最热门的抗疟特效药，尤其对脑型疟疾和抗氯喹疟疾具有速效和低毒的特点，已成为世界卫生组织推荐的药品。同时，青蒿素及其衍生物还具有免疫抑制和细胞免疫促进作用，在治疗艾滋病和相关的疾病显示出潜在的前景。因此，国内外已经掀起了对青蒿素及其衍生物研究的热潮，对青蒿素的需求量逐年增加。目前，青蒿素药物生产主要依靠从中药青蒿即菊科植物黄花蒿（*Artemisia Annua L.*）的叶和花蕾中分离获得。产量受资源、环境和季节的限制，且生产成本高、产量低、难以满足市场需求。青蒿素虽已能人工合成，但成本高、难度大，也未能投入生产。近年人们试图通过植物组织培养技术来解决青蒿素的生产问题。中国科学院植物所经过几年的努力，已通过植物细胞工程和基因工程的手段建立青蒿素合成的植物组织高产系，在"九五"期间作为重点攻关项目，与中国科学院化工冶金研究所合作实现生物反应器大规模培养青蒿组织生产青蒿素。但要真正实现其商业化生产的价值，尚需进一步提高培养物中青蒿素的含量，这就需要对植物以及组织培养物中青蒿素的生物合成进行深入的了解，在此基础上对青蒿素的生物合成进行代谢调控。

青蒿素生物合成研究的首要问题是青蒿素的合成位点。含有腺体的变虫体作为一种青蒿素及其前体物质如甲羟基戊酸（MVA）和法尼基焦磷酸（FPP）的贮存位点。经生物合成途径形成于此的青蒿素等萜类化合物可以作为一种植保素来抵抗病虫害的浸染。对于青蒿素生物合成途径的中间体的研究可能为阐明生物合成代谢途径提供重要依据。目前，已探测到与青蒿素生物合成有关的中间体有十几种，其中最为重要的为青蒿酸、青蒿素B、脱氢青蒿素、杜松烯等。

青蒿素合成前体和中间体的大量研究为青蒿素合成生物途径粗略轮廓的阐明提供了丰富的素材，并且由于放射性核素标记示踪技术、质谱和磁共振等技术的发展为探索其代谢途径提供了更为有利的手段。青蒿素的生物合成途径经由乙酸形成法尼基焦磷酸（FPP）、由FPP合成倍半萜、由倍半萜内酯化形成。Akhila等通过放射性核素示踪标记。推测由FPP至青蒿素的合成途径，经FPP、大根香叶烷骨架、青蒿酸、二氢青蒿酸，最终获得青蒿素。

在对青蒿素合成途径探索的基础上，对有利于青蒿素合成的几个关键酶进行了分析。以法尼基焦磷酸合成酶、倍半萜环化酶以及内酯形成过程的加氧酶或氧化酶对青蒿素的合成具有重要作用。法尼基焦磷酸合成酶是为倍半萜的生物合成提供重要前体物质FPP的关键酶。若此酶的活性不高，直接影响到次级代谢产物向萜类合成的进行，从而影响到青蒿素的合成。Chen等（1999年）在青蒿的毛状根中超量表达FPS基因，与普通发根相比，青蒿素含量得到显著提高。倍半萜环化酶是倍半萜生物合成途径的关键酶，在高活性的法尼基焦磷酸合成酶作用下，若不加强倍半萜环化酶的活性，则相关的其他萜类的合成就会得到加强，也难以获得较高的青蒿素含量。紫穗槐-4,11-二烯合酶（amorpha-4,11-diene synthase，ADS）是青蒿素生物合成途径上第1个环化酶，催化FPP环化生成紫穗槐-4,11-二烯（amorpha-4,11-diene，AD），该步反应是青蒿素生物合成途径上的限速反应，是青蒿素代谢工程必选靶点。该基因已经克隆并在大肠埃希菌中表达，获得了有功能的重组酶（Chang，等.2000年）。ADS的活性受到Mg^{2+}、Mn^{2+}和真菌诱导子的正向调节作用。倍半萜形成后，通过过氧化合成青蒿素是青蒿素合成途径的最后步骤。青蒿素属杜松烯倍半萜内酯，杜松烯合成酶的活性直接影响到青蒿素的合成。在由倍半萜合成青蒿素的过程中，过氧化过程的氧化酶和加氧酶的活性是促进倍半萜向青蒿素转化并抑制向棉酚和棉毒素类、杜松烯类转化的关键。光照对于提高氧化酶和加氧酶的活性以及提供单分子O_2具有重要的作用。青蒿素合成途径关键酶的调节对于青蒿素的最终合成具有重要的作用，通过对不同酶的活性进行有利的调节和控制，可最大限度地促进培养物中青蒿素的积累。

（二）紫杉醇的代谢工程

紫杉醇是一种获美国FDA（1992年）认证的优良抗肿瘤药物，早年主要用于治疗晚期卵巢癌和乳腺癌。后来发现紫杉醇及由紫杉烷半合成的紫杉特尔（泰索帝，taxo-tere）对非小细胞肺癌、食管癌及其他癌症亦有较好的疗效。由于紫杉醇结构复杂，化学全合成步骤多，产量低，而且成本很高，难以实现批量生产。目前，临床上使用的紫杉醇，主要是从红豆杉属植物的树皮、枝叶等组织中分离提取获得，也有部分是以红豆杉组织粗提液中的紫杉烷类物质为前体，通过化学半合成得到。但红豆杉植物生长十分缓慢，紫杉醇的含量非常少，大量地砍伐、毁坏，必然导致红豆杉资源趋于灭绝。我国已将红豆杉列为国家一级保护植物。事实上，目前通过砍伐天然资源来得到紫杉醇的途径已不可能。为寻找紫杉醇及其化学合成前体的"可持续稳定供应"的渠道，人们纷纷把眼光转向生物技术方法，如组织器官培养、细胞大规模培养、微生物发酵等。阐明紫杉醇生物合成途径及其调控机制，实现次生代谢工程，是应用生物技术方法大量生产紫杉醇的重要措施。为此，各国科学家付出艰辛努力寻找新的药源和替代物，其中对紫杉醇生源途径的研究处于核心地位。美国华盛顿州立大学生物化学教授Croteau领导的研究组和华盛顿大学化学教授Floss领导的研究组在这方面做出了卓有成效的工作，基本阐明了紫杉醇生物合成框架。

1. 紫杉醇的生物合成途径

Lansing等（1991年）和Zamir等（1992年）在20世纪90年代初开展的研究发现，用放射性标记的甲羟戊酸，又名甲瓦龙酸（MVA），饲喂红豆杉细胞后，能够检测到高放射性比例的紫杉醇，该研究证明紫杉醇来源于经典的MVA途径；后来更加深入的研究表明紫杉醇的紫杉烷环来自于新近发现的位于质体的5-磷酸脱氧木酮糖（DXP）途径（Eisenreich，等.1996年）；使用不同的阻断剂分别特异性阻断MVA或DXP途径发现：当MVA途径被阻断时，红豆杉细胞的紫杉醇产量降低并不多；而当DXP被阻断时，红豆杉细胞的紫杉醇产量大大降低。该研究结果表明，在通常的生理状况下，主要是有DXP途径为紫杉醇的生物合成提供前体。MVA和DXP途径广泛存在于植物中，在模式植物拟南芥中的研究较深入，而在红豆杉等裸子植物中关于这两条途径的分子生物学、分子遗传学和生物化学未见报道，根据在其他植物中的研究成果，可以肯定红豆杉中这两条途径的存在。

紫杉醇是紫杉烷类化合物中的一种三环二萜化合物，其生物合成可以分为3个阶段：①紫杉烷骨架的形成，包括通过MVA或者DXP途径合成IPP/DMAPP，在GGPP合成酶作用下生成二萜化合物的共同前体GGPP（20C），然后在紫杉二烯合成酶作用下环化生成紫杉二烯，即是紫杉醇的骨架；②紫杉烷碳骨架的官能化；③紫杉醇侧链的生物合成。

2. 紫杉二烯功能化过程中涉及的酶

近年来，继紫杉二烯合成酶的分离和基因克隆成功之后，已有数种紫杉醇合成代谢酶类被分离和获得它们的cDNA克隆。这不仅进一步确证了合成紫杉醇的多个催化反应步骤，而且为从分子水平对紫杉醇生物合成途径实施人工操纵以提高紫杉醇合成量奠定了基础。

（三）其他萜类物质及其代谢工程

胡萝卜素是花、食品和水果中重要的色素、抗氧化剂。β-胡萝卜素是普遍缺乏的维生素A的重要前体。Potrykus领导的研究小组往主要的粮食作物水稻中引入β-胡萝卜素生物合成途径，超表达八氢番茄红素合酶（phytoene synthase）、八氢番茄红素脱饱和酶（phytoene desaturase）和番茄红素β-环化酶（lycopene β-cyclase），提高了维生素A的含量。水稻胚乳中β-叶红素（前维生素A）含量达到了2mg/kg。在芸薹中超表达来自水仙的八氢番茄红素合酶，种子中β-叶红素含量提高了50倍。在番茄质体中超表达细菌的八氢番茄红素减饱和酶，β-叶红素含量提高了3倍，但是总胡萝卜素含量，包括此酶的直接产物番茄红素含量却降低了。参与胡萝卜素代谢的生物酶活力增强。在代谢途径上可能存在的反馈抑制是造成总胡萝卜素含量降低的原因。在番茄果实中表达细菌八氢番茄红素合酶，总胡萝卜素含量提高了2~4倍。其他类异戊二烯和酶活力不受影响。用特异启动子超表达番茄红素β-环化酶基因（β-Lcy），酶的直接催化产物β-叶红素提高了7倍。在烟草中导入海藻基因编码的β-叶红素酶，在成色素细胞，主要是蜜腺，产生了虾青素。提高了转基因烟草花中总胡萝卜素水平。利用遗传代谢工程改造胡萝卜素代谢途径能够提高植物性食品的营养成分。通过对此代谢途径上一系列不同步骤的作用发现改变代谢途径下游步骤，产物不会流向新的旁路，不会造成反馈抑制，因而更有利于胡萝卜素的生成和积累。维生素E的代谢途径也可进行修饰。超表达γ-维生素E甲基转移酶，拟南芥种子油中维生素E含量提高了10倍。

三、生物碱及其代谢工程

生物碱是生物体内的碱性含氮有机化合物。大多数存在于植物体中。目前有大约100000种生物碱的化学结构是已知的，由不同的氨基酸或其直接衍生物合成而来，是次级代谢物之一。一些作为植保素或植物内生的抗虫化合物，有些则长期作为刺激性物质，麻醉镇静剂或毒药使用。基于核心的含氮骨架，生物碱被划分为不同的几类，包括吲哚、喹啉、莨菪烷、喹嗪烷生物碱。其中吲哚生物碱和莨菪烷生物碱的代谢途径研究得较为清楚，基因克隆、遗传转化、目标产物的含量测定等工作相对完整。

（一）萜类吲哚生物碱及其代谢工程

萜类吲哚生物碱（terpenoid indole alkaloids，TIAs），被发现于夹竹桃科

（Apocynaceae，长春花*Catharanthus roseus*为代表）、马钱科（Loganiaceae）、茜草科（Rubiaceae）和蓝果树科（Nyssaceae，以喜树*Camptotheca acuminata*为代表）植物中，是一大类有着重要药用价值的植物生物碱。大多数关于萜类吲哚生物碱生物合成途径的分子生物学研究都是以长春花（*Catharanthus roseus*）作为模式植物的。属于夹竹桃科的长春花可以合成大量的种类丰富的萜类吲哚生物碱（多达百余种），其中许多被广泛地应用于现代药物中，比如著名的抗肿瘤药物长春碱（vinblastine）和长春新碱（vincristine），抗过敏药物利舍平（reserpine），降压药物阿玛碱（ajmalicine），以及抗心律不齐药物阿义马林（ajmaline）等；喜树产生的TIAsS中，有强效的抗肿瘤药物喜树碱（camptothecine）和羟喜树碱（10-hydroxy-camptothecin）。目前主要从天然植物中提取长春新碱和长春质碱，但是它们在植物体中的含量极其微小，仅为百万分之几至十万分之几，化学合成和半合成成本太高，不具有商业前景；且植株生长受环境影响、生长周期长、来源困难，前者每年只能生产12kg，后者只能生产1kg，远远不能满足市场需求；喜树碱，特别是羟喜树碱的生产也遇到和长春碱和长春新碱同样的问题。开展TIAs生物合成的分子遗传学、生物化学研究，获得该途径上的基因；并进行代谢工程研究将是解决抗肿瘤TIAs药物稀缺的有效方法之一。

萜类吲哚生物碱生物共同的重要前体物质是色氨酸的衍生物色胺（tryptamine）以及萜类衍生物裂环马钱子苷（secologanin）的缩合生成3α（*S*）-异胡豆苷，这步反应由异胡豆苷合成酶（strictosidine synthase，STR）催化。在多种不同的植物中，异胡豆苷是TIAs的普遍的前体物质，其他的种属特异性的酶和自发的转化反应决定了之后生成的各种TIAs的最终形式，比如长春花中的二聚生物碱长春碱是由过氧化物酶催化的长春花朵灵和长春碱的缩合形成的。在长春花中，TIAs的生物合成被组织特异性的因子和环境信号高度严密调控着。长春花作为TIAs生物合成研究的模式植物，其TIAs生物合成上游和下游中涉及的多个酶的编码基因已经从长春花中成功克隆。这就使得长春花在对于TIAs生物合成途径的分子生物学研究中，尤其在发育中和受胁迫时基础代谢和生物碱代谢的基因表达与调控研究中占有独特的地位。

TIAs生物合成上游途径有两条：莽草酸途径和DXP（或MVA途径）途径。由莽草酸途径来的色胺和DXP途径经多步反应生成的裂环马钱子苷在异胡豆苷合成酶催化下耦合成吲哚生物碱的共同前体异胡豆苷。异胡豆苷的生物合成在所有植物中是共通的。异胡豆苷生物合成途径上克隆到的最重要的关键酶是DXS、TDC、G10H和STR。异胡豆苷经不同的下游途径生成各种TIAs。正是由于这个共同途径的存在，使得在长春花中获得的基因可以用于在其他植物中开展TIAs的代谢工程。

（二）莨菪烷生物碱及其代谢工程

茄科植物可以合成一大类具有生物活性的生物碱，包括尼古丁和莨菪烷生物碱。莨菪碱（hyoscyamine）和东莨菪碱（scopolamine）是结构相关的两类莨菪烷生物碱，氮-甲基吡咯啉阳离子是其共同的中间体。包括莨菪属、澳洲毒茄属、茄属等许多植物属都能够同时产生这两种化合物。嘧啶生物碱和莨菪烷生物碱在生物合成的上游有共同的多胺代谢物。1,4-丁二胺是精胺、亚精胺等多胺和嘧啶生物碱、莨菪烷生物碱的通用前体。1,4-丁二胺-氮-甲基转移酶（PMT；EC2.1.1.53）是催化此二元胺氮-甲基化形成氮-甲基-1,4-丁二胺（mP）的酶。因为莨菪烷生物碱的一部分托品环和尼古丁的四氢化吡咯环得自mP，所以PMT催化1,4丁二胺发生甲基化反应是这些生物碱合成途径中的第1个速率限制步骤。

莨菪碱6-β-羟化酶（H6H；EC 1.14.11.11）是一个2-氧-戊二酸依赖的二氧合酶，催化莨菪碱羟基化形成6-β-羟基莨菪碱，进而环氧化6-β-羟基莨菪碱形成东莨菪碱。虽然H6H的环氧化力比其羟基化力要低得多，间接的证据证实植物中的环氧化反应可能不是一个限制性步骤。H6H在根的中柱鞘特异富集，在培养根中尤其活跃，在地上部分量很少。从莨菪（*Hyoscyamus niger* L.）的培养根中纯化得到H6H，Mastsuda等分离出编码H6H的基因*h6h*的cDNA。

莨菪烷生物碱莨菪碱（其外消旋体阿托品）和东莨菪碱在医用方面是作用于副交感神经系统的抗胆碱药，具有麻醉、解痉、止痛的功能。由于两者对中枢神经系统有不同的作用，目前在商用市场东莨菪碱的需求量是莨菪碱的10倍。一些茄科植物已经作为商业化生产莨菪烷生物碱的来源，但是这些植物中东莨菪碱的含量都远远低于莨菪碱。随着对莨菪烷生物碱代谢途径了解的深入，基因克隆和高效遗传转化系统的发展，利用遗传代谢工程手段在植物细胞工厂大量生产有用的次生代谢物，成为研究的热点，主要目的是将莨菪碱转变为更有价值的东莨菪碱。将催化速率限制步骤的关键酶基因转入植物宿主中超量表达可以提高目标产物的含量。在莨菪中H6H的表达程度与莨菪碱和东莨菪碱的比例有着直接的联系，因此将*h6h*转入莨菪碱为主要积累成分的植物可以提高东莨菪碱的含量。Yun等利用发根农杆菌，把带有莨菪*h6h*基因的双价载体转入典型的合成莨菪碱植物颠茄（*Atropa belladonna* L.），转基因发根显示H6H活力提高，东莨菪碱含量是对照组的5倍，第1次将代谢工程成功地运用于具有重要药用价值的植物。在黑莨菪（*Hyoscyamus muticus*）的发根中超表达*h6h*，最好的一个克隆东莨菪喊含量比对照提高了100倍。近来有研究着眼于提高生物合成途径中代谢流。为了提高莨菪烷生物碱和嘧啶生物碱的含量，在颠茄（*Atropa belladonna*）和林烟草（*Nicotiana sylvestris*）中超表达*pmt*，提高了烟草中尼古丁的含量，对内源PMT的共抑制（co-suppression）则降低了尼古丁的含量，同时产生形态异常。在澳洲毒茄属（*Duboisia hybrid*）中超表达*pmt*，转基因发根中mP含量比野生型提高了2～4倍，但是生物碱含量没有显著差异。

虽然作用于一个限速酶确实可以提高产量，但是在绝大多数次生代谢物的生物合成途径中并不存在单个速率限制步骤，一个酶的超表达可能会限制下游的反应，效果将很快减弱。正确的策略应该是将多个合成途径中的限速酶基因超量表达或者对控制多个关键酶基因表达的调控因子进行操作。复旦大学、上海交通大学同中国人民解放军第二军医大学等单位合作，将来源于烟草的*pmt*基因和来源于莨菪（*Hyoscyamus niger*）的*h6h*基因构建到烟草花椰菜病毒（CaMV 35S）启动子驱动的植物双价表达载体，转入带有A4发根农杆菌（*Agrobacterium rhizogenes*）Ri质粒，卸甲（disarmed）的根癌农杆菌（*Agrobacterium tumefaciens*）C58C1和LBA9402菌株。采用叶盘法转化莨菪无菌苗，不带外源基因的空白A4转化株作为对照。经选择培养基筛选获得转单基因和转双基因的遗传转化发根。聚合酶链式反应（polymerase chain reaction，PCR）确定了*pmt/h6h*在宿主基因组的整合，Northem杂交结果显示了外源基因在不同转化株的不同转录水平。单转*h6h*基因的发根系表现了比对照高的H6H活力，其中两个克隆东莨菪碱含量超过150m/L，而其PMT活力仍是野生型水平；单转*pmt*基因的发根系虽然其PMT活力比对照组提高了5倍，但是东莨菪碱含量却检测不到。双基因共转化组则得到了最高的东莨菪碱含量，比野生型提高了9倍，比单转*h6h*组提高了2倍（*P*<0.05）。说明H6H的表现直接影响着东莨菪碱的生成，超表达*h6h*基因能够有效地提高莨菪发根中东莨菪碱的合成，而PMT的活力高低对于东莨岩碱的合成贡献不大，只是控制支路代谢的关键酶。将*pmt*和*h6h*基因同时转入莨菪，可以促进代谢流向生成东莨菪碱的方向流动，在提高东莨菪碱的含量上显示出比单基因转化更优越的效果。

（三）其他生物碱及其代谢工程

另外一类具有重要药用价值的植物次生代谢产物是异喹啉生物碱，包括吗啡、可待因和小檗碱（黄连素）等。Yamada等设想在小檗碱代谢途径中（*S*）-金黄紫堇碱9-*O*-转甲基酶[（*S*）-scoulerine 9-*O*-methyltransferase，SMT]能够调控日本黄连培养细胞中黄连碱：小檗碱+非洲防己碱的比例。基因的超表达使酶的活力提高了20%。小檗碱和非洲防己碱在总生物碱中的含量由野生型细胞的79%提高到91%。在金银花中，一种没有SMT的植物培养细胞中超量表达日本黄连SMT，产生了非洲防己碱，而在正常植物中是没有的。在中间产物金黄紫堇碱打开一条新的代谢途径，使代谢流从血根碱往下流动而显著降低了这种生物碱的含量。往植物中导入具有不同特异性底物的酶可以生成新的化合物。重组唐松草属植物月下香的O-甲基转移酶亚基形成具有底物特异性的异源二聚酶可能产生新的生物碱。

四、其他植物次生代谢物及其代谢工程

1. 安息香酸衍生物及其代谢工程

水杨酸（salicylic acid，SA）是植物受到病原菌侵袭时系统获得抗性（system acquired resistance，SAR）的重要信号分子。不完全证据表明它是由苯丙氨酸而来。最近研究表明病原菌侵袭后，异分支酸丙酮酸环化酶（isochorismate pyruvate cyclase）分解丙酮酸盐，分支酸在分支酸合酶（isochorismate synthase，ICS）作用下转变为异分支酸，生成SA。植物质体中超量表达细菌酶ICS和IPL，形态正常，提高了对病菌感染的抗性。植物体内SA水平比野生提高1000倍，其生长也不会受到影响。第2个酶IPL是SA合成途径中的速率控制酶。带有两个细菌酶的融合蛋白已被转入拟南芥，细胞溶质中SA水平提高了$2\sim3$倍，色素体中提高了20倍。植物生长变慢，可能是由于耗竭了供产生维生素K_1的异分支酸。在转基因烟草中IPL活力限制了SA的产生，因此超表达ICS能产生供SA和维生素K_1的生物合成的足量异分支酸。这个例子说明对代谢途径中的两步或更多步骤进行修饰必须考虑超表达的酶生物活力正确平衡，避免对可利用的前体的其他代谢途径产生消极影响。

和SA一样，4-羟基安息香酸（4-hydroxybenzoic acid，4HB）同样可以由苯丙氨酸衍生或者直接来自于分支酸。Heide等将编码异分支酸苯丙酸环化酶的微生物ubiC基因转入由苯丙氨酸途径生产蒽醌紫草素的紫草发根，得自异分支酸的4HB占发根中总4HB的20%。两种来源的4HB合并没有带来蒽醌含量的提高，相反，亚硝酸盐配糖物蝙蝠葛氰苷（menisdaurin）的含量提高了5倍。说明提高中间产物的含量可能会导致非目标产物的生成。

2. 氰基葡萄糖方苷及其代谢工程

一个在异源植物中表达完整的次生代谢生物合成途径的实例是在拟南芥中表达源自高粱的氰基葡萄糖方苷基因。高粱含有氰基配糖物蜀黍氰苷，依赖组织损伤被葡萄糖方苷水解，导致氰化物的释放，是有效的有害物和昆虫的阻断剂。蜀黍氰苷是酪氨酸经过两个多功能的细胞色素氧化酶P450（CYPs）和一个特异的

UDPG-葡萄糖转移酶的作用合成的。在拟南芥中超表达第1个酶（CYP79A1）导致天然植物中没有的羟基苯甲基芥子油苷的生成。拟南芥中同时超表达高粱的*cyp*基因，在亚硝酸盐分解作用下产生了多种*p*-羟基安息香酸的苷，但是没有蜀黍氰苷。很显然，在拟南芥中多葡萄糖转移酶发生不能糖基化*p*-苯羟基乙氰形成蜀黍氰苷。在拟南芥中超表达特异高粱葡萄糖转移酶和两个*cyp*基因产生了蜀黍氰苷。转基因拟南芥依赖组织损伤释放了高水平的氰化物，说明蜀黍氰苷被内源*β*-葡萄糖苷酶水解。转基因拟南芥的叶片被跳蚤和甲虫（*phyllotreta nemorum*）的幼虫拒食，用转基因叶片饲喂幼虫致死。高水平的外源代谢物对抗虫性起了积极作用而不影响植物生长。结果说明一条完整的生物合成途径可以转移到异源植物中。

代谢工程的本质也就是通过基因工程的手段改变代谢流或扩展代谢途径和构建新的代谢途径来达到人们的目的。而改变代谢流则主要通过引入高活性的关键酶来消除或减弱代谢途径中的"瓶颈"反应、改变分叉代谢途径的流向及构建代谢旁路来实现，其基本操作是多基因在异源宿主中的共表达。目前的代谢工程大多集中在已有代谢途径之间的基因重组，或是引入关键酶的基因，或是将某种生物的基因簇（gene cluster）转入同类的另一生物中。随着对植物次生代谢物及其途径的了解、外源基因转化及表达效率的提高和可转化受体植物范围的不断扩大，生物技术将为传统药用植物加入新遗传特性的研究带来新的动力，根据需要人为地设计及构建新的代谢途径来为人类服务正逐步成为可能。同时随着新型生物反应器的开发及高效细胞培养技术的建立与完善，天然药物生物技术产品的商品化和产业化进程将大大加快，植物次生代谢工程将在分子农业、健康食品、功能食品和植物抗性领域大有作为。

第三节　毛状根培养技术的应用

毛状根（hairy root）又称发根，是整体植株或植物的某一器官、组织（包括愈伤组织）、单个细胞甚至原生质体受发根农杆菌（*Agrobacterium rhizogenes*）的感染所产生的一种病理现象（形成多分枝的、迅速生长的、向地性消失的不定根），它起源于单个细胞。毛状根具有生长迅速、遗传稳定、起源于单细胞（有利于高效表达克隆或变异克隆的筛选）、培养时不需添加外源激素、拥有亲本植株特征的次生代谢途径等特点，尤其是它的稳定性和生长迅速是植株次生代谢物工业化生产所梦寐以求的，也是细胞培养和一般器官培养所不能兼备的，因此毛状根培养技术被认为是生产植物次生代谢物的一条新途径。毛状根的培养对中草药非常重要，因为约1/3的传统中草药是植物的根部，故可用毛状根的培养生产次生代谢产物。目前利用发根农杆菌已在200多种植物上成功诱导出了毛状根，已在长春花、烟草、紫草、绞股蓝、人参、曼陀罗、颠茄、丹参、黄芪、黄芩、甘草和青蒿等多种植物材料中建立了毛状根的培养系统。

一、毛状根培养在次生代谢产物生产中的应用

毛状根培养最有应用潜力的是用来生产具有生理活性的次生代谢产物，从而实现次生代谢产物的工业化生产。植物中含有很多药用活性成分，从植物中提取的活性成分在疾病的防治方面起到了相当重要的作用，但有些药用植物由于过度采挖，已出现了资源枯竭现象，因此通过工业化手段来生产某些重要的药用活性成分受到了重视。在过去的二三十年里，通过愈伤组织培养和细胞培养生产次生代谢产物得到了快速发展，但由于愈伤组织细胞培养物生长缓慢、合成次生代谢产物的能力低且不稳定，真正进入工业化生产成功的例子还很少。后来发展的毛状根培养的方法具有明显的优势。科学家们认为亲本植物能够合成的次生代谢产物都可用毛状根培养来生产，因而这是一条利用生物技术生产次生代谢产物的新的有效途径。

迄今应用毛状根培养生产的次生代谢产物有生物碱类（如吲哚类生物碱、喹啉生物碱、莨菪烷生物碱、喹嗪烷生物碱）、苷类（如人参皂苷、甜菜苷等）、黄酮类、醌类（如紫草宁等）以及蛋白质（如天花粉蛋白）等。

（一）利用毛状根培养生产次生代谢物的优点

1. 生长迅速

毛状根具有大量的分枝和根毛，生长快速，具有激素自养性，适于大量培养。例如金荞麦（*Fagopyrum cymosum*）的毛状根液体培养25天可增殖1861倍，而其细胞培养物只增殖26.7倍。

2. 合成能力强且稳定

因为外源生长激素能够抑制次生代谢产物的产生，而毛状根中含有的T-DNA片段上有生长素合成酶基因，所以毛状根表现为激素自养性，有利于产生次生代谢产物。毛状根的次生代谢物的含量一般比愈伤组织和悬浮培养的细胞高，并且能够合成某些愈伤组织和悬浮培养细胞不能合成的次生代谢物，例如长春新碱和长春碱是存在于长春花（*Catharanthus roseus*）中的具有抗癌作用的萜类吲哚类生物碱，通过长春花细胞培养一直未能获得这两种生物碱，但在长春花的毛状根

中检测到了这两种生物碱；短叶红豆杉（*Taxus brevifolia*）的毛状根中紫杉醇的含量是其愈伤组织中的近8倍；毛状根中某些次生代谢物的含量甚至可能比原植物还高，例如人参（*Panax ginseng*）天然栽培根的人参皂苷含量为1.403%（干重），而人参的毛状根在无外源激素的条件下，人参皂苷的含量可达干重的2.486%，比天然栽培根高出近1倍。

由于毛状根是由单个细胞分化而来的根组织，属于单个克隆，具有遗传稳定性，它不仅染色体数目与亲本保持一致，而且合成能力、合成模型及生长速度也很稳定，这对工业化生产十分重要。例如曼陀罗（*Datura stramonium*）毛状根继代培养5年以上仍保持合成托品烷生物碱的稳定性。

3. 向培养液释放代谢产物

毛状根可将部分次生代谢产物分泌释放到培养液中，有利于次生代谢产物的回收提取和工业化生产，例如Shimomura等诱导紫草（*Lithospermum erythrorhizon*）产生的毛状根在2L气升式反应器中生长迅速，通过与反应器连接的Amberlite XAD-2大孔树脂将分泌到培养液中的紫草色素回收，每天可吸附5mg紫草色素，且可连续生产220天。

（二）影响毛状根生长和次生代谢产物合成的因素

以毛状根培养生产次生代谢产物，不但要考虑毛状根的产量，而且还要考虑毛状根中次生代谢产物的含量。影响毛状根生长和次生代谢产物合成的主要因素如下。

1. 光

毛状根培养一般不需要额外的光照，但有些植物的毛状根光照一段时间后开始变绿，这种绿色毛状根的生长速度和其中次生代谢产物的含量都大幅度提高，可能是因为一些在原植物叶中表达的产物在绿色毛状根中也得到表达，或是激活了合成途径中的某些酶，从而促进了次生代谢产物的合成。例如无刺曼陀罗（*Datura inermis*）毛状根在光照下变绿，其中莨菪烷生物碱含量大幅度提高。但也有相反的情况，例如高山火绒草（*Leontopodium alpinum*）的毛状根在缺光的条件下培养能增加挥发油的得率。

2. 培养基种类及组成

不同基本培养基的种类、碳源、氮源、pH等因素对毛状根的生长和次生代谢物的含量均有显著影响，例如江洪如的研究表明Nitch培养基、SH培养基对龙胆（*Gentiana scabra*）毛状根的生长优于MS培养基，而White培养基、HE培养基不利于龙胆生长；Shimomura发现紫草的毛状根在MS培养基上培养时不能产生任何色素，而在用专门培养根的培养基培养时，产生大量的色素并释放到培养基中；蔡国琴培养青蒿毛状根时发现，3%的蔗糖有利于毛状根的生长，但从青蒿素的含量上看，2%蔗糖浓度为最佳浓度，偏酸性环境（pH<6.0）有利于毛状根生长和青蒿素的合成，当pH>6.0时，毛状根生长受到抑制，毛状根中检测不到青蒿素。

3. 激素

生长素和细胞分裂素常用来调控毛状根的生长和次生代谢产物的合成，但对不同植物毛状根的作用不同。例如Arroo在培养万寿菊（*Tagetes patula*）毛状根时加入IAA，毛状根产生了大量侧根，生长速度加快，但噻吩的合成却受到抑制；张荫麟发现在含激素的培养基上丹参（*Salvia miltiorrhiza* Bge.）毛状根不能正常生长并开始愈伤组织化，但在含激素的培养基上处理2~3天后再移到不含激素的MS培养基上，毛状根大量分枝，生长速度加快；常振战发现0.1mg/L的NAA处理能促进掌叶大黄（*Rheum palmation* L.）毛状根的生长和侧根的产生，但却抑制毛状根中游离蒽醌化合物的合成。

4. 诱导子

张荫麟在培养丹参毛状根时，以茯苓、凤尾菇、紫芝、密环菌4种真菌发酵物作为诱导子分别处理毛状根，结果发现真菌诱导子能够促进毛状根中丹参酮的积累，而且短期内即有明显效果，其中密环菌发酵物效果最好，处理后毛状根中丹参酮的含量已接近生药水平。

二、毛状根的大规模培养

我国是世界上使用和出口药用植物最多的国家，而中药材的80%以上来自药用植物。随着中药现代化研究的深入和中药产业规模的扩大，对药用植物资源的用量会不断增加。除野生采集外，药用植物的大田栽培是目前提供中药材的主要途径。但我国是世界上人均可耕地面积最少的国家之一，有限的可耕地资源用于种粮食尚且不足，还要用大量的土地种植药用植物，这必然会产生中药材栽培与农作物栽培争地的矛盾。因此利用生物反应器技术进行药用植物工业化水平的发酵培养，对我国有着特殊的意义。

（一）适用于毛状根大规模培养的生物反应器

由于植物毛状根培养具有生长迅速、分枝多、不需要外源生长激素等特点，因此用于毛状根的生物反应器的选择和设计也应适应这些特点而和植物细胞反应器有所区别。英国、日本、韩国及中国等国的科学家已对毛状根生物反应器进行了一些基本研究，并对紫草、甜菜、胡萝卜、长春花等多种毛状根进行了大规模生产研究。研究发现，在培养后期，毛状根数量增加并且形成团状结构，使中间部分接触不到营养物质和氧气，导致该部分毛状根老化，同时使搅拌效率降低，有的在培养液中基本处于静止状态。和细胞悬浮培养相比，其混合、物质传递和培养环境的控制比较困难。因此在毛状根大规模培养中，如何使培养液充分混合和均一供氧是关键因素，为此要选择合适的反应器类型，尽量降低剪切力对毛状根的损伤。

1. 搅拌式反应器

搅拌式反应器（stirred tank reactor）是传统的反应器类型，在微生物发酵培养中应用很广，从牛顿型流体到非牛顿型的丝状菌发酵液都可以应用。这种反应器有叶轮，混合性能好，传氧效率高，操作简单，反应体系均匀，溶氧量易通过转速和通气量控制。但这种反应器耗能大，并且由于轮片旋转产生的剪切力易对植物细胞尤其是毛状根造成伤害，使之愈伤组织化，从而不利于大规模培养。应用搅拌式反应器时，还发现植物细胞易在搅拌器和底部通气装置之间堆积，由于营养物质缺乏而导致褐化死亡。为了将之应用于植物细胞和毛状根培养，有研究者对这种反应器进行了改进，采用较大的平叶搅拌器或桨形搅拌器，并以相对低的速度搅拌，提供良好的搅拌效果，即使在高生物量时培养液也能得到较充分的混合，并能有效减少由于搅拌对植物细胞和毛状根造成的伤害，但这种改进型仍然存在着体系放大的困难。Jung G等采用这种反应器进行了颠茄（*Atropa belladonna*）和旋花篱天剑（*Calystegia sepium*）毛状根的大规模培养生产多巴生物碱，容积达到1.0L。经过改进的反应器能很好地适合植物细胞和毛状根的生长，所以对搅拌式反应器的研究有很大的潜力。Hilton等利用一个改进的14L搅拌式反应器进行曼陀罗（*Datura stramonium*）毛状根培养生产天仙子胺，并通过一个不锈钢网将搅拌区和毛状根生长区分开，获得了较好的结果。

2. 鼓泡式反应器

鼓泡式反应器（bubble column reactor）是结构最为简单的反应器，气体从底部通过喷嘴或孔盘穿过液池实现气体传递和物质交换。它不含转动部分，整个系统密闭，易于无菌操作，培养过程中无需机械能消耗，体系放大容易。由于产生较少的剪切力，所以适合对剪切力敏感的细胞和毛状根的培养。但该反应器对氧的利用率低，对高密度及黏度较大的培养体系，反应器的混合效率会降低，并且经常会出现非循环区。在这种反应器中，要注意泡沫产生速率需要随着毛状根的增长而应逐步增加。这种反应器已被用于颠茄（*Atropa belladonna*）、长春花（*Catharanthus roseus*）、孔雀草（*Tagetes patula*）等多种植物的毛状根的大规模培养。如Sharp等利用2.5L的鼓泡式反应器培养颠茄毛状根生产莨菪生物碱，经20天培养，生物量干重达到5.6g/L，但在培养过程中发现混合效率差，部分毛状根沉积在底部。

3. 气升式反应器

气升式反应器（airlift bioreactors）没有叶轮，结构简单，借在中央拉力管中用压力空气射流，诱导液体自拉力管内上升，然后自拉力管外的环隙下降，形成环流，因而比鼓泡型反应器有更均一的流动形式。气升式反应器搅拌速度和混合程度由通气速率、气体喷射器的位置和构型（如喷嘴和烧结口）、容器的高度与直径比、升降速率比、培养液的黏度和流变性等因素决定。低气速、高密度培养物条件下，该反应器同鼓泡式反应器一样，容易出现非循环区，混合效果差。通气量提高会导致气泡产生，影响细胞和毛状根生长，可通过加消泡剂来解决。Rodriguez-Mendiola等用带有不锈钢网导流筒的9L气升式生物反应器大规模培养胡芦巴（*Trigonella foenum-graecum*）的毛状根生产薯蓣皂苷元，在此反应器中毛状根生长分布较为均匀，在生长过程中，毛状根逐渐挂到不锈钢导流筒上，然后向四周平衡生长。这种改进的反应器接种方便，易于放大。

4. 转鼓反应器

转鼓反应器（rotaing drum bioreactor）主要由安装在转头上的一个鼓形容器组成。因为转子的转动促进了液体中溶解的气体与营养物质的混合，因此具有悬浮系统均一、低剪切环境、防止细胞黏附在壁上的优点，适合于高密度植物悬浮细胞的培养。这个鼓形容器通常旋转较慢，以减少剪切力对毛状根造成的伤害。例如Kondo等利用转鼓反应器大规模培养胡萝卜毛状根，并在转鼓内表面固定了一层聚氨酯泡沫（polyurethane foam），毛状根附着其上并且生长良好。该反应器也存在着体系放大的困难。

5. 超声雾化反应器

营养液超声雾化技术应用于植物组织培养最早由Weathers等提出，此后，营养液超声雾化反应器（ultrasonic mist bioreactor）应用于组织培养的研究日益增多，涉及微生物和动、植物组织及器官培养等领域，具有结构简单、操作方便、成本低等特点。由于采用雾化方式供氧，使营养液在反应器中能迅速扩散，分布均匀，反应器中供氧充足，湿度可调，其应用于毛状根大规模培养时，不仅避免了搅拌和通气培养带来的剪切力损伤，而且可解决植物器官长期液体浸没培养所带来的玻璃化和畸形化现象。目前的超声雾化反应器主要有两种形式：一种是雾化装置与培养装置分开，利用气体将营养液由雾化装置带入培养装置，该装置结构较复杂，并且营养雾的浓度较低；另一种是雾化设备与培养装置为一体，结构较为简单，显示了良好的商业应用前景。刘春朝对雾化设备与培养装置结为一体的雾化反应器中营养液在超声雾化过程中理化因素的变化及反应器结构对营养雾流动的影响进行了探索，结果表明超声振动产生的能量使培养液成为细小的液滴，营养雾的成分与原液体培养基相同。雾化过程中反应器底部的培养液和营养雾的温度随雾化时间的延长逐渐升高，这是由于超声振动产生的能量有一小部分转化为热能所致。所以在使用该反应器时，应根据培养物对温度的敏感性选择合适的雾化时间。为减少营养雾温度的上升，利用超声进行雾化培养时，一般采用间歇雾化方式，雾化时间以5min左右较为合适。刘春朝还自制了改进的内环流超声雾化反应器，在雾化反应器雾化头正上方距离营养液2~3cm的位置设置中心导流筒（长20cm，内径2.5cm），同时在筛网间中心导流筒上开设圆孔，在雾化时营养雾从导流筒的顶端和导流筒壁上的圆孔同时冒出，使营养雾基本上能够充满整个反应器培养空间，而且无需气体输送。在利用雾化反应器进行植物组织多层培养时，在筛网间的导流筒上开孔，使营养雾能够更快地充满整个反应器，尤其在培养后期顶层的培养物长得致密时，从顶端冒出的营养雾在沉降过程中多被上层所吸收，此时中间各层间的开孔可以较好地将营养雾送至中间各层，使培养物获得充足的养分。在反应器中还增加了筛网分层，避免了生长后期毛状根的沉积和结团。刘春朝利用这种改进的内环流雾化反应器进行青蒿毛状根的培养，毛状根在反应器中生长健壮，形态正常。

此外，旋转过滤反应器（spin filter bioreactor）、喷射流反应器（gas sparged bioreactor）、涡轮片式反应器（turbine blade reactor）等反应器在毛状根的大规模培养中也有尝试性的应用。

（二）毛状根大规模培养的新技术

为了提高次生代谢物质的得率，在细胞培养中应用的双相（溶剂相和水相）培养技术也可应用于毛状根培养，该系统可以使产物及时同反应物分离，避免了产物的抑制效应，提高培养效率。双相培养系统包括液液培养和液固培养，在液固培养系统中，固相包括药用炭、硅酸镁载体、沸石、丝绸、树脂XAD-2、XAD-4、XAD-7、反相硅胶等，在液液培养系统中，加入的液体提取相有液状石蜡等有机溶剂。在双相培养系统中，次生代谢物产生后，可立即进入另一相，消除了负反馈作用，使目标产物的量得以提高。例如Buitelaar等采用双相培养法培养孔雀草（*Tagetes patula*）毛状根产生噻吩，1个月后产生目标产物噻吩465μg，其中分泌于胞外的噻吩占30%~70%，远高于单相培养的1%。

对特别贵重成分的生产，可以通过发酵培养一段时间后，收集毛状根，提取目的产物。由于毛状根也会向培养基中分泌次生代谢产物，因此对于大多数情况来说，定期从培养液中提取目的产物，及时补充各种营养物质，保证毛状根连续培养更为可取。为增加产量和降低成本，可将反应器与分离柱串联。例如

Muranaka在培养黄檀木（*Duboisia leichhardtii*）毛状根生产茛菪胺时，采用2L反应器串联一个填充Amberlite XAD-2、体积为25mL的填充柱，培养液经过填充柱后被泵回到反应器中，6个月后，97%的茛菪胺被吸附于柱上，产率提高了5倍，纯度达到90%。

由于光照对某些毛状根的次生代谢产物生成是必需的，所以也有研究者在毛状根的大规模培养中考虑了反应器的光源研究，例如徐明芳等认为程控集成光-超声雾化双功能生物反应器将是培养发根的理想反应器。

三、人参毛状根的诱导

1. 人参毛状根的诱导及鉴定

刘峻等利用发根农杆菌ATCC15 834感染人参（*Panax ginseng*），首次从人参带叶幼茎处诱导出毛状根，用激素和As（乙酰丁香酮）处理可提高转化率并缩短转化时间。毛状根在无激素B5培养基上生长并失去向地性，月增长倍数可达50倍（鲜重）。

利用T-DNA中的*rol*C基因特异引物进行PCR扩增，阳性对照为含有T-DNA的农杆菌R15834和已鉴定的转化西洋参，阴性对照为人参原植物及诱导的愈伤组织。PCR结果表明从农杆菌R15834、西洋参毛状根和R15834转化的人参毛状根中均扩增到了长度为564bp的*rol*C基因片段，而未转化人参组织基因组DNA中扩增不到该片段，从而在分子水平上证实了人参毛状根基因组中已整合了外源Ri质粒中含有*rol*C序列（564bp）的T-DNA片段。

采用已鉴定的西洋参毛状根作为阳性对照，未转化的人参细胞为阴性对照，用薄层色谱（TLC）来检测冠瘿碱。结果发现，西洋参毛状根和人参毛状根显色结果呈阳性，在相同位置出现棕色斑点，而未转化的人参细胞无斑点出现，证明Ri质粒的T-DNA已整合到转化的细胞中，并表达合成特异的冠瘿碱。

2. 人参毛状根中人参皂苷的积累条件的优化

提取人参原药材、人参细胞和人参毛状根中的总皂苷，以人参二醇（中国药品生物制品检定所）为标准品，利用比色法进行含量测定，结果表明人参毛状根中皂苷含量2.486%（干重）高于原药材1.403%（干重）。

该研究还表明生长素在适宜的浓度下可不同程度地促进人参毛状根的生长以及皂苷的积累，同时能影响单体皂苷的分布。NAA和IBA能显著促进毛状根的生长，其中0.5mg/L的IBA能显著促进毛状根生长和总皂苷的积累。细胞分裂素6-BA在较低浓度时虽然对生长无明显的促进作用，但对皂苷积累有利，同时显著促进单体皂苷Rb1的积累，增大Rb1在总苷中所占的比例。

该课题组还研究了水杨酸（SA）、酵母提取物（YE）和AgNO₃等诱导子对人参（*Panax ginseng*）毛状根皂苷含量的影响。结果表明SA能明显促进Rb1、Re、Rgl和Rd等4种单体皂苷的积累，而且能促进人参皂苷分泌到细胞外并在培养液中积累。YE和10mmol/L AgNO₃不但能促进人参毛状根中总皂苷含量和单体皂苷的积累，还能促进人参皂苷的分泌。

3. 人参毛状根生物合成熊果苷

熊果苷是抑制酪氨酸酶活性的优良天然产物，将人参细胞与熊果苷配伍在化妆品中具有广泛的应用。天然熊果苷来自熊果、越橘等植物，未曾见存在于人参属植物中的报道。刘峻等还利用高效液相色谱法（HPLC）测定了熊果苷标准品溶液、未加前体（氢醌）的人参毛状根样品溶液（蒸馏水超声浸提）、加前体的人参毛状根样品溶液，从谱图的相互对比发现标准品的峰在标准品溶液、加前体的样品溶液的图谱中以相同保留时间出现，而未加前体样品溶液的图谱中无此峰，从而确定熊果苷只存在于加入前体的人参毛状根中，证明了人参毛状根能将氢醌合成为熊果苷，其机制可能是在毛状根中尿苷二磷酸葡萄糖（UDPG）糖基转移酶作用下，其富含的葡萄糖高能活化形式——UDPG与氢醌生物合成为熊果苷。该研究的结果表明人参毛状根合成熊果苷的能力受多种因素影响，在毛状根培养22天、氢醌的浓度为2mmol/L、转化持续24h的条件下熊果苷的含量最高（占毛状根干重的13%），转化率最高（89%）。

该研究首次利用人参毛状根将氢醌糖基化。氢醌是酪氨酸酶活性抑制剂，但刺激性强、副作用大，仅在临床中限量使用；被转化为天然的熊果苷后，水溶性增强，毒性降低，扩大了使用范围。人参毛状根合成熊果苷不仅对研究葡萄糖苷生物合成有所启发，而且极具有开发利用价值。

四、甘草毛状根的诱导

甘草（*Glycyrrhiza uralensis* Fisch.）为我国重要的传统药材，号称"众药之王"，有"十方九草"之说，临床应用非常广泛。由于野生资源过度采挖，抚育更新不及时，造成甘草质量与产量的下降，给临床使用和中成药制造带来一定的困难。杜旻等利用发根农杆菌ATCC15834与R1 000对甘草无菌苗的幼茎外植体均转化成功获得毛状根，转化率分别为39.15%与21.16%。应用均匀设计法对影响甘草毛状根生长的6种化合物同时进行多因素多水平的筛选，结果表明最适的培养条件是：KNO₃ 50mg/L，NH₄NO₃ 0mg/L，CaCl₂·2H₂O 100mg/L，NaH₂PO₄·H₂O 0mg/L，KH₂PO₄ 0~225mg/L，蔗糖32.5g/L，MgSO₄·7H₂O 640mg/L，最适pH为6.2左右，最佳转速为100r/min。

该研究还比较了甘草毛状根和商品甘草中氨基酸的种类和含量，结果表明甘草毛状根中含有商品甘草中没有的半胱亚磺酸，而商品甘草中含有胱氨酸而在甘草毛状根中没有检测到。甘草毛状根中除个别氨基酸（鸟氨酸）的含量略低于商品甘草外，其余氨基酸的含量均高于商品甘草。就氨基酸含量而言，甘草毛状根的品质优于商品甘草。

甘草毛状根和商品甘草中均含有甘草苷、异甘草苷、甘草素、异甘草素和甘草查耳酮A等5类黄酮类物质。在商品甘草中，甘草苷的含量较高，而甘草查耳酮A的含量较低；在甘草毛状根中，甘草查耳酮A的含量却相对较高，可达干重的0.18%以上。这可能是因为在离体培养条件下，催化甘草查耳酮A形成的甲基转移酶活性增强的缘故。这也从一个侧面说明：离体培养与天然培养相比，由于酶性发生变化，致使次生代谢途径发生改变，有可能使代谢途径朝着有利于合成目的化合物的方向进行，有助于含量的提高。

该课题组还比较了甘草毛状根与商品甘草的药理活性，结果表明甘草毛状根与天然药材甘草有着相同的清除自由基、抗氧化和保肝等药理活性。

第十四章

分子标记技术在药用植物中的应用

分子标记的种类与基本技术

　　分子标记是建立在基因组中的基因位点（座位）的相对差异之上的。对于生物体的同一个种的不同个体而言，不同个体之间会存在着一定的遗传差异，这些个体在同一段DNA区域的差异位点被称为DNA的多态性。DNA的多态性是形成分子标记的基础。因此，分子标记也就是建立在DNA的多态性基础之上的可识别的等位基因，该等位基因既可以是通常我们所说的一个个结构基因，也可以是基因的部分DNA序列，甚至是单个核苷酸。

一、分子标记的种类

　　从1974年Grodzicker等创立限制性片段长度多态性（restriction fragment length polymorphism，RFLP）技术以来，分子标记的研究十分活跃，相继有数十种名称各异的分子标记技术问世，这些技术万变不离其宗，即分子杂交技术或PCR扩增技术。推动分子标记技术研究迅速发展的动力，一方面是原有技术存在的缺点或应用上的限制，另一方面就是分子标记技术的广泛应用及其取得的长足进步。分子标记技术已广泛应用于生物基因组研究、生物的遗传育种起源进化分类、医学及法医学等诸多方面，并成为现代分子遗传学和分子生物学研究与应用的主流之一。

　　根据目的基因所在细胞器的不同可分为核DNA标记、线粒体DNA（mtDNA）标记和叶绿体DNA（cpDNA）标记。mtDNA标记主要用于动物的起源进化、亲缘关系、遗传变异、物种鉴别等研究；核DNA和cpDNA分子标记主要存在于高等植物中，尤以核DNA分子标记的应用最多。根据分子标记所采用的核心技术大体上可分为两大类。一是以分子杂交（Southern杂交）为基础的分子标记技术，另一类是以PCR为基础的分子标记技术。随着测序技术的发展和基因结构的深入认识，诞生了以PCR为基础的测序技术。由于它主要是基于PCR扩增产物的核酸序列差异来研究物种的进化、亲缘关系和进行物种鉴定，因此，为了区别以PCR为基础的DNA扩增片段电泳图谱的分子标记技术，将其独立为一类，即DNA序列直接测定法。

二、常用分子标记的基本原理与技术

（一）RFLP标记技术

限制性酶切片段长度多态性（restriction fragment length polymorphism，RFLP），是最早的一种分子标记。1980年Bostein首先提出了利用RFLP作为标记构建遗传图谱，直到1987年Keller等人才构建出第1张人的RFLP图谱。

1. RFLP标记技术的基本原理

RFLP标记技术的基本原理是将不同生物个体的基因组DNA分子采用适当的限制性内切酶切割，形成不同长度的限制性酶切片段。由于这些大小不同的DNA片段在凝胶（琼脂糖或者聚丙烯酰胺凝胶）上迁移速率不同，通过凝胶电泳以后这些大小不同的DNA片段在凝胶上便形成了片段从大到小的连续分布。将这些酶切以后的DNA分子转移到尼龙膜，然后利用探针进行杂交并放射自显影，就可以得到与探针高度同源的DNA带型。这些与探针同源的DNA带型在不同的个体（或者物种之间）的差异就称之为RFLP。能够在RFLP分子杂交过程中显示不同个体遗传差异的限制性内切酶和探针被称为多态性的探针/酶组合。

2. RFLP标记的技术流程

RFLP标记技术的基本流程概括起来包括以下的几个基本步骤：基因组DNA的抽提、限制性酶切分析、分子杂交以及数据的统计分析等。

（1）基因组DNA的抽提 植物基因组的DNA提取按照研究目的和研究材料已经发展了多种方法，包括CTAB法、SDS法、高盐低pH法和树脂提取法等。中草药材料内，通常含有比较多的多糖、单宁、酚类等次生代谢物，这些物质会严重地干扰DNA的抽取质量。此外，中草药材料多为经过炮制以后的动植物器官或者组织，这些材料的DNA抽提相对比较困难。而RFLP分析要求的DNA量比较多，总量要求在10μg以上，并且要求纯度比较高，因此寻找一种比较合适的DNA抽提的方法对于RFLP的分析就显得十分重要。

CTAB法和SDS法的具体操作在目前的许多专著和教材中已有详细描述，在此不再赘述。在此，介绍一种我们实验中经常使用的经过修改后大量抽提基因组DNA的方法：改良的CTAB方法。这种方法既可以以幼嫩的叶片作为材料，也可以以其他的组织作为DNA提取的初始材料，其主要流程为：首先从田间试材的单株上取幼嫩的真叶（不超过5天）不经－70℃冷冻，立即进行DNA抽取。将所取叶片加液氮研磨成粉状，然后将粉状叶片装入预冷冻的试管中，按10μL/g样品加入β-巯基乙醇。再按4mL/g加入预热的DNA裂解液（2% w/v CTAB，1.4mol/L NaCl，0.1mol/L Tris-HCl，0.02mol/L Na_2-EDTA，pH 8.0，2.0% PVP360）迅速搅拌均匀，60℃水浴20~30min，中间轻摇数次。水浴完毕后，再加入等体积的氯仿：异戊醇（24：1），慢慢混匀，8000r/min离心15min，重复抽取至上清液清亮。取上清液加入0.6倍体积的异丙醇，慢慢混匀20~30次至DNA沉淀，钩出沉淀的DNA。沉淀的DNA于76%乙醇中浸泡过夜，中间换洗几次至DNA成白色絮状。取出DNA在管壁挤干，风干后溶于2~5mL的TE（10mmol/L Tris-HCl，0.1mmol/L Na$_2$-EDTA，pH 8.0）再加入10mg/mL RNAase 2~5μL，37℃保温1h，然后用等体积氯仿：异戊醇（24：1）抽取2次，加0.1倍体积的3mol/L CH$_3$COONa（pH 5.2）和2倍体积的冰冻无水乙醇沉淀DNA，用75%乙醇洗去盐分，风干，溶于适当体积的TE缓冲液中。

（2）限制性酶切分析 取检测效果较好的总DNA 30~40μL约10μg（每次吸取DNA时最好切去取样枪头尖端），将试管进行编号。取所需的限制性内切酶50~80单位，加入到准备好的DNA中，在记载本上注明内切酶的种类。加入每种内切酶指定的反应缓冲液5μL，然后加入无菌水至终体积为50μL。将试管置于37℃水浴中进行酶切，在酶切过程中要及时地用离心机将悬浮在管壁上的溶液离心至试管底部。酶切时间一般为18~24h，在酶切12h后，取2μL电泳检测酶切效果。

制备0.8%琼脂糖凝胶，在酶切充分的总DNA中加入5μL溴酚蓝，混匀以后一起加入到点样孔中，记录样品的点样顺序及分子量数值标记位置。电泳时，先使用100V电压使样品跑出点样孔，然后在20~30V的电压下进行电泳12~14h。电泳完毕以后，将凝胶放入EB（EtBr）溶液中染色15min，紫外光下检测电泳效果后再用蒸馏水漂洗15min。

（3）分子杂交 用解剖刀对凝胶进行修整，测量凝胶的长宽，以确定尼龙膜和吸水纸的大小，同时切去右下或右上边沿用作标记。用蒸馏水漂洗2次后，对凝胶进行酸变性和碱变性。将凝胶置于0.25mol/L的HCl溶液中进行酸变性直至溴酚蓝的颜色由蓝色变成黄色为止，倒掉盐酸，用蒸馏水冲洗。将凝胶置于0.4mol/L NaOH和0.6mol/L NaCl溶液中，碱变性30min，每隔几分钟轻轻摇动瓷盘，倒掉碱液，蒸馏水冲洗。将凝胶放入盛有0.5mol/L Tris-HCl（pH 7.5），1.5mol/L NaCl溶液中，中和30min，蒸馏水冲洗。

（4）数据的统计分析 将差异性的带型转换为数据0、1、2，其中0标记该带型缺失，1表示具有该差异性带型，2表示带型为共显性。这些不同个体的RFLPs可以形成数据矩阵，然后利用各种统计软件就可分析不同的生物体之间的遗传关系，或者进行基因定位。

（二）SSR标记技术

微卫星DNA又叫作简单序列重复（simple sequence repeat，SSR），其串联重复的核心序列为1～6bp，其中最常见是双核苷酸重复，即（CA）$_n$和（TG）$_n$，每个微卫星DNA的核心序列结构相同，重复单位数目10～60个，其高度多态性主要来源于串联数目的不同。

1. SSR标记的基本原理

根据微卫星序列两端互补序列设计引物，通过PCR反应扩增微卫星片段，由于核心序列串联重复，基本重复单元由串联重复的2个、4个或者6个碱基（如CA、CAAC、GGAACC）重复单位组成，重复次数一般为10～50，广泛存在于真核生物的基因组中。由于每个基本单元重复次数的不同，从而形成SSR位点的多态性。SSR位点两侧一般是相对保守的单拷贝序列，因此可根据两侧序列设计一对特异引物来扩增SSR序列。SSR序列的扩增产物经过聚丙烯酰胺凝胶电泳，比较扩增带的迁移距离，就可了解不同个体在某个SSR位点上的多态性。

2. SSR标记的技术流程

SSR的检测手段主要有两种，一种是以分子杂交为基础的分析技术，另外一种是以PCR技术为基础的检测手段。这两种不同的分析手段也是根据SSR的不断发展所建立起来的。

（1）利用分子杂交技术揭示SSR多态性　其实验流程包括：DNA分离与提纯、限制性酶切割分析、电泳分离与印迹、分子杂交、数据分析等几个步骤。SSR分析使用的探针是经过标记后的寡核苷酸分子探针，例如（GTG）$_5$、（ACA）$_6$、（CAT）$_6$、（GACA）$_4$、（GATA）$_4$等不同的寡核苷酸分子。这些不同的寡核苷酸分子的探针在不同的物种的分布是有所差异的，但是大多数的SSR分子探针是可以人工合成的。

（2）利用PCR的手段揭示SSR多态性　与利用分子杂交揭示SSR多态性不同，利用PCR的手段分析不同物种或者材料之间的SSR差异操作相对比较简单。主要包括SSR特异引物设计、基因组DNA的抽提、PCR扩增、PCR产物的检测、SSR带型的分析等几个基本的过程：①首先根据不同物种的基因组设计SSR的引物，然后合成这些不同的SSR引物用于SSR多态性的分析。②以不同的材料的总DNA为模板利用SSR引物进行PCR扩增。PCR反应组成为40ng DNA，2mmol/L dNTPs 2μL，10pmol/L特异引物1μL，15mmol/L Mg^{2+} 3μL，1U Taq酶，10×buffer 2.5μL，用双蒸水补足25μL。其中用于扩增的dNTPs可以是放射性核素^{32}P标记的dATP（dGTP/dCTP/dTTP），或者是荧光标记的4种不同的脱氧核糖核酸。PCR反应程序设计为：94℃ 3min，55℃ 1min，72℃ 2min，3个循环；94℃ 1min，

40℃ 1min，72℃ 1min，38个循环；94℃ 1min，50℃ 1min，72℃ 10min，1个循环。根据引物的退火温度不同，PCR反应的复性温度有所变化。为了获得比较高的可重复性，复性温度可以高达65℃。③PCR反应产物检测。PCR扩增完成以后有多种方法进行检测分析。以高浓度（4%）的琼脂糖凝胶为介质分离PCR扩增产物，PCR产物在电泳4~5h以后经过EB染色，就可以记录观察结果。另外一种检测方法就是利用聚丙烯酰胺凝胶分离PCR产物。将PCR产物分离以后的聚丙烯酰胺凝胶直接在装有X线片的暗匣子中进行曝光过夜。不同物种之间的SSR差异在X线片上就可以清晰地显现出来。

（三）RAPD标记

PCR技术是1985年Mullis等发明的一种核酸分子体外扩增的技术。该技术利用DNA聚合酶酶促反应对特定DNA片段进行扩增，该技术只需非常少量（通常在ng级范围内）的DNA样品，在短时间内以样品DNA为模板合成上亿个拷贝。扩增产物经过电泳分离、染色或放射自显影，即可显示所扩增的特定DNA区段。在聚合酶链式反应（PCR）技术的基础上，Williams等采用随机核苷酸序列（10个碱基）扩增基因组DNA的随机片段，获得了一种新的分子标记，即随机扩增多态性DNA（random amplified polymorphism DNA，RAPD）。

1. RAPD标记的基本原理

RAPD技术是PCR技术的延伸。RAPD标记的原理是利用一系列（通常是数百个，例如Operon公司的随机引物）不同的碱基随机排列的寡聚核苷酸（通常为9~10个碱基）单链作为引物对所研究的基因组DNA进行PCR扩增。扩增产物通过聚丙烯酰胺或琼脂糖凝胶电泳分离、EB显色或放射性自显影来检测扩增DNA片段的多态性，这些扩增的DNA片段的多态性反映了基因组相应区域的DNA多态性。

2. RAPD标记的技术流程

RAPD标记的分析流程包括4个基本的步骤：①基因组的DNA抽提。②差异性引物的筛选。③差异性引物对所有的待分析个体的重复扩增。④差异带型（RAPDs）的记录和分析。

（1）基因组的DNA抽提　用于RAPD标记分析的模板对于基因组的DNA要求不高，所要求的DNA总量也比较少。对于中草药的材料而言，材料的来源往往比较少，因此探讨小量的DNA抽提方法十分重要。在此我们介绍一种小量快速的DNA抽提方法。

取中草药材料（叶片）500mg，在液氮中研磨成粉末；然后在粉末未解冻的条件下转入1.5mL eppendorf管中并迅速加入600μL预热的CTAB提取缓冲液

[2% CTAB，Tris-HCl（pH8.0）100mmol/L，NaCl 500mmol/L，EDTA 20mmol/L，用前加1.5%（$v:v$）巯基乙醇]，充分混匀后60℃保温50min，离心取上清液；分别用等体积的酚：氯仿：异戊醇（$v:v:v=25:24:1$）和氯仿：异戊醇（$v:v=24:1$）处理，异丙醇沉淀DNA，风干后溶于TE中；加入RNAase（10mg/mL）至终浓度50μL/mL，于37℃温育50min，用等体积的酚：氯仿：异戊醇抽提1～2次，用冰冻的无水乙醇沉淀DNA，用70%乙醇洗盐、风干，溶于适量的TE中。抽提以后的DNA通过0.7%琼脂糖凝胶电泳鉴定DNA质量，分子质量大于20kb。获得的基因组DNA利用紫外分光光度计测定其浓度，－20℃保存备用。

（2）差异性引物的筛选　最先用于RAPD分析的随机引物主要来自于Operon公司。Operon公司的引物从OpA01～OpZ20共有520个引物，此外其他的生物公司也有现成的10碱基出售。从理论上讲，10个碱基的随机引物的数量可以达到4^{10}个（包括重复碱基序列在内），这些随机引物可以十分方便地在各个生物公司进行合成。

获得了不同的随机引物以后，下一步就是以不同的生物个体DNA为模板进行初步筛选，通常PCR反应物组成为：40ng DNA，2mmol/L dNTPs 2μL，10pmol/L随机引物1μL，15mmol/L Mg^{2+} 3μL，1UTaq酶，10×buffer 2.5μL，用双蒸水补足25μL。这些PCR反应物的组成可以在我们的实验室以不同的植物包括中草药植物DNA为模板，验证该反应体系的有效性。

上述的PCR反应混合物按照以下的PCR反应程序进行扩增。PCR反应程序设计为：94℃ 3min，45℃ 1min，72℃ 2min，3个循环；94℃ 1min，40℃ 1min，72℃ 1min，38个循环；94℃ 1min，40℃ 1min，72℃ 10min，1个循环。PCR反应程序中复性温度按照扩增的目的不同应该有所差异。在筛选不同差异性的引物过程中，通常的复性温度比较低（36～40℃）。而为了获得较高的重复性，通常将复性的温度提高到40℃以上。

（3）差异性引物对所有的待分析个体的重复扩增　在以代表性材料（来源或者分类上差异最大的一些材料，以及亲缘关系十分相近的材料）的DNA作为模板进行PCR以后，具有RAPDs引物可以作为差异性的引物用于分析所有的待测材料。有关的PCR分析的组分和程序采用上述的步骤。

（4）差异带型（RAPDs）的记录和分析　分别从所有材料的PCR反应产物（25μL）中，取其中的10μL加上溴酚蓝经1.2%琼脂糖凝胶电泳4～5h，EB染色就可以显示不同的差异带型。记录RAPD的方法可以利用照相记录，也可以利用有关的扫描程序记录观察结果。有关的扫描程序在不同的生物公司的出售凝胶成像系统中都已经配备。

（四）AFLP标记技术

扩增片段长度多态性（amplified fragment length polymorphism，AFLP）。AFLP分子标记技术是1993年由荷兰科学家Zabeau和Vos等人创建的。该技术是利用PCR技术检测DNA多态性的一种方法，1993年获得欧洲专利局专利。随后，荷兰Keygene公司买下该技术专利后将其商品化，1994年推出AFLP分析系统的试剂盒。AFLP技术在试剂盒公开销售以后很快就被人们熟悉并广泛传播，因此Zabeau等人不得不在1995年以论文的形式将该技术公开发表。

1. AFLP标记的基本原理

AFLP的基本原理是选择性扩增基因组DNA的基本原理，也就是选择性扩增基因组DNA的酶切片段来获得不同DNA样品之间的遗传差异。利用限制性内切酶对基因组DNA进行酶切，产生黏性末端。酶切片段首先与具有共同黏性末端的人工接头连接，连接后的黏性末端序列再与接头序列相互连接产生可用于扩增的PCR反应的底物片段。利用不同的DNA样品作为PCR反应的模板，以接头序列作为PCR反应的引物结合位点进行PCR扩增获得不同样品之间的遗传差异。

2. AFLP标记的分析基本流程和操作

AFLP分析包括以下5个基本步骤：①基因组DNA提取。②限制性酶切分析。③接头的连接。④预扩增和扩增。⑤产物的分离与检测。

（1）基因组DNA提取　植物基因组的方法已经非常成熟，在很多的参考文献中都有报道。在前文有关RFLP、RAPD标记中也已经介绍了。这些DNA的抽提方法只需要根据具体的材料稍微修改就可以获得很好的抽提效果。用于AFLP标记分析的DNA要求质量比较高，但是总量上与RFLP分析的方法相比要小很多。一般在几个微克的DNA就可以。根据这个原则，我们介绍一种在我们实验室采用的一种快速提取DNA的一种方法。

选取0.5g植物嫩叶于预冷的研钵中，加1.0mL提取液（0.1mol/L Tris-HCl，pH 8.0；50mmol/L Na_2-EDTA，0.5mol/L NaCl；10mmol/L β-ME）将其研磨为匀浆，转入1.5mL的离心管中。然后在65℃的水浴中温育30min。水浴结束以后接着在13000r/min离心5min，离心结束以后收集上清液（大约0.7mL）。在上清液中加入2/3体积预冷的异丙醇，冰上放置30min后13000r/min离心8min收集DNA。DNA沉淀物用400μL的TE溶液溶解，加入4μL的RNaseA（10mg/mL）溶液以后在37℃保温1h除去溶液中的RNA。DNA溶液然后分别用等体积的苯酚：氯仿：异戊醇混合物（25：24：1）以及氯仿：异戊醇混合物（24：1）各纯化1次。取出上清液最后加入2倍体积的无水乙醇，13000r/min离心10min收集DNA。吹干DNA

后用100μL的ddH₂O溶解，－20℃保存备用。有时候为了获得质量更高的DNA，在利用苯酚：氯仿：异戊醇进行纯化以前，加入蛋白酶K进行消化缓冲液中的蛋白质有利于提高DNA的抽提质量。

（2）限制性酶切分析　用于限制性酶切分析的酶类组合中通常有2种限制性内切酶，一种是*Eco*RI，另外一种是*Mse*I。但不管是哪一种的限制性内切酶组合，限制性内切酶*Mse*I是共同需要的，其他的限制性内切酶可以是*Eco*RI、*Bam*HI、*Hind*III等不同的酶类。

取200~500ng的基因组DNA，加入2单位的*Eco*RI和2单位的*Mse*I，在25μL酶切反应总反应体系中加入一定体积的缓冲液使其终浓度为1×酶切缓冲液，将酶切反应的缓冲液放入水浴中进行酶切，酶切4h以后检测酶切片段的长度。如果片段的长度在50~800bp之间，说明酶切完全。

（3）接头的连接　接头的连接可以与限制性酶切分析步骤结合在一起，也可以单独进行连接反应。有关连接反应的反应体系根据不同公司的连接酶反应体系有所变化。但是总的要求是，用于连接反应的DNA的量一般在200~500ng，反应的体系控制在20μL左右。将酶切结束以后的酶切混合液置于22℃连接4h或过夜连接，然后稀释10倍作为预扩增的模板。

（4）预扩增和扩增　连接产物的预扩增。在25μL的PCR反应体系中，加入各种所需的反应物使其含有50ng的*Eco*RI引物（5'-GTAGACTGCGTACCAATTCA-3'），50ng的*Mse*I引物（5'-GACGA TGAGTCCTGAGTAAC-3'），5μL连接产物，0.2mmol/L dNTPs，1U Taq酶，1×PCR缓冲液（10mmol/L Tris-HCl，pH8.3；50mmol/L KCl，2.0mmol/L MgCl₂）。PCR反应体系循环参数：94℃（30s）、56℃（30s）、72℃（1min）；25个循环。取5μL预扩增产物于1.5%琼脂糖凝胶检测，相对分子质量应在50~800之间，无拖尾现象。反应剩余产物稀释10倍以后作为选择性扩增的模板。

选择性扩增。在20μL PCR反应体系中含有3~5μL预扩增产物，50ng *Eco* RI +3个碱基的引物（5'-GTAGACTGCGTACCAATTCAACC-3'），50ng *Mse* I +3个碱基的引物（5'-GACGATGAGTCCTGAGTAACCAT -3'），0.2mmol/L dNTPs，1U Taq酶，1×PCR缓冲液（含2.0mmol/L MgCl₂）。第1个循环参数为94℃（30s）、65℃（30s）、72℃（1min），此后每个循环的复性温度下降1℃，共计10个循环，然后在94℃（30s）、56℃（30s）、72℃（1min）的条件下运行25个循环。

（5）产物的分离与检测

①PAGE胶制备：用洗涤剂将电泳玻璃彻底洗净，首先以去离子水淋洗，然后用无水乙醇淋洗并晾干。在长胶板上均匀涂抹1mL硅化液。在短胶板上均匀涂

上1mL反硅化液（95%乙醇，0.5%冰乙酸2μL反硅化剂），放置5min后用95%乙醇轻轻擦洗以除去多余的硅化液和反硅化液。将玻璃装配好并以边条（0.4mm）隔开，小心套入制胶夹中。准备就绪后用注射器将50mL变性凝胶混合液（6%丙烯酰胺，7mol/L尿素，0.5×TBE缓冲液，灌胶前加入300μL 10%过硫酸铵和30μL TEMED并迅速混匀）从制胶夹底部小孔缓缓注入，最后插入梳子并加夹子保护，凝聚2h后即可电泳。

②预电泳和电泳：将玻璃外侧固定于电泳槽上，分别在电泳槽的上下槽各加入500mL的0.5×TBE缓冲液，将梳子拔出后立即用电泳缓冲液清洗点样孔，接通电源后在60V的电压下预电泳30min。在选择性扩增产物中加入等体积的上样缓冲液（98%去离子甲酰胺，10mmol/L EDTA，0.005%二甲苯青FF，0.005%溴酚蓝），然后在95℃条件下变性3min后立即进行冰浴冷却。取出变性后的上样缓冲液5μL点入电泳的点样孔中，在60V的电压下电泳90min左右，当二甲苯青FF跑过2/3胶板时终止电泳。

③染色：电泳结束后取下胶板，用蒸馏水洗净玻璃外侧并小心将其分开，把黏附有凝胶的短胶板浸入1.5L固定液中（10%冰乙酸），轻轻摇动20min或至指示剂消失为止，然后用去离子水漂洗短胶板2次，每次3min。洗毕，转至1.5L染色液中（0.1% $AgNO_3$，0.056% HCHO）轻轻摇动染色30min。取出短胶板，在双蒸水中迅速漂洗20s，马上转入到1.5L预冷（10℃）的显影液（3% Na_2CO_3，0.056% HCHO，2mg/L $Na_2S_2O_3 \cdot 5H_2O$）中，轻轻摇动至条带清晰可见后倒入终止液（10%冰乙酸）停止显影，然后用蒸馏水漂洗3min，室温下自然晾干，拍照保存。

以上几大类DNA标记，都是基于基因组DNA水平上的多态性和相应的检测技术发展而来的，这些标记技术都各有特点。任何DNA变异能否成为遗传标记都有赖于DNA多态性检测技术的发展，DNA的变异是客观的，而技术的进步则是人为的。随着现代分子生物学技术的迅速发展，随时可能诞生新的标记技术。DNA标记的拓展和广泛应用，最终必然会促进植物遗传与育种研究的深入发展。

第二节 分子标记技术在药用植物中的应用

分子标记技术研究范围主要是药用植物真假鉴定及品种分类。香港中文大学邵鹏柱实验室率先将分子标记技术用于中药材的鉴定研究。1994年，他们首次报告利用Ap-PCR技术对人参及西洋参进行了鉴定研究。次年，他们又报道利用RAPD技术对真假人参进行分析鉴定。随后，他们利用RAPD、Ap-PCR、ITS测序等技术对多种药用植物（如菖蒲、淫羊藿、地胆草、蒲公英、杜鹃兰、党参、八角莲等）及其替代品或伪品进行了分子鉴定。结果表明，这些分子标记技术能够比较有效地应用于药用植物（包括商品中药材）的真假鉴定。尽管也可以将解剖学、组织学和化学方法运用于生药鉴定，但这些方法仍有较大的局限性。比如一些生药的粉末鉴定，可以借助于导管、筛管、淀粉粒等性状来鉴别。然而，许多植物的这些性状非常相似，而且这些性状在药材的不同部位有一定区别，因此，在药材鉴定时仍有较大困难。分子标记技术在药用植物鉴定方面的成功运用，将有助于对那些较难从一些感性特征甚至是解剖学或组织学上进行有效真假鉴别的中药材实现在DNA分子水平上的辅助鉴定。

中药材大多是药用植物的某一器官经过炮制加工而成的，由于药用植物之间存在大量的近缘种、易混淆品种、珍稀品种，再加上近年来中药材市场上出现的以次充好、以劣充优、寻找廉价替代品的现象，使得中药材的分类、鉴定等工作显得十分重要。如何将先进的分子生物学技术与传统药用植物的研究结合起来，是实现药用植物研究现代化的重要途径。随着分子生物学技术特别是分子标记技术的发展，分子标记技术在药用植物的相关研究中得到了广泛的应用，是现代生物技术与传统中草药研究相结合的一个重要的尝试和实践。分子标记技术在中草药植物的研究中的运用主要体现在以下的几个方面。

一、种质资源鉴定

（一）分子标记在药用植物分类上的应用

植物分类学发展至今，分类的手段得到了极大的发展，运用这些不同的技术手段和分析仪器发展了多种有关的植物分类学科包括实验分类学、细胞分类学、化学分类学、数量分类学等。经典的植物分类是采用植物形态学及解剖学的方法，从植物的外部形态及组织构造来划分植物不同的属、种、亚种以及不同的植物类群。对于中草药植物的分类而言，我国古代的本草著作《本草纲目》和《植物名实图考》就是采用了这些植物的基本形态特征开展对中草药植物的分类。利用经典的分类方法对中草药进行分类取得了巨大的成就。但是传统的分类方法也有其局限性。采用的经典形态分类学方法区分不同的物种是建立在个体性状描述的宏观观测水平上，所采用的形态分类在分类的标准上比较有限、数值上难于量化，容易引起比较大的争议，同时要求分类者具有十分丰富的实践经验。

另外一种较为常用的植物化学分类方法是通过研究植物的化学成分来探讨植物间的演化及亲缘关系，这种化学的分析分类方法在一定的意义上是能够反映植物分类的，但是也具有不足之处。以化学分类方法而言，由于植物在生长过程中受到外界环境因素的作用，同一种植物处于不同的条件下其外部形态、组织构造乃至化学成分都会有所改变，因此依靠这些方法来划分植物类型具有很大的局限。DNA作为植物的遗传物质，具有稳定、可靠、不受外界因素影响的特点，将分子标记技术应用于中草药植物的分类研究开始于20世纪90年代。分子标记的应用给中草药植物分类学研究带来了广阔的前景，具有十分深远的意义。

　　目前利用不同种类的分子标记开展中草药植物的种属分类工作取得了很大的进展，主要表现在：①采用的分子标记多种多样，既有RFLP标记、SSR标记，也有RAPD等其他类型的分子标记，但是以RAPD标记比较多见。②所涉及的中草药植物总计达到近百种之多，已经深入到中草药分类学研究的各个方面。对于不同的中草药不同种的分类来讲，利用分子标记技术不仅可以对分析结果进行聚类分析，而且可以获得与种有关的DNA带型。以贝母的分类研究为例：卞云云等用RAPD法对12个贝母类药材品种进行亲缘关系的研究，发现引物OPF-206（OPF代表美国OPERON公司的编号，是随机引物组合中的第F组）扩增的片断在贝母属各样品间无明显差异，表明OPF-206扩增片段在贝母内具有高度稳定性，可作为贝母属的特征性片段。而引物OPF-205的扩增产物在贝母品种间有明显不同，有可能成为鉴定贝母品种的标记。③利用分子标记对中草药进行分类可以验证传统分类学的结果，同时也可以增加一些新的信息。以豆科黄芪亚族及甘草亚族的分类为例：丁士友等用PCR反应将豆科黄芪亚族7属9种及甘草亚族1属1种植物叶绿体基因组中*ndh*F和*psb*A基因中一段约3.1kb的DNA扩增出来，并摸索出最佳的PCR反应条件，使得此条带得以特异性扩增，通过对此扩增片段的限制性片段长度多态性（RFLP）的初步分析，结果表明在同一属不同种间，大多具相同的酶切位点，突变较少，而在同一亚族不同属间，存在较多的不同位点突变，亚族间的植物则具有更多的位点差异，这些酶切位点的异同和多少与用经典方法所得的这些类群间的亲缘关系基本一致。

　　以小檗科植物分类为例，王艇等利用随机扩增多态性DNA（RAPD）技术分析了小檗科（Berberidaceae）5个属6种植物：猫儿刺（*Berberis julianae* Schneid.）、日本绿叶小檗（*Berberis thunbergii* DC.）、阔叶十大功劳[*Mahonia bealei*（Fort.）Carr.]、南天竹（*Nandina domestica* Thunb.）、淫羊藿[*Epimedium sagittatum*（S.et Z.）Maxim.]和八角莲[*Dysosma versipellis*（Hance）M.Cheng]。经过对Sangon公司的60个引物的初步筛选，其中29个引物为多态性引物。采用

UPGMA法对求出的遗传距离进行聚类分析，结果显示日本绿叶小檗与猫儿刺可以归为小檗属，另外的4个种可以归为一个组，并建议在小檗科内建立十大功劳属（*Mahonia*）和南天竹属（*Nandina*）。

（二）植物药材的真伪鉴别

由于植物药材在经过加工以后不同药材之间的差异在形态上很难区分。要鉴别一种药材的真品和伪品往往要经过形态观察、显微鉴定和理化分析等多个步骤。而药材的伪品往往是真品的同一个属（种）的不同种（亚种）等，利用传统的分析方法鉴定这些不同种的药材（伪品）有一定的困难。而分析不同种或者亚种之间的差异恰恰是分子标记的优势所在。利用分子标记开展药材的真伪鉴定已经取得了一定的进展。1994年邵鹏柱等首次报道了对中药材人参与西洋参采用AP-PCR标记进行鉴别，他们采用20个、24个碱基引物作为PCR反应的引物成功地利用AP-PCR指纹图谱技术鉴定出人参和西洋参。1995年分离人参属3种植物人参、西洋参、三七（*P. notoginseng*）和4种伪品包括桔梗、紫茉莉、栌兰、商陆的基因组DNA，分别采用10个碱基的OPC25和OPC220作引物，用RAPD标记可以明显地区别人参属3个品种和人参及其伪品。

（三）中药材基原植物的鉴定

中草药的基原鉴定是应用动植物学的分类知识，对药材的来源进行鉴定研究，确定其正确的学名，以保证应用品种的准确无误。中药材和中药饮片的基原与品质直接关系到中医临床组方的安全有效，也影响着中药新药的质量标准化以及中医药现代化、国际化。

曹晖等以CTAB微量提取法分离菊科植物地胆草、白花地胆草和假地胆草以及4种商品苦地胆药材的基因组DNA，采用长引物Mbforward（24个碱基）、GalK（20个碱基）进行AP-PCR扩增和用OPC26（10个碱基）的短引物进行RAPD扩增，获得清晰可靠的DNA指纹图谱，根据DNA带型差异鉴别出地胆草及其混淆品。同时通过对DNA指纹图谱的相似度指数值计算，证实4种商品药材苦地胆的基原为菊科植物地胆草。

（四）复方制剂、粉剂中药材的成分分析

中药材复方制剂、粉剂等由于其中的各种生药外观性状完全遭到破坏，要了解某味药是否存在，用传统的鉴定方法往往难以奏效，故有"丸散膏丹，神仙莫辨"的说法。

分子标记技术的出现为复方制剂、粉剂中药材的鉴定带来了十分重要的工具，也是分子标记在中药材研究之中最无争辩之处。从理论上来讲，只要能够获得某种药材的高度特异性的带型即可达到鉴定的目的。以RAPD标记为例，只要

能够获得该种药材的高度特异性的寡核苷酸引物就可以达到鉴定的目的。

Ozeki等采用异硫氰酸胍微量提取法分离人参属3种植物人参、西洋参和竹节参以及两种人参制剂高丽红参泡茶和OTANECHAN（日本的一种人参组织培养物制成的茶）的基因组DNA，通过RAPD分析，结果发现人参的根毛组织和干燥药材产生相同的RAPD指纹图形，人参、西洋参和竹节参之间采用不同的引物产生不同的RAPD指纹图；高丽红参泡茶中几乎没有DNA片段扩增，但从OTANECHAN中扩增到了与人参愈伤组织相同RAPD指纹DNA片段。这表明了RAPD技术应用于中药传统制剂中组分鉴别的可能性。

黄璐琦等对来源于13个种3个变种的天花粉及其类似品共26份样品，用8个扩增多态性好的引物分别进行扩增，得到清晰、稳定的条带83条。然后采取聚类分析的方法，结果表明全部样品可被有效地分为3大类：第1类是大宗商品和小宗商品；第2类是天花粉药材商品中极易混淆的湖北栝楼根和红花栝楼根；第3类全部是混淆品和地区习惯用药。对不同植物来源的天花粉，尤其是对来自不同组或组上水平的天花粉采用RAPD技术能够很好地把它们区别开来，其结果与物种间的亲缘关系基本一致。这为解决粉末及破碎药材的鉴定问题提供了新的方法。

此外，分子标记技术还可以应用于动物药材的鉴定。利用分子标记技术开展动物药材的鉴定通常要解决两个问题：①要求有药材的原动物的基因组DNA作为对照分子。②要求有一套有效抽提动物药材DNA的方法。在解决上述难题以后有关分子标记技术同样适用于动物药材的鉴定。刘向华等分别从药材蛇胆的胆衣和胆汁、原动物棕黑锦蛇的肌肉和胆汁中提取DNA，经PCR扩增得到约400bp的12S rRNA基因片段，并对该基因片段进行测序研究。扩增产物的测序结果表明同一动物的胆衣和胆汁、肌肉和胆汁的碱基序列完全一致。在动物药研究中，Hashimoto等用PCR方法扩增了鹿茸、蝮蛇和海马的12S rRNA和cytb基因序列，并对鹿茸的产物进行了测序，结果表明动物类药材可以用标准的药材作参照，同时进行扩增，经过电泳达到鉴别的目的。

二、分子标记辅助药用植物育种

品种选育传统上主要是依据一些形态、生理生化性状选择亲本及子代。分子标记相对于形态标记具有无可比拟的优越性，在育种中的应用日益增加。在基因定位基础上，借助与有利基因紧密连锁的DNA标记，在群体中选择具有某些理想基因型和基因型组合的个体，结合常规手段，培育优良品种。这种将标记基因型鉴定整合于经典育种研究中的新型育种方法，称为分子标记辅助选择（marker assisted selection，MAS）。在过去十几年中，利用分子标记技术在农作物中定位了大量的主效和微效基因，有关的分子标记辅助选择已成功展开并获得了显著进展。在中草药植物的育种研究方面，可以利用分子标记在育种过程中进行亲本性状的鉴定、检测，辅助选择亲本及子代，加速品种的培育、缩短育种周期。

鉴定药用植物种子种苗纯度及雌雄药用植物种子的纯度和雌雄的鉴定一般多采用田间种植试验：周期长，花费大。RAPD作为一种在分子水平上的遗传标记，能够依据基因组DNA多态性进行种子纯度和雌雄检测，从而取得对栽培种子纯度和雌雄及质量的准确评价，防止劣质种子的流入及劣质药材的产生，减少经济损失。生药种子的纯度还直接影响品种的标准化，利用RAPD技术检测生药种子的纯度和雌雄及其相关质量是十分必要和完全可能的。

利用分子标记开展中草药的育种工作已经有相关报道。山茱萸为山茱萸科（Cornaceae）植物山茱萸（*C. officinalis Sieb*.et Zucc.）除去果核的干燥成熟果肉，具有补益肝肾、涩精固脱之功效。现代研究证明山茱萸具有较好的调节免疫系统功能和显著的降血糖作用。但山茱萸在长期的栽培过程中出现了很多农家栽培品种，这些品种的果实从形状、大小、单果平均重量到产量、干果肉（药材）得率，以及果酸、水溶性浸出物、脂溶性浸出物的含量等具有较大的差异，即它们的经济价值和药材质量是明显不同的。为了更好地开发、利用和保护山茱萸的种质资源，陈随清等利用RAPD标记对其进行了系统的研究并获得了优良品种的指纹图谱，为开展山茱萸品种的选育工作奠定了基础。在此基础上，利用相同的方法开展了辛夷等药材的分子标记育种工作。

目前分子标记辅助育种已广泛用于抗病、抗虫、抗盐、雄性不育、耐药性、高产连锁基因等的选择。这些研究工作虽然处于起步阶段，但是为分子标记在中药材的育种研究中的应用提供了十分重要的依据。药用植物是传统中药的重要来源，其研究必须现代化才能满足新药开发的需要。所以，我们应该在传统的生物学和药学的基础上，应用新技术和新方法，开展植物物种、生态和遗传等多个层次范围内的药用植物资源的开发与利用的研究。相信随着分子标记技术的发展，成本降低及实现自动化，药用动植物的分子标记辅助选择势在必行。

三、分子标记技术在药用植物研究上的应用前景

现代分子生物学研究的迅猛发展和不断深入，几乎使生命科学的诸多领域均在分子水平上产生交叉，并已诞生了许许多多交叉学科，如分子育种学、分子系统学、分子数量遗传学等。这预示着药用植物的研究能够广泛而深入地引入现代分子生物学技术，形成大的飞跃。

当前，作为现代分子生物学核心技术之一的分子标记技术，虽然可以作为中

药材鉴定与分类的辅助手段，但尚未形成独立的切实可行的检测手段。其主要原因有三方面：一是目前利用较多的RAPD或AP-PCR技术在不同药用植物上和在不同实验室之间的可重复性较差；二是与传统中药材鉴定与分类相比，分子标记技术成本较高；三是目前中药材鉴定与分类的主力大多仍旧采用传统分析方法，新方法的渗入需要有个过程。但是，随着分子标记技术研究的不断深入，我们相信将来分子标记技术一定能够作为一种独立的切实可行的检测手段，对许多中药材，特别是那些传统方法难于进行鉴定与分类的中药材，进行有效的鉴定与分类。而且，还将在以下几个领域发挥重大作用。

1. 保护药用植物生物多样性，推进中药现代化进程

保护生物多样性已成为国际热点问题之一，中国政府给予了高度重视。保护生物多样性的核心内容是遗传多样性的保护。遗传多样性主要是指种内不同居群之间或同一居群不同个体之间的遗传变异的总和。具有中国特色并有着数千年研究与利用历史的药用植物，其遗传多样性的研究与保护无疑是中国生物多样性研究与保护的重点对象之一。中药现代化是中药国际化的前提，是中药研究的当务之急。要实现中药现代化，开发现代中药，必须进行药用植物资源遗传多样性的保护与普查。保护物种遗传多样性必须确定物种的群体大小和保种量，探查核心种质，对进行品种选育与繁殖所需种质资源进行分类研究，确定种质资源特点，以便加以利用与保存和进行种质资源创新。中药药用植物资源（或遗传多样性）的保护，必须是在传统药用植物资源研究与保护方法的基础之上综合运用现代分子生物学技术手段，特别是分子标记技术手段，同时结合计算机等先进技术手段进行的。分子标记技术有利于从本质上（也即从生物遗传物质DNA分子上）揭示物种遗传变异及其变异规律，有助于预测物种的命运，从而制定出相应的管理措施，实现药用植物资源研究与保护的科学化、现代化。

2. 分析药材的道地性

实现中药现代化，首先要发展道地药材，药材道地性主要是指药材中有效成分的地域差异性，也即某些药材只有采自某一生长环境区域才能表现出疗效较好或产量较高。药材的道地性问题，已成为药学研究的热点之一。药材道地性的研究主要包括两方面：一是研究形成药材道地性的关键原因；二是如何鉴别药材市场上的道地性药材。药材道地性的形成，是药材生长环境区域的气候、土壤与生态环境等多种因素综合作用的结果。

这些影响是否最终反映到了药材植物的遗传物质DNA分子上，可以利用分子标记技术来进行分析，以揭示"道地性"可能存在的遗传变异规律，从而指导道地性药材的科学栽培、繁育与采集。也可以利用先进的分子标记技术科学、快速地鉴别市场上的道地性药材。

3. 研究药用植物活性成分的分布规律

当前，有些从事分子标记技术的研究人员正在探索如何将分子标记技术所揭示的大分子多态性与小分子药用成分的分布规律紧密结合起来，以指导药用成分的方便、快速、正确地寻找与开发利用。实现这一目标可能需要突破现有分子标记技术水平，在深入了解药用成分代谢途径的分子生物学基础上，找到新的标记手段，实现从大分子水平上揭示小分子药用成分的分布规律，使中药有效成分分析科学化、现代化。

现代分子生物学的飞速发展和不断深入渗透到生命科学的各个领域，使生物学这门古老的学科焕发青春，使它在自然科学史中发生深刻变化，使新问题、新概念、新思路不断涌现，并且推动基础生命科学向前发展。现代分子标记具有广阔的应用前景，虽有不足，但与传统标记相比有许多优点。由于分子标记具有更好的可靠性和高效性，其更容易从分子水平上进行标记，用于物种亲缘关系鉴别、种质资源保存。分子标记也为生物多样性研究提供了可靠有利的证据。但是由于物种多样性、遗传多样性、环境多样性的影响，对于不同的生物不可能采取一套统一的方法进行研究，应具体问题具体分析。但各种分子标记当前还存在一些缺陷，如费用高，在资金不足的条件下怎样有目的地选择标记、怎样组合各种标记效果最好，这有待于我们的进一步研究。总之，分子标记技术应用于药用植物研究，是一个良好开端，尽管在药用植物的一些重大问题研究及其商业化利用方面，分子标记似乎已经陷入"瓶颈"状态，但是，可以预见，随着现代分子生物学与分子标记技术的迅速发展，这种"瓶颈"状态很快可以突破，分子标记技术可以在深度和广度上辅助药用植物研究与开发利用，促进中药现代化。

第十五章

现代生物技术在中医药研究中的应用

第一节 现代生物技术在中医药动物模型研究中的应用

一、动物模型

生物医学研究的进展常常依赖于使用动物模型作为实验假说和临床假说的试验基础。人类各种疾病的发生发展是十分复杂的，要深入探讨其发病机制和疗效机制不能也不应该在患者身上进行，可以通过对动物各种疾病和生命现象的研究，进而推用到人类，探索人类生命的奥秘，以控制人类的疾病和衰老，延长人类的寿命。

人类疾病动物模型是生物医学科学研究中建立的具有人类疾病模拟性表现的动物实验对象和材料。使用动物模型是现代生物医学研究中的一个极为重要的实验方法和手段，有助于更方便、更有效地认识人类疾病的发生、发展规律和研究防治措施。

长久以来，人们发现以人本身作为实验对象来推动医学的发展是困难的，临床所积累的经验不仅在时间和空间上存在着局限性，许多实验在道义上和方法学上也受到种种限制。而动物模型的吸引力就在于它能够克服这些不足，在生物医学研究中起到独特作用，并越来越受到科技工作者的重视。动物模型的优越性主要表现在以下几个方面。

（一）避免在人身上进行实验所带来的风险

临床上对外伤、中毒、肿痛等的病因研究是有一定困难的，甚至是不可能的，如急性和慢性呼吸系统疾病研究很难重复环境污染的作用，辐射对机体的损伤也不可能在人身上反复实验。而动物可以作为人类的替代者，在人为设计的实验条件下反复进行观察和研究。因此，应用动物模型，除了能克服在人类研究中经常会遇到的理论和社会限制外，还能够采用某些不能应用于人类的方法学途径，甚至为了研究需要可以损伤动物组织、器官或处死动物。

（二）临床上不易见到的疾病可用动物随时复制出来

临床上平时很难收集到放射病、毒气中毒、烈性传染病等病例，而实验室可以根据研究目的要求随时采用实验性诱发的方法在动物身上复制出来。

（三）可以克服人类某些疾病潜伏期长、病程长和发病率低的缺陷

一般情况下，遗传性、免疫性、代谢性和内分泌等疾病在临床上发病率很

低，例如急性白血病的发病率较低，研究人员可以有意识地提高其在动物种群中的发生频率，从而推进研究。类似方法已成功地应用于其他疾病的研究，如血友病、周期性中性白细胞减少症和自身免疫介导性疾病等。临床上某些疾病潜伏期很长，很难进行研究，如肿瘤、慢性气管炎、肺心病、高血压等，这些疾病发生发展非常缓慢，有的可能要几年、十几年，甚至几十年。有些致病因素需要隔代或者几代才能显示出来，人类的寿命相对来说是很长的，但一个科学家很难有幸进行三代以上的观察。而许多动物由于生命周期很短，在实验室观察几十代是容易办到的，对于微生物甚至可以观察几百代。

（四）可以严格控制实验条件，增强实验材料的可比性

一般来说，临床上很多疾病是十分复杂的，各种因素均起作用，例如患有心脏病的患者，可能同时患有肺脏疾病或肾脏疾病等其他系统疾病，即使疾病完全相同的患者，因年龄、性别、体质、遗传等不同因素，疾病的发生发展过程均有所不同。采用动物来复制疾病模型，可以选择相同品种、品系、性别、年龄、体重、活动性、健康状态，甚至遗传和微生物等方面严加控制的不同等级的标准实验动物，用单一病因复制成各种疾病模型。对温度、湿度、光照、噪声、饲料等实验条件也可以严格控制。无论从营养学、肿瘤学和环境卫生学角度，同一时期内很难在人身上取得一定数量的定性疾病材料。动物模型不仅在群体的数量上容易得到满足，而且可以通过投服一定剂量的药物或移植一定数量的肿瘤等方式，取得条件一致的模型材料。

（五）可以简化实验操作和样品收集

动物模型作为人类疾病的缩影，便于研究者按实验需要随时采取各种样品，甚至及时处死动物收集样本，这在临床上是难以办到的。实验动物向小型化的发展趋势更有利于实验者的日常管理和实验操作。

（六）有助于更全面地认识疾病本质

临床研究难免带有一定的局限性，已知很多疾病除人类以外也能引起多种动物感染，其表现可能各有特点。通过对人畜共患病的比较研究，可以充分认识同一病原体（或病因）对不同机体带来的各种影响。因此从某种意义上说，动物疾病模型可以使研究工作升华到立体水平来揭示某种疾病的本质，从而更有利于解释在人身上所发生的病理变化。动物疾病模型另一个富有成效的用途，在于能够细致地观察环境或遗传因素对疾病发生发展的影响，这在临床上是办不到的，对于全面地认识疾病本质有重要意义。

利用动物疾病模型来研究人类疾病，可以克服平时一些不常见，不便于在病人身上进行实验研究的缺陷，还可克服人类疾病发生发展缓慢、潜伏期长、发病

原因多样、经常伴有各种其他疾病等因素的干扰，可以用单一的病因，在短时间内复制出典型的动物疾病模型，对于研究人类各种疾病的发生、发展规律和提高防治疾病的疗效来说是极为重要的。一个好的动物疾病模型应具有以下特点：①再现性好，能再现所要研究的人类疾病，动物疾病表现应与人类疾病表现相似；②动物背景资料完整，生命周期满足实验需要；③复制率高；④专一性好，即一种方法只能复制出一种模型。

应该指出，动物毕竟不是人体，任何一种动物模型都不能全部复制出人类疾病的所有表现，模型实验只是一种间接性研究，只可能在一个局部或一个方面与人类疾病相似。所以，模型实验结论的正确性是相对的，最终还必须在人体上得到验证。复制过程中一旦发现与人类疾病不同的现象，必须及时分析差异的性质和程度，找出异同点，加以正确评估。

二、中医药动物模型研究

人类基因组学研究的方法学内容与中医的整体观、辨证观有许多相似之处。在微观水平的基因调控与修饰反映着生命机体的整体功能状态，基因组的多样性高度强调了每个个体基因的特异性。基因组学研究已充分认识到基因之间相互联系的复杂性，即一种疾病可能由于多个基因的改变，而同一个基因表达状态不同又可能造成多种疾病。特别是从基因结构研究向功能研究方式的转变，对基因之间的相互联系、相互作用的原理日趋重视，反映出基因组学与中医药学两个不同学科在思维方法学上的趋近特征，显示出研究思路与方法相互渗透的可能性。

利用当代先进生物技术建立若干符合中医理论、可用于现代科学研究的中医病症模型的实验方法，对中医药现代化有重要意义。学者们提出可以考虑在以下几个水平建立模型，用于中医药理论研究。

（一）在基因水平上建立研究中医药的筛选模型

①将基因作为筛选和研究中药复方药物作用的靶点，筛选方药中产生治疗作用的物质基础。例如学者袁均英等利用BH3结构域可以和Bcl-2家族结合，抑制Bcl-2诱导细胞凋亡的作用产生肿瘤的原理，建立了筛选诱导细胞凋亡抗肿瘤药物的技术平台。

②构建基因的腺病毒载体，转染靶细胞或器官建立疾病基因高表达的体外疾病模型。例如RAGE基因与糖尿病微血管病变直接相关，有学者利用RT-PCR、克隆、转化等生物学技术构建RAGE腺病毒载体，并转染内皮细胞及主动脉形成RAGE基因高表达体外血管病变模型，从而建立评价中药方剂防治糖尿病微血管病变的技术平台，通过拆方研究探讨中医药理论。

③基因芯片技术为中医药研究的大量信息分析提供了技术手段，有望成为基因组学与中医药学研究的一个桥梁。该项技术快速大量的基因检测、DNA测序、突变体和多态性检测等，能够实现获得样品中大量基因序列及表达信息的目的，以解决高通量基因表达平行分析问题，可广泛用于中医证候的生物学基础、中药药性理论、中药复方配伍作用机理等研究领域。利用基因芯片技术可以建立以下几个中医药研究技术平台。

a. 模式生物细胞基因表达模型。采用模式生物细胞进行实验，条件容易控制。目前已有多种模式生物的基因组计划已经完成。例如酵母菌是真核生物，其基因组已全部测序，细胞繁殖快，易于培养，与哺乳动物细胞有许多共同的生化机制，存在许多与人类疾病相关的基因。根据公布的酵母基因组序列，用PCR方法扩增酵母6000多个开放阅读框片段，制成DNA芯片，可高通量筛选中药方剂的有效成分，并解决中药方药作用的多靶点和多途径问题。

b. 病原体基因表达模型。中医药治疗疾病，并不强调以药物直接对抗致病因子，重点在于发挥机体的抗病能力，调整机体的功能状态。例如中医用黄连解毒汤治疗细菌性痢疾，在临床上有良好的疗效，但在体外有效抑菌浓度很大，在体内却很难达到抗菌治疗的有效浓度。直接抑菌或杀菌作用不是黄连解毒汤治疗细菌性痢疾的药理学基础，是否与调控痢疾杆菌基因有关，值得进一步研究。所以，研究中医治疗作用应重视发现与发展抗病基因问题的研究，强调整体联系与基因表达的关系。国外学者根据已测序的肺结核杆菌基因组序列，用PCR方法扩增，制成肺结核杆菌DNA芯片，来研究抗结核杆菌药物的作用靶点和作用机理。同理，可以建立痢疾杆菌或其他病原体的DNA芯片，从基因水平来探讨中医药抗病原微生物的治疗作用与机理。

c. 证候基因模型。证候是内外因相互作用导致疾病变化的过程，依据多基因致病的关联特征，用基因组学的理论与方法，特别是从基因表达谱或基因表达产物的差异性分析，研究证候发生的基因表达调控规律，探讨疾病证候、亚健康状态与正常生命活动三种状态基因表达的差异性，为证候的动物模型复制研究提供新的途径，阐明证的物质基础，意义将是深远的。例如有学者选择慢性萎缩性胃炎患者，在中医理论指导下进行辨证分型，选取具有典型表现的脾胃虚寒型和胃阴不足型患者，以健康人为对照，进行胃镜检查，钳取胃黏膜，抽提总RNA，然后采用基因表达谱芯片进行杂交分析，统计实验结果，分析基因表达信息，找出两种证型的基因表达特点和差异，可以为复制脾胃虚寒型和胃阴不足型动物模型提供依据。

（二）在细胞水平上建立研究中医药的筛选模型

整个细胞的变化经常由机体内外环境综合因素引起，更易于评价药物的作用。例如利用体外培养方式培养各种不同的肿瘤细胞株，该类筛选体系由体外人类肿瘤细胞培养及细胞库、高倍光学显微摄像工作站、酶联免疫仪、流式细胞仪、活细胞三维成像系统等组成，可以建立细胞、分子、基因的对话框，根据不同疾病和不同机理的细胞水平建立筛选模型，可进行大规模中药复方和中医药基本理论的研究。

通过基因同源重组打靶使关键肿瘤等位基因缺失来筛选抗肿瘤药物。例如在实验中将黄色荧光蛋白（YFP）表达载体转化导入结肠癌细胞系DLD-1，将蓝色荧光蛋白（BFP）表达载体导入突变的 *K-Ras* 等位基因缺失的DLD-1细胞系中，将两种类型的细胞系共同培养，可以筛选出作用于 *K-Ras* 基因的活性成分，发现 *K-Ras* 基因与肿瘤的转移相关。国外学者从30000多种化合物中筛选出能够作用于 *K-Ras* 基因的结肠癌细胞中的胞苷核酸类似物。我们同样可以利用等位基因打靶技术来筛选中药有效成分，克服传统细胞筛选模型中存在非特异性作用的问题。因为中药的成分复杂，存在鞣酸、离子等成分，在体外加入到细胞中可能因为渗透压、pH等因素使细胞的生长受到影响，出现筛选的假阳性结果。

（三）在整体动物水平上建立研究中医药的筛选模型

①建立遗传基因突变性小鼠疾病模型。可利用遗传基因突变动物模型研究中药有效成分，例如从美国杰克逊实验室（The Jackson Laboratory）引进dB/dB突变小鼠，dB/dB小鼠的Leptin受体基因失去功能。Leptin是由白色脂肪细胞产生的一种激素，它作用于下丘脑下部的特定神经元，从而进一步调节机体的代谢及摄食行为。dB/dB小鼠的表现均为身体在性成熟后发胖，血糖浓度从正常水平（小于60mg/mL）升高到大于260mg/mL，最终因肾脏和肝脏功能低下而引起死亡。该模型与人类 II 型肥胖性糖尿病一致，可以作为研究糖尿病微血管病变的理想动物模型。又如APC结肠直肠癌小鼠模型是由于结肠腺息肉病A基因突变，人类的肿瘤抑制基因在小鼠体内突变可引起相似的疾病，这是评价药物理想的动物模型。

②建立转基因和基因剔除小鼠模型。运用原核注射将外源DNA导入小鼠种系的方法在20世纪80年代初期已经建立，使制备携带各种与人类疾病相关基因的转基因动物模型成为可能。例如我们在开展建立糖尿病微血管病变的转基因动物模型时，可以将与糖尿病微血管病变相关的基因RAGE通过显微注射的方法注射到C57BL/6J小鼠中，再与糖尿病小鼠进行杂交，可以获得糖尿病微血管病变的小鼠，或将抑癌基因敲除，形成小鼠肿瘤模型。

利用现代生物技术开展中医药动物模型的研究具有重大意义，值得动物实验研究人员进一步开展深入研究，为中医药研究工作注入新的活力。

<table>
<tr><td>第二节</td><td>现代生物技术在中药学
研究中的应用</td></tr>
</table>

一、现代生物技术与中药学研究

中医中药是我国传统文化瑰宝，在回归自然的呼声中，中医药已经成为各国医药界普遍关注的焦点，我国中药学发展正面临着前所未有的机遇与挑战。21世纪天然药物的研究模式发生了新变革，研究战略重心出现了转移，道地药材、绿色药材及其生产规范化和质量标准化、中草药资源可持续利用与区域经济发展、中药基本理论及其现代化等逐渐成为研究的热点和前沿。

（一）传统中药的优势与特色

中药是中医治疗疾病的主要载体，总体上可分为植物药、动物药、矿物药三类。几千年的临床实践证明它具有方便、低廉、高效的特点，更重要的是它可以在最大程度上避免化学药物的不良反应。药物的来源本身并不说明其中西医属性，中药的使用是中医辨证论治的一个环节，它的性味、归经、功效是中医阴阳、五行、脏腑、经络理论的具体体现。"寒者热之""热者寒之""虚者补之""实者泻之"是中医的基本治法，也是中药应用的基本原则，中药的优势还在于它所包含的整体观念。因此，传统中药的使用大多以复方的形式，在方剂组成中强调"君、臣、佐、使"的配伍原则。在中药质量方面，道地药材、采收季节、加工炮制，在中药使用方面，不同药物组成、用量比例、剂型、煎药用水、火力、入药先后、服药时间等，都体现了天、地、时、人、药五者的统一，这也正是中西药的本质区别和中医药的精髓所在。尽管以现代科学发展的水平和科学方法论的眼光看来，中药的这些特点还包含着许多不确定因素，有些理论尚难以为现代科学技术所证实，有些说理方法甚至显得十分朴素和粗糙，但是几千年的文化积淀和临床疗效就足以证明其存在的科学性和合理性。这也正是现代天然药物研究不可回避的新课题。

（二）现代中药生物学研究概况

当前，生物技术在药学领域的应用研究方兴未艾，内容涉及天然药物研究的各个领域，研究方法已从单一的有效成分分析过渡到多因素、多指标综合研究。某些新技术如天然药物活性成分分析、生物活性测试、中药复方有效成分提取、生物转化技术等，为从中药和天然药物中开发新型药物提供了研究思路。

1. 中药制剂技术革命

传统的中药制剂丹、膏、丸、散已难以适应现代社会发展的需要，各种新的中药剂型层出不穷，例如颗粒剂、缓释剂、注射剂、酊剂、胶囊剂等。随着制剂理论的发展，制剂技术已由经典的被动载体技术向主动控制药物作用方向发展，给药系统研究开发技术成为制剂工业的主导方向，控缓释、靶向、透皮、黏膜给药是当前研究的重点，计算机辅助药物制剂开发系统及脉冲式、自调式给药等新兴技术正在兴起，由此带动了生物制药、中药制剂技术的飞速发展。

2. 中药鉴定技术新发展

文献显示，生物技术领域各种新技术及其成果在中药鉴定中的应用获得了巨大的成功。随着生物新技术的发展，中药鉴定领域发生了重大的技术变革，尤其是分子生物学技术在中药鉴定中的应用，被认为代表了中药鉴定技术未来的发展方向。例如DNA分子遗传标记技术在近缘易混淆生药鉴定、药材道地性研究、中药质量标准化、药材种子种苗检测、中医药古迹考证等方面都取得了可喜进展。中药品种鉴定在中药质量控制中有着重要的地位和作用，研究者从中药品种现状、中药品种鉴定、品种分类鉴定依据及品种管理中计算机的应用等方面进行研究，认为中药品种的复杂性决定了品种鉴定是质量控制的首要环节，分子生物学、超微结构和微形态学、光谱法等现代技术为品种鉴定提供了更为准确和便捷的依据。

3. 中药药理学研究新途径

中药血清药理学是近年来建立和发展起来的一种适合于体外研究中药药理的新方法，为中药学的研究开辟了新途径。目前的研究结果表明，含药血清实验方法能够较好地反映中药的药效，可用于体外药理学实验中对有效药物和制剂工艺的初步筛选，为新药研制提供有意义的信息。对于含药血清的制备方法，一般认为药物和观察指标不同，需要首先对含药血清的时效和量效进行研究，以便确定给药剂量、采血时间、含药血清添加浓度等实验条件。为了节约人力和物力，对于常用中药也可采用"通法"制备含药血清。此外，研究还表明，重复多次给药使血药浓度达到稳态后，在一定时间范围内采血进行血清药理学实验均可获得较高而且相似的药理作用强度。另外含药血清是否需要灭活与实验所选指标及药物本身性质有关。但是此类研究方法起步较晚，尚有许多方法学问题亟待解决，其方法学研究技术有待进一步规范。

在基因技术方面，中药影响细胞基因表达的研究有新的进展。研究结果表明，中药发挥作用与其生物活性成分调控基因表达有关，研究中药对基因表达的调控有助于探讨其作用机制。受体、离子通道、酶等指标观测对中药与心脑血管系统作用有了新的认识，其中，中药对脑缺血缺氧损伤的防治作用研究进展较为明显。在中药抗肿瘤的研究中，已涉及中药诱导肿瘤细胞凋亡和抗转移等内容。用体外模型以离体细胞或纯化酶测定试验样品，对受体及酶的拮抗或抑制作用的体外生物测定法，在国外新药与标准提取物和日本汉方制剂研究开发过程中得到了很好的应用。

4. 中药有效成分和复方研究

首先，中药有效成分的研究一直是热门话题。经过几十年不断探索，许多中药的有效成分，在药理学研究方面有了新认识并广泛用于临床。如黄芩苷药理学研究的新进展，为临床提供了理论和实践依据。其次，天然药物活性成分、有效组分及靶细胞受体及酶的拮抗作用为我们提供了新思路。在中药复方化学成分的研究进展方面，开展了有效化学成分的定性与定量、全方化学成分的提取分离与鉴定、复方活性部位与有效成分的药理追踪等研究工作。在指标方面，基因调控、抗微核突变、细胞凋亡、PCR技术等的应用，都自觉借鉴了现代生物技术的最新成果。

二、现代生物技术与中药鉴定研究

质量稳定可控是保证中药有效性和安全性的重要前提。然而，由于中药本身的复杂性，其化学物质基础及作用规律尚不能在短期内得到全部揭示，在实际工作中仅仅依靠现行的以指标性成分测定为主要内容的质量控制理念和方法不能完全满足中药的质量控制需求，难以准确控制和评价中药的有效性和安全性。

国内学者在比较分析中药、化学合成药与生物制剂的特点以及质量控制内在需求的基础上，结合道地药材在中药质量控制中的历史地位和现实意义，提出了构建基于道地优质药材和生物鉴定的中药质量控制与评价新模式的设想，即在目前常规的理化分析手段基础上，建立中药生物鉴定质量控制方法，从常规、化学和生物多角度共同把关，完善现行中药质量控制体系。

（一）中药质量控制的发展历程与面临挑战

随着中药科学的逐步发展，质量控制理念和水平也逐步转变和提高。纵览我国历版药典的发展，从早期的外观、质地、气味、口味、大小等经验判别，已逐步发展到以化学成分定性、定量检测为主要手段的质量控制体系，体现了对中药质量从宏观感性到化学分子的认识发展过程，大大促进了中药质量控制水平的发展。然而，随着中药现代化、国际化步伐的加快，以及人民用药安全性和有效性要求的不断提高，目前的中药质量控制体系面临诸多挑战。

现行的以指标性成分定性定量分析为核心内容的中药质量控制体系存在以下局限性。

①指标性成分不一定是有效成分。例如板蓝根、冬虫夏草分别以精氨酸和腺苷为指标成分，控制质量与疗效几乎没有关系。

②即使是有效成分，其含量高低与质量优劣也不一定有必然联系。例如人参茎叶中人参皂苷含量远高于人参主根，若仅以皂苷含量高低来量化质量，必然得出人参茎叶优于人参主根的错误结论。

③指标性成分不能真实地反映中药制剂的稳定性变化。指标性成分虽然稳定，但制剂的临床疗效并不一定依赖于指标性成分，其稳定性可能发生变化。

④指标性成分不能客观地反映道地药材的物质内涵。道地药材是历代中医评价中药材品质的"金标准"，是优质正品药材的代名词。然而以指标性成分的含量高低而论，许多道地药材的质量不一定优于普通药材。

现行的中药质量控制模式仅能控制部分指标性成分的一致性和稳定性，不能直接反映有效性和安全性，难以完全有效控制中药的质量，尚需要补充和完善。

（二）生物鉴定控制中药质量的优势

生物鉴定是在严格控制的试验条件下，通过比较标准品和供试品对生物体或离体器官与组织的特定生物效应，从而控制和评价供试品质量或活性的方法，在实际操作中通常以生物效价（单位）来表达。其适用于结构复杂，或理化方法不能测定含量，或理化测定不能反映临床生物活性的药物，在中药质量控制和评价中具有独到的优势。主要表现在：①直接关切中药的有效性和安全性；②量效关系确切，可为临床用药剂量的规范化提供参考；③不用关注中药具体的物质组成，不受物质基础研究进程的限制，符合中药物质基础研究现状；④生物鉴定不仅可量化中药的药效价值，生物效应谱还可为中药品种与品质定性鉴别提供重要依据。

生物鉴定方法用于中药质量控制和评价研究由来已久，我国学者楼之岑早在20世纪50年代就利用小鼠灌服植物性泻剂后排湿粪这一规律，建立了植物泻剂的生物鉴定方法。《中国药典》从2005年版对水蛭的质量控制即采用生物鉴定方法（抗凝血酶活性检测法）。但由于长期受化学药物质量控制思路和模式的影响，生物鉴定方法并未在中药质量控制中被广泛采用。随着中药现代化、国际化对中药质量控制要求的不断加强，仅靠指标性成分定性定量分析已不能满足中药质量控制的内在需求，中药质量控制的思路和模式亟待转变。生物鉴定方法直接关切中药的有效性和安全性，比目前主要基于化学药物质量控制的方法具有更大的实际意义和优势，将成为中药质量控制发展的新趋势。

（三）建立中药生物鉴定方法应注意的问题

生物鉴定方法是基于药物的药理、毒理作用，通过合理的实验设计，达到定量表达其有效性和安全性的目的，属于定量药理学范畴。常用的中药生物鉴定方法有微生物抑制活性检测、抗氧化活性检测、抗凝集素活性检测以及常规的药理毒理方法等。尽管生物鉴定在中药质量控制中有独到优势，但生物鉴定影响因素多，精密度相对较低，消耗实验动物或材料多，费用相对较高。因此，建立中药生物鉴定方法时应选择操作简单、量效关系确切的生物鉴定模型，严格按照生物统计学要求设计实验，控制实验影响因素（动物性别、窝别、细胞活力等），降低系统误差，提高中药生物鉴定方法的重现性和耐用性。建立中药生物鉴定方法目前最迫切的是针对物质基础不明确、常规理化分析方法无法控制的中药品种，提高其质量控制水平，并逐步扩大到其他品种，最终建立完善的中药生物鉴定质量控制体系。

1. 关于中药生物鉴定模型与指标选择问题

生物鉴定方法的模型和反应指标首先应能够体现临床药效，同时还应考虑实际操作的可行性、通用性、耐用性。质量控制不同于药效研究，方法越简单重现性越好，在实际应用中才能有效控制中药质量。在建立中药生物鉴定模型时，药效模型只是候选方法之一，不能为反映药效而盲目追求繁杂的动物药理模型。应在大量相关性研究的基础上，合理简化和优化，选择合理的体内/外（细胞、分子、免疫）生物学模型和指标，既保证与临床疗效的相关性，又保证实际可操作性和推广性。中药往往并非单一的药理作用，中药复方制剂更是如此。因此，在建立生物鉴定方法时应首选中药最主要的药效作用，对于剧毒药物及含剧毒药物的复方制剂还应建立毒性鉴定方法，以全面保证中药的有效性和安全性。此外，中药生物鉴定模型和指标若能在一定程度上体现中医病证理论，将有利于推动传统中医药理论与现代医学的融合，对规范中药临床应用剂量、完善中医证候模型、深层次揭示中药疗效和毒性也具有重要意义。

2. 关于中药生物鉴定参照物质的选择问题

合理的参照物质是保证中药生物鉴定结果准确性的重要保障。不同于化学药，中药组成成分复杂，应选择有代表性的混合体作为参照物质，例如道地优质药材。一方面有利于体现中药多成分、多靶点、多环节、整合作用的特点，另一方面更有利于彰显和弘扬我国民族传统医药特色，从内涵、质控和管理上区别于植物药、天然药物。《中国药典》已成功应用对照药材为参照物质实施薄层鉴别实验，对鉴别中成药的真伪优劣发挥了重要作用。但这里提出的标准药材参照物质除了定性鉴别外，还有定量的计量标准，都应符合国际、国家级标准物质的要求，选择基源准确、来源稳定的道地优质药材作为标准品，并按照国际通行的原则与程序对标准物质的均匀性、稳定性、准确性进行综合考察，并最终经国际和国家权威机构认可成为法定的计量标准。

3. 关于鉴定方法与标准物质的协作验证问题

中药生物鉴定方法与标准物质的建立需根据品种的性质、要求、难度、适用性和精密度等要求，邀请4～10个鉴定、科研、生产单位参与协作验证，保证方法的准确性、可行性和科学性。

（四）生物鉴定方法辅助控制中药质量的实例

近年来，国内学者以黄连、板蓝根、大黄、人参、冬虫夏草等为研究对象，尝试建立基于生物鉴定的中药质量控制模式。现以物质基础相对清楚的黄连为例，从最简单的抑菌活性出发，比较化学和生物方法表征黄连质量的差异性，探讨生物鉴定方法辅助控制中药质量的必要性。一般认为，生物碱是黄连的药效物质，其中小檗碱含量最高，因此《中国药典》以小檗碱作为质控指标。小檗碱含量随黄连生长年限延长而降低，生长期越短的黄连质量反而越好，这与传统认为黄连4～6年采收为宜不一致。但以生物鉴定方法来评价，四年后的黄连抑菌效果明显优于二年生者，生长年限长的黄连使大肠埃希菌生长代谢曲线延后，抑制作用强。总生物碱含量与抑菌活性虽有一定的相关性，但分光光度法测定总生物碱特异性较差，仅可做参考。

由此可见，即使是物质基础相对较清楚的黄连，现行的主要基于指标性成分含量测定的质控模式也难以准确表征其质量，更何况大多数中药物质基础还不明确，所测的化学成分仅仅是指标性成分，与药效关联不大甚至没有关联。因此，目前主要基于化学定性定量分析的质控模式亟待完善和提高，而直接关切有效性和安全性的生物鉴定方法可能是解决问题的出路之一。

三、细胞膜生物色谱法与中药学研究

中药的效应——物质基础研究一直是中药学研究的一个重要课题，是中药现代化亟待解决的关键问题。随着科学技术的发展，应用分析化学技术对中药成分进行分离和分析，结合药理学的药效试验，构成了中药活性成分研究的基本方法。目前，高效液相色谱法是分离和制备中药活性成分的主要手段，质谱、核磁共振波谱和红外光谱提供了对中药未知成分做分子结构分析的手段。但中药成分十分复杂，在筛选过程的分离阶段，无法区分哪些成分是有效的，哪些成分是无效的，如果不分彼此都进行分离纯化，无论人力、物力都是难以承担的。传统的筛选方法在动物模型上完成，劳动密集耗时，而且只能小规模筛选，这给中药活性成分的筛选工作造成很大的困难，是制约整个过程的瓶颈。中药物质基础和作用机制的澄清是中药走向国际市场的前提，将色谱技术与生物医学结合起来，有可能发展新方法、新技术，从而推动中药研究的水平。基于生物活性分子间相互作用的生物色谱技术应用于中药成分分析和活性成分筛选，不仅可以有效消除无活性成分对分析结果的干扰，而且还可以大大缩小中药活性成分筛选的范围。生物色谱法的出现将为解决中药活性成分筛选过程中的难题提供新的思路和方法。

（一）生物色谱法研究概况

生物色谱法（biological chromatography）于20世纪80年代中后期问世，是由生命科学与色谱分离技术交叉形成的一种极具发展潜力的新兴色谱技术。该法是将活性生物大分子（酶、受体、载体蛋白）、活性细胞膜（仿生物膜）固定于色谱载体上，用这种新型的固定相分离中药活性成分。由于固定相能够特异性、选择性地与中药活性成分结合，使色谱选择性地保留活性成分，应用高效液相（HPLC）分析保留成分，从而排除杂质成分的干扰。因此，在医药研究中，利用该技术可分析、分离和制备生物活性物质，筛选活性成分，研究药物与生物大分子、细胞间的特异性、立体选择性等相互作用，揭示药物的吸收、分布、活性、毒不良反应、构效关系、生物转化和代谢等机理。

生物色谱法目前已衍生出分子生物色谱法、生物膜色谱法、植物细胞色谱法等。生物膜色谱法（biomembrane chromatography）自20世纪90年代中期开始被应用到药物与生物膜相互作用的研究领域，它是以生物膜或模拟生物膜为固定相，当药物随着流动相流动的时候，由于不同成分与膜的作用程度的差别而表现出在膜上的不同保留特性，根据这种差别就可以对它们进行分离分析。用于生物膜色谱研究的生物膜主要有三种：固定化人工膜（IAM）、脂质体、细胞膜微球。细胞膜生物色谱是生物膜色谱的一种，是将人或动物的活性组织细胞膜固定在特定载体表面，制备成细胞膜固定相，用液相色谱的方法研究药物或化合物与固定相上细胞膜及膜上受体的相互作用。

（二）细胞膜生物色谱法的原理与应用

细胞膜由脂质双层构成，受体、离子通道等镶嵌在其中。细胞通过膜上的受体、离子通道等信息靶点与其他细胞和组织进行信息传递、交流、分析、综合，维持机体内外环境的平衡，实现生命活动。现代药理学研究表明，细胞膜上的受体、通道能选择性地识别药物中的化学成分并与之特异性结合，通过影响细胞内第二或第三信使分子导致一定的生物效应，最终产生药理作用。

在药物的筛选上，目前国际上普遍认可的是受体模型和酶模型的高通量筛选方法，从组合化学合成的大量化合物中筛选出具有生物活性的有效药物，但是这种方法难以用于成分复杂的药物，如中药的药效物质基础分析。因为中药各组分间可能存在药效的协同和增强，毒性的拮抗作用，药效是组合药效，这不是单一受体模型可以完成的。由于细胞膜上含受体、离子通道、酶等效应靶点，因此一种化合物的细胞膜通透性对于它的活性起关键作用，因为绝大多数药物必须进入细胞才能表现它的活性，而且还必须能透过目标细胞的细胞膜才能起作用。从模拟人体细胞膜对药物吸收进行药物活性的分析是近年来分析工作的亮点。细胞膜是生物效应靶点最集中的部位，细胞膜生物色谱是利用细胞信息传递的关键部位——效应靶点，采用具有活性的细胞膜特异性结合中药中的效应成分，以色谱技术加以分析，并进行筛选与分离。细胞膜生物色谱应用于药物与膜受体相互作用的特性研究，与传统经典方法——放射性配体结合实验方法的结果显著相关。

目前细胞膜生物色谱在中药研究中采用的方法主要是：首先分离活性组织细胞膜，将活性组织细胞膜固定在特定载体表面，制备成细胞膜固定相，用液相色谱的方法研究药物或化合物与固定相上细胞膜及膜上受体结合的相互作用。利用此种方法建立不同的细胞膜色谱模型，对中药中和细胞膜上相应受体结合的效应成分进行研究。例如采用血管细胞膜色谱法、胰岛β-细胞膜色谱法、红细胞膜色谱法、心肌细胞膜固定相色谱、白细胞膜色谱模型等。这些实验结果充分证明药物或化合物在细胞膜色谱模型上的保留特性与其药理作用有显著的相关性，所用模型基本可反映药物或化合物与细胞及膜蛋白（包括受体）的相互作用，可以迅速地筛选出成分复杂的中药及组方中的活性成分，对加速发现其有效成分具有实际意义。但是，对细胞膜进行分离等处理可能会使其生物学特征受到一定影响，同时考虑到色谱分析的条件与生物色谱固定相为保持其生物活性而必需的条件不易兼顾的矛盾，效应成分的分析如按生物色谱条件要顾及生物学要求，必然会降低色谱技术要求，或为满足色谱技术的要求而降低生物学要求，从而使得生物学要求和色谱技术分析难以达到最适状态。因此直接采用细胞如红细胞、血小板、肝细胞等和中药提取液在适宜培养基中共同孵育一段时间，利用活性细胞膜固相化中药的成分，即采用细胞膜为固定相，固相化中药的效应成分，不分离细胞膜，故细胞膜的完整性、膜受体的立体结构、周围环境和酶活性得以保持，从而将细胞与中药提取物对话过程与色谱分析过程分开，分别满足各个过程的实验条件。例如通过对丹参、脉络宁等中药和中药制剂的研究，获得了8个化合物，有效鉴定了其中2个，显示出了良好的应用前景。

四、生物芯片技术与中药学研究

生物芯片的概念来自计算机领域，是近年来新近发展的一种尖端技术，也是目前生物技术领域的热点和前沿。生物芯片技术是随着人类基因组计划（human genome project，HGP）的进展而发展起来的，它是20世纪90年代中期以来影响极深远的重大科技进展之一，是融微电子学、生物学、物理学、化学、计算机科学为一体的高度交叉的新技术，具有重大的基础研究价值，具有明显的产业化前景。生物芯片的应用具有巨大的潜力，在后基因组研究、新药研究、生物物种改良、疑难疾病病因研究和医学诊断等方面已经提供或正在提供有价值的信息。

（一）生物芯片的产生与意义

生物芯片的实质是在面积不大的基片表面有序点阵排列一系列固定于一定位置的可寻址的识别分子，在相同条件下进行结合或反应，反应结果用同位素法、化学荧光法、化学发光法或酶标法显示，然后用精密的扫描仪或摄像技术进行记录，通过计算机软件分析，综合成可读的生物总信息。

生物芯片主要包括基因芯片、蛋白质芯片等。迄今为止，绝大多数生物芯片都属于基因芯片。基因芯片是将许多特定的DNA寡聚核苷酸或DNA片段（称为探针）固定在芯片的每个预先设置的区域内，通过碱基互补配对原则进行杂交，检测对应片段是否存在，存在量有多少，从而用于基因功能研究和基因组研究、疾病临床诊断和检测等方面。基因芯片主要包括原位合成的基因芯片和直接点样的微矩阵基因芯片。其中点样于玻璃介质上的微矩阵基因芯片是目前应用最广泛的基因芯片，它将成千上万的基因集中到1cm²面积大小的薄片载体上，通过这些探针与待测样品的mRNA进行分子杂交，准确、快速地定量分析细胞中大量靶基因的表达情况。

生物芯片可以从疾病和药物两个角度对生物体的多个参量同时进行研究，以发掘筛选靶标即疾病相关分子，并同时获取大量其他相关信息。可以说，在这种情况下，任何一元化的分析方法均不及生物芯片这种集成化的分析手段更具有优势。

（二）生物芯片与中药学研究

1. 促进中药药理学研究

大量研究发现，许多疾病与基因结构、基因调控和表达异常有关，用中药治疗这些疾病能取得显著疗效且不良反应小。因此，从基因水平研究中药治病机制就显得非常有意义。已有研究报道表明，许多中药的作用靶点为基因，尤其是一些抗癌中药，能明确影响肿瘤细胞中特定基因的表达。在研究过程中，采用免疫组织化学法、流式细胞仪检测法等方法，往往需要将每个样品分别进行测试，操作较为烦琐，测试结果还受试剂质量等因素的影响。如果将生物芯片技术应用于中药药理学研究，则可将中药作用的所有靶基因全部显示出来，药物处理后基因表达的改变对药物作用机制的研究有一定的提示作用，从而可加快中药药理学的研究进展。例如国内学者完成了高三尖杉酯碱对HL-60细胞、黑色素瘤B16细胞以及斑蝥素对HL-60细胞的基因芯片实验，并分析给药后各个时间点表达明显上调或下调的基因，绘制出每种抗癌药物给药后药物靶基因随时间改变而系统变化的路径图。这些研究有助于阐明抗肿瘤中药有效成分的治癌机制。

2. 促进中药新药研制

利用基因芯片技术比较经阳性药物处理前后组织细胞基因表达变化情况，能提供许多有价值的信息。经药物处理后表达明显改变的基因往往与发病过程中药物作用途径密切相关，很可能是药物作用的靶点或继发事件，可作为进一步进行药物筛选的靶标或对已有靶标进行验证。单体药物作用的靶基因不多，单味中药作用的靶基因稍多，而中药复方则作用于多个直接靶基因和间接靶基因。无论单体药物、单味中药，还是中药复方都最终作用于靶细胞的表面，通过一系列的信号传递过程，最终影响基因的表达，进而启动或关闭某种或某些效应分子，达到治疗的目的。而中药复方的开发研究面临的一个首要难题就是怎样采用现代高科技手段阐明中药复方治病的复杂机制，将传统中医药理论标准与世界医学标准接轨。生物芯片的出现有助于从分子生物学水平阐明中药复方的治病机制，为实现这一接轨铺平道路，同时根据不同基因型为特定中药或复方选择合适的患者。

利用生物芯片可比较单味中药或中药复方给药后正常组织和病变组织中大量相关基因的变化，从而发现一组疾病相关基因作为药物筛选靶标。目前，国际上仅有少数实验采用基因芯片技术在时间序列上分析了给药后药物靶基因系列表达的变化。例如国外学者将抗癌药物拓扑异构酶鬼臼亚乙苷（etoposide）作用于人成骨瘤细胞系U2-OS后，可诱发该细胞发生凋亡，在不同时刻提取胞内mRNA，用Affymetrix公司的寡核苷酸芯片检测6519种mRNA表达量的变化，并用Northern印迹证实，其中WAF1/p21及PCNA基因是已知受P53调节的基因，而谷胱甘肽过氧化物酶及S100A2钙结合蛋白是首次发现的效应基因。这个实验采用的方法也完全适用于中药的研究与开发。目前，许多基因开发公司已把战略眼光放在用生物芯片技术开发中药新药的研究上。

3. 促进中药鉴定学发展

如何运用分子生物学技术准确有效地鉴定药材，这是近年来研究工作的方向。已有一些研究者利用RAPD等技术，有效地进行了蛇类等动物药材的鉴定。而生物芯片的应用将会使这类研究更准确、快捷。我们可以在一块芯片上同时点上成千上万个探针，进行大规模的药材鉴定，使分析时间大大减少，极大地提高鉴定效率，而且中药复方组成的准确鉴定也有望实现。

4. 促进中药毒理学研究

用生物芯片研究某种中药作用于细胞后基因表达的变化，如发现一些重要的功能基因表达有明显改变，则提示此中药在研究剂量下可能有一定毒性。观察药物处理后细胞基因表达谱的改变，可使研究者对中药的毒性与代谢特点等有所估计，有利于下一步工作的开展。采用生物芯片技术和药物化学技术，有助于从遗传分子水平和药物分子水平上阐明中药"十八反、十九畏"的机制，帮助解决中医药领域里的一大难题。

由于生物芯片具有准确、快速、高效、高通量分析生物信息的特点，因而可用于中药药理分析、中药新药研制开发、中药鉴定、毒理观察等方面，有利于在分子生物学水平上阐明中药治病机理，具有重要的科学意义和广泛的应用前景。

第十六章

中医药研究常用现代生物技术实验方法

第一节　基因组DNA提取

　　基因组DNA的提取通常用于构建基因组文库、Southern杂交以及PCR分离基因等。利用基因组DNA较长的特性，可以将其与细胞器或质粒等小分子DNA分离，加入一定量的异丙醇或乙醇，基因组的大分子DNA即沉淀形成纤维状絮团飘浮其中，可用玻璃棒将其取出，而小分子DNA则只形成颗粒状沉淀附于壁上及底部，从而达到提取的目的。在提取过程中，染色体会发生机械断裂，产生大小不同的片段，因此分离基因组DNA时应尽量在温和的条件下操作，如尽量减少酚/氯仿抽提，混匀过程要轻缓，以保证得到较长的DNA。一般来说，构建基因组文库，初始DNA长度必须在100kb以上，否则酶切后两边都带合适末端的有效片段很少。而进行RFLP和PCR分析时，DNA长度可短至50kb，在该长度以上，可保证酶切后产生RFLP片段（20kb以下），并可保证包含PCR所扩增的片段（一般为2kb以下）。

　　不同生物（植物、动物、微生物）的基因组DNA的提取方法有所不同；不同种类或同一种类的不同组织因其细胞结构及所含的成分不同，分离方法也有差异。在提取某种特殊组织的DNA时必须参照文献和经验建立相应的提取方法，以获得可用的DNA大分子。尤其是组织中的多糖和酶类物质对随后的酶切、PCR反应等有较强的抑制作用，因此用富含这类物质的材料提取基因组DNA时，应考虑除去多糖和酚类物质。

　　【实验案例】中药板蓝根基因组DNA提取

　　实验材料：供试材料为板蓝根；Plant Gen DNA Kit（Cat、No.CW0553）；UV-1700紫外可见分光光度仪。

　　实验方法：取板蓝根新鲜组织0.1g，用液氮研磨成细末，将细末全部转移到离心管中。打开水浴锅将温度调到60℃，CTAB提取缓冲液预热。加入300μL预热CTAB提取缓冲液，在60℃下数次轻轻摇晃离心管，水浴1min。取出离心管加入300μL氯仿∶异戊醇（24∶1），充分混匀，10000r/min，离心15min，将上清液转移到新的离心管中，加入300μL 100%的乙醇，充分混匀。10000r/min，15min倒掉上清液，得到DNA沉淀。加300μL 70%乙醇、30μL 3mol/L CH₃COONa溶液以漂洗DNA沉淀，然后转至2mL的离心管中，10000r/min离心30s。继续用70%乙醇漂洗DNA沉淀，离心30s，弃上清液，室温放置，让乙醇完全挥发。加50μL TE，4℃放置一夜，使DNA溶解。加300μL乙醇、20μL CH₃COONa，使

DNA沉淀，离心30s，室温放置让乙醇挥发。DNA沉淀溶解在50μL TE中。

实验结果：提取得到中药板蓝根基因组DNA。

第二节　DNA印迹杂交

DNA印迹杂交（Southern blot）在1975年由英国人Southern创建，是研究DNA图谱的基本技术，在遗传病诊断、DNA图谱分析及PCR产物分析等方面有重要价值。

Southern印迹杂交是进行基因组DNA特定序列定位的通用方法。其基本原理是：具有一定同源性的两条核酸单链在一定的条件下，可按碱基互补的原则特异性地杂交形成双链。一般利用琼脂糖凝胶电泳分离经限制性内切酶消化的DNA片段，将胶上的DNA变性并在原位将单链DNA片段转移至尼龙膜或其他固相支持物上，经干烤或者紫外线照射固定，再与相对应结构的标记探针进行杂交，用放射自显影或酶反应显色，从而检测特定DNA分子的含量。

由于核酸分子的高度特异性及检测方法的灵敏性，综合凝胶电泳和核酸内切限制酶分析的结果，便可绘制出DNA分子的限制图谱。但为了进一步构建出DNA分子的遗传图，或进行目的基因序列的测定以满足基因克隆的特殊要求，还必须掌握DNA分子中基因编码区的大小和位置。有关这类数据资料可应用Southern印迹杂交技术获得。

Southern印迹杂交技术包括两个主要过程：一是将待测定核酸分子通过一定的方法转移并结合到一定的固相支持物（硝酸纤维素膜或尼龙膜）上，即印迹（blotting）；二是固定于膜上的核酸与同位素标记的探针在一定的温度和离子强度下退火，即分子杂交过程。早期的Southern印迹是将凝胶中的DNA变性后，经毛细管的虹吸作用，转移到硝酸纤维膜上。利用Southern印迹法可进行克隆基因的酶切、图谱分析、基因组中某一基因的定性及定量分析、基因突变分析及限制性片断长度多态性分析（RFLP）等。

【实验案例】转基因甘蔗植株Southern杂交体系的优化

实验材料：转基因甘蔗植株利用农杆菌介导法获得，导入转基因植株的骨架载体为pCAMBIA3300，筛选基因为Bar基因，对照植株为非转基因ROC-22植株。

实验方法：

（1）地高辛标记探针及标记效率检测　随机引物法标记探针：用*Xho* I酶切质粒载体pCAMBIA3300，切出564bp的*Bar*基因片段，回收纯化，取纯化后的1μg目的基因片段用于标记探针。PCR法标记探针：以pCAMBIA3300质粒为PCR模板进行标记。PCR法标记结束后取2μL标记产物进行电泳检测探针标记效率及产量，最后按照试剂盒说明书的方法进行标记效率的检测，比较两种探针标记DNA稀释样品与对照的显色强度。

（2）甘蔗基因组DNA酶切　DNA的提取采用改良CTAB法进行提取。对甘蔗基因组DNA酶切量、酶切时间进行比较，旨在对酶切条件进行优化。酶切量的比较：分别取同一样品30μg、40μg、50μg和60μg DNA在400μL体系中进行酶切，酶切12h，取5μL检测酶切是否彻底。其余沉淀回收，溶解于35μL的ddH$_2$O中，18V跑胶过夜，观察跑胶情况。酶切时间的比较：取40μg DNA样品在400μL体系中进行酶切，酶切时间分别设置为：6h、8h、10h和12h，酶切结束后，取5μL检测酶切效果。根据酶切量及酶切时间的比较结果，选取5个转基因株系和1个非转基因株系作为实验样品。每个样品取40μg DNA进行酶切，酶切体系为400μL，120U的限制内切酶Hind III，37℃酶切10h，酶切结束后用无水乙醇沉淀DNA，沉淀溶解于35μL的ddH$_2$O中，65℃水浴10min，迅速至冰上2～5min，后18V电泳过夜（13～16h）。

（3）真空转膜及固定　对凝胶进行变性和中和处理，处理过程参照地高辛试剂盒说明书进行。转膜用785型真空转膜仪（Bio-Rad）进行。转膜结束后采用紫外交联（1200J）固定膜上DNA。

（4）杂交及显影　杂交液用量5mL，42℃预杂交1～3h。探针使用量10μL，杂交液用量5mL，于40℃杂交18h。杂交结束后进行洗膜处理，使用洗液II（0.5×SSC，0.1% SDS）时，于64℃洗膜。封闭液孵育时间为30min，抗体工作液孵育时间为1h。最后显影过程于黑暗静置，显影时间0.5～12h，显影结束后，尼龙膜照相留存。

（5）探针洗脱及再次杂交　探针的洗脱和再次杂交，第二次杂交采用PCR法标记探针1.5μL，具体操作同上。

实验结果：本研究以转基因甘蔗为材料，就探针不同标记方法的比较、甘蔗基因组DNA的提取、基因组DNA酶切量、酶切时间及杂交过程等方面，对地高辛标记的Southern杂交技术进行了优化研究。使用改良的CTAB法提取的甘蔗DNA能满足后期实验的要求，PCR法标记的探针较随机引物法标记的探针更适合用于甘蔗Southern杂交，40μg高纯度的甘蔗基因组DNA在400μL酶切体系中，酶切10h可获得良好的酶切效果。杂交温度40℃，杂交18h，可获得杂交背景清晰的杂交条带。

第三节　聚合酶链式反应

聚合酶链式反应（polymerase chain reaction，PCR）是一种用于放大扩增特定的DNA片段的分子生物学技术，它可看作是生物体外的特殊DNA复制，PCR的最大特点，是能将微量的DNA大幅增加。由1983年美国人Mullis首先提出设想，1985年其发明了聚合酶链反应，即简易DNA扩增法，意味着PCR技术的真正诞生。到如今PCR已发展到第三代技术。

PCR是利用DNA在体外95℃高温时变性成单链，低温经常是60℃左右时引物与单链按碱基互补配对的原则结合，再调温度至DNA聚合酶最适反应温度72℃左右，DNA聚合酶沿着磷酸到五碳糖（5'→3'）的方向合成互补链。基于聚合酶制造的PCR仪实际就是一个温控设备，能在变性温度、复性温度、延伸温度之间很好地进行控制。

从原理上看，DNA的半保留复制是生物进化和传代的重要途径。双链DNA在多种酶的作用下可以变性解旋成单链，在DNA聚合酶的参与下，根据碱基互补配对原则复制成同样的两分子拷贝。在实验中发现，DNA在高温时也可以发生变性解链，当温度降低后又可以复性成为双链。因此，通过温度变化控制DNA的变性和复性，加入设计引物DNA聚合酶、dNTP就可以完成特定基因的体外复制。但是，DNA聚合酶在高温时会失活，因此每次循环都得加入新的DNA聚合酶，不仅操作烦琐，而且价格昂贵，制约了PCR技术的应用和发展。耐热DNA聚合酶——Taq酶的发现对于PCR的应用有里程碑的意义，该酶可以耐受90℃以上的高温且不失活，不需要每个循环加酶，使PCR技术变得非常简捷，同时也大大降低了成本，PCR技术得以大量应用，并逐步应用于临床。

PCR技术的基本原理类似于DNA的天然复制过程，其特异性依赖于与靶序列两端互补的寡核苷酸引物。PCR由变性—退火—延伸三个基本反应步骤构成。①模板DNA的变性：模板DNA经加热至93℃左右一定时间后，使模板DNA双链或经PCR扩增形成的双链DNA解离，使之成为单链，以便它与引物结合，为下轮反应做准备。②模板DNA与引物的退火（复性）：模板DNA经加热变性成单链后，温度降至55℃左右，引物与模板DNA单链的互补序列配对结合。③引物的延伸：DNA模板——引物结合物在72℃、DNA聚合酶（如Taq DNA聚合酶）的作用下，以dNTP为反应原料，靶序列为模板，按碱基互补配对与半保留复制原理，合成一条新的与模板DNA链互补的半保留复制链，重复循环变性—退火—延伸三过程就可获得更多的"半保留复制链"，而且这种新链又可成为下次循环的模板。每完成一个循环需2～4min，2～3h就能将待扩目的基因扩增放大几百万倍。

【实验案例】用荧光定量PCR法研究脾胃湿热证与*AQP4*基因表达之间的关系

实验材料：25例慢性浅表性胃炎患者，辨证脾胃湿热证者15例，脾气虚证者10例，对照组10例。TRIzol、Taq DNA多聚酶、MMV逆转录酶、4种脱氧核糖核酸（dNTPs）。*AQP4*的引物和荧光探针序列如下：正义链引物5'-GAATCCCGCCCGATCCT-3'，反义链引物5'-ATATCCAAT-GGTTTTCCCAATTTC-3'，荧光探针5'-FAM-TGGACCTGCAGT-TATCAT-MGB-3'（探针的5'端标以荧光报告基因FAM，3'端标以荧光猝灭基因MGB）；*AQP4*扩增片段长度为62bp。Gene Amp PCR System 9700（普通PCR仪）和ABI PRISM 7000 Sequence Dection System（全自动荧光定量PCR仪）。

实验方法：

（1）取材 对所有受试对象均行电子胃镜检查，胃体距EG线2cm处的大、小弯处分别钳取胃黏膜组织4块，每块大小0.5cm×0.5cm，放入液氮罐中保存。

（2）总RNA提取 组织加入TRIzol，匀浆，分层，浓缩，沉淀，洗涤，溶解。每样品在紫外分光光度计上测定260nm和280nm吸光度值，计算总RNA的收率和纯度。

（3）逆转录反应 取1μg总RNA，加入MMV逆转录酶10U、25μmol/L下游引物0.5μL、dNTPs 1μL、buffer缓冲液2μL、DEPC水3.5μL，普通PCR仪中37℃反应1h，然后95℃反应3min。

（4）阳性标准模板的制备 取逆转录反应产物cDNA 5μL，加入上下游引物、Taq DNA多聚酶、dNTPs等，PCR仪中93℃反应2min，然后93℃变性1min，55℃退火1min，72℃延伸1min，共40个循环，最后是72℃延伸7min。琼脂糖凝胶电泳，割下目的条带，回收试剂盒，回收纯化。紫外分光光度计上测定，根据OD260测定值和片段长度数据换算出浓度，梯度稀释，制备呈阳性定量标准品梯度。荧光定量阴性对照品采用双蒸水。

（5）FQ-PCR测定 不同浓度阳性定量标准品及待测样本的cDNA 5μL，加入上下游引物、荧光探针、Taq DNA多聚酶、dNTPs等，荧光定量PCR仪中93℃

反应2min，然后93℃变性1min，55℃退火1min，72℃延伸1min，共35～40个循环。反应结束后，荧光定量PCR仪自动分析并计算结果。

实验结果：脾胃湿热证的荧光生长曲线呈明显阳性；脾虚证的荧光反应较弱，有1例呈现阴性，3例呈现可疑阳性；对照组荧光生长曲线则居于两者之间。参照标准曲线定量后，并取拷贝数的对数进行方差分析。脾胃湿热证组AQP4 mRNA表达量高于脾气虚证组（$P<0.01$），高于对照组，但两者之间无统计学意义差异（$P>0.05$）；而脾虚证组则明显低于对照组（$P<0.05$）。

第四节　RNA印迹杂交

RNA印迹杂交（Northern blot）是一种将RNA从琼脂糖凝胶中转印到硝酸纤维素膜上的方法。Northern blot首先通过电泳的方法将不同的RNA分子依据其分子量大小加以区分，然后通过与特定基因互补配对的探针杂交来检测目的片段。

"Northern blot"这一术语实际指的是RNA分子从胶上转移到膜上的过程，当然它现在通指整个实验的过程。Northern blot在1977年由斯坦福大学的James Alwine，David Kemp和George Stark发明。Northern blotting实际上依照比它更早发明的一项杂交技术Southern blot（依据生物学家EdwinSouthern名字来命名）来命名。

Northern印迹杂交的RNA吸印与Southern印迹杂交的DNA吸印方法类似，只是在上样前用甲基氢氧化银、乙二醛或甲醛使RNA变性，而不用NaOH，因为它会水解RNA的2'-羟基基团。RNA变性后有利于在转印过程中与硝酸纤维素膜结合，它同样可在高盐中进行转印，但在烘烤前与膜结合得并不牢固，所以在转印后用低盐缓冲液洗脱，否则RNA会被洗脱。在胶中不能加EB，因为它会影响RNA与硝酸纤维素膜的结合。为测定片段大小，可在同一块胶上加分子量标记物一同电泳，之后将标记物切下、上色、照相，样品胶则进行Northern转印。标记物胶上色的方法是在暗室中将其浸在含5μg/mL EB的0.1mol/L醋酸铵中10min，光在水中就可脱色，在紫外光下用一次成像相机拍照时，上色的RNA胶要尽可能少接触紫外光，若接触太多或在白炽灯下暴露过久，会使RNA信号降低。

【实验案例】地高辛标记的Northern blot检测鼠疫菌sRNA

实验材料：菌株和质粒；TMH培养基。TRIzol Reagent、SYBRGold-Nucleic Acid GelStain、DEPC、3mol/L醋酸钠、Gel loadingbuffer Ⅱ、ULTRA-hyb杂交

液、BrightStar-PlusMembrane、Nylon Membrances、positively charged、DIG Wash and Block Buffer Set、Anti digoxigenin- AP conjugate、CDP-Star、Hybridization Bags、DIG RNA Labeling Mix、T7 RNA Polymer-ase、RiboLockRibonuclease Inhibitor、DNaseI、 Hybond-NX等。

实验方法：在低铁条件下，提取鼠疫菌总RNA，10% dPAGE分离后电转到尼龙膜上并用紫外线交联RNA。尼龙膜经地高辛标记RyhBl或RyhB2寡核苷酸RNA探针过夜杂交后洗脱、封闭和免疫检测，最后曝光显影。

实验结果：地高辛标记的Northern blot曝光时间为20～180s，RyhBl或RyhB2检测灵敏度分别为0.005μg和0.05μg。RyhBl或RyhB2探针特异性好，相互间无交叉反应。带正电或中性的尼龙膜都适用于杂交反应。RNA探针在42～65℃内杂交均可，提高温度可减少非特异性反应；而DNA探针杂交温度需摸索。地高辛标记Northern blot检测鼠疫菌sRNA技术，具有特异性好、灵敏度高、探针易保存、曝光时间短等优点，为细菌sRNA验证和功能研究提供有力工具。

第五节　反转录聚合酶链式反应

反转录聚合酶链式反应（reverse transcription polymerase chain reaction，RT-PCR）即反转录PCR，是将RNA的反转录（RT）和cDNA的聚合酶链式扩增反应（PCR）相结合的技术。RT-PCR首先经反转录酶的作用以RNA合成cDNA，再以cDNA为模板，扩增合成目的片段。RT-PCR技术灵敏而且用途广泛，可用于检测细胞中基因表达水平、细胞中RNA病毒的含量和直接克隆特定基因的cDNA序列。作为模板的RNA可以是总RNA、mRNA或体外转录的RNA产物。无论使用何种RNA，关键是确保RNA中无RNA酶和基因组DNA的污染。用于反转录的引物可视实验的具体情况选择随机引物、Oligo dT及基因特异性引物中的一种。对于短的不具有发卡结构的真核细胞mRNA，三种都可。

RT-PCR反应受多个因素影响，如硫酸镁的浓度、引物退火的温度、扩增的循环数等。建议选择0.5～3.0mm的硫酸镁做初步实验。对于具有较高Tm的引物，增加退火和延伸时的温度对反应有利。较高的温度有利于减少非特异的引物结合，因而提高特异产物的得率。大多数目标RNA经40轮PCR反应就能观察到，但如果目标RNA太稀少，或者只有很少的起始材料，那就有必要增加扩增的次数到45～50次。

【实验案例】中医寒体与热体基因差异性表达的RT-PCR分析

实验材料：Wistar大鼠31只，雄性，体质量（180±20）g，室温（20±2）℃下分笼饲养，光照12h，实验前适应环境饲养1周。

实验方法：用WMY-01型数字温度计测量动物后脚掌掌心表面温度，每天早上9～11时测量一次，连续测量10天，计算出群体的平均体温。寒体、常体、热体的筛选标准为：比平均体温低1℃以下者为寒体；较平均体温高1℃以上者为热体；不超过平均体温0.2℃者为常体，每组各筛选出动物3只。通过实验筛选出特征性基因*Atp6nl*和*Ins2*以及差异性基因*AChE*和*Txnrdl*，用RT-PCR试剂盒进行逆转录和PCR扩增，取与芯片实验相同的总RNA，按试剂盒操作说明进行操作，实验过程中严格设立内参照*β*-actin，反应结束后对反应产物进行琼脂糖凝胶电泳。

实验结果：RT-PCR结果显示，基因*Atp6nl*、*Ins2*、*AChE*及*Txnrdl*在热体组和寒体组中的表达均与常体组有明显差异（*P*<0.05）。与热体组比较，寒体组中基因*AChE*、*Atp6nl*、*Ins2*表达上调，基因*Txnrdl*表达下调，与基因芯片结果一致。

第六节　基因芯片

基因芯片，又称DNA芯片、生物芯片。其测序原理是将大量（通常每平方厘米点阵密度高于400）探针分子固定于支持物上后与标记的样品分子进行杂交，通过检测每个探针分子的杂交信号强度进而获取样品分子的数量和序列信息。通俗地说，就是通过微加工技术，将数以万计乃至百万计的特定序列的DNA片段（基因探针），有规律地排列固定于硅片、玻片等支持物上，构成的一个二维DNA探针阵列，与计算机的电子芯片十分相似，所以被称为基因芯片。

基因芯片主要用于基因检测工作。早在20世纪80年代，Bains W等人就将短的DNA片段固定到支持物上，借助杂交方式进行序列测定。但基因芯片从实验室走向工业化却是直接得益于探针固相原位合成技术和照相平版印刷技术的有机结合以及激光共聚焦显微技术的引入，它使得合成、固定高密度的数以万计的探针分子切实可行，而且借助激光共聚焦显微扫描技术使得可以对杂交信号进行实时、灵敏、准确地检测和分析。正如电子管电路向晶体管电路和集成电路发展时所经历的那样，核酸杂交技术的集成化正在使分子生物学技术发生着一场革命。

基因芯片技术由于同时将大量探针固定于支持物上，所以可以一次性对样品大量序列进行检测和分析，从而解决了传统核酸印迹杂交（Southern Blot和Northern Blot等）技术操作繁杂、自动化程度低、操作序列数量少、检测效率低等不足。而且通过设计不同的探针阵列、使用特定的分析方法可使该技术具有多种不同的应用价值，如基因表达谱测定、突变检测、多态性分析、基因组文库作图及杂交测序等。

【实验案例】糖尿病家系肾阴阳两虚血瘀证糖尿病的差异表达基因分析

实验方法：

（1）对象选择　共调查家系成员18例，采用自定的320个症状因子量表对家系中所有成员进行登记，并进行症状及体征因子等级定量登记以对血瘀证进行评分。对家系成员在不同日分别进行空腹及餐后2h的血糖测定，采用1997年WHO制定的糖尿病诊断标准对该家系进行糖尿病排查，同时进行临床实验室生化检查。家系调查中糖尿病患者11例，血糖异常者3例，身体健康并且无其他疾病者3例。为增强可比性，选择家系中3例积分最高的典型肾阴阳两虚—血瘀证糖尿病患者作为实验组，另以该家系中2例正常人为对照组。

（2）血样标本采集　分别取实验组与对照组每人新鲜外周血10mL回收白细胞，加入白细胞20倍体积的TRIzol试剂，放入－80℃冰箱中保存。

（3）探针制备　采用12000点cDNA表达谱芯片，用改进的一步法抽提实验组及正常对照细胞总RNA。每一份探针取4μg mRNA逆转录标记cDNA探针并纯化，在一链合成中掺入荧光标记dUTP，用CY3-dUTP标记正常细胞mRNA，用CY5-dUTP标记实验组细胞mRNA。

（4）芯片杂交　探针溶解在20μL 5×SSC+0.2% SDS杂交液中。基因芯片和杂交探针分别置于95℃水浴中变性5min，立即将探针加在基因芯片上，盖玻片封片，置于密封舱内60℃杂交15～17h。然后揭开盖玻片，用SSC和SDS溶液洗涤10min，室温晾干。

（5）检测与分析　用扫描仪扫描芯片，得到的cy3/cy5图像文件通过划格确定杂交点范围，过滤背景噪声，提取基因表达的荧光信号强度值。用预先选定的内参照基因（40个管家基因）对cy3和cy5的原始提取信号进行均衡和修正。用ImaGene 3.0软件分析cy3和cy5的强度和比值。用以下条件作为判定基因有无差异表达的标准：①cy3和cy5比值的自然对数绝对值大于2或小于0.5。②cy3和cy5信号值其中之一必须大于2000。

实验结果：发现差异基因446条，其中上调基因8条，下调基因438条。其中包括与代谢相关34条，细胞凋亡相关6条，细胞周期相关3条，与糖尿病相关2条，与血瘀相关基因2条。

第七节　蛋白质印迹杂交

蛋白质印迹杂交（Western Blot）是将蛋白样本通过聚丙烯酰胺电泳按分子量大小分离，再转移到杂交膜上，然后通过一抗/二抗复合物对靶蛋白进行特异性检测的方法，是进行蛋白质分析最流行和成熟的技术之一。

蛋白质印迹杂交将蛋白质电泳、印迹、免疫测定融为一体，将已用聚丙烯酰胺凝胶或其他凝胶或电泳分离的蛋白质转移到硝酸纤维滤膜上，固定在滤膜上的蛋白质成分仍保留抗原活性及与其他大分子特异性结合的能力，所以能与特异性抗体或核酸结合，其程序与DNA印迹相似，故称为蛋白质印迹。其流程是：先从生物细胞中提取总蛋白或目的蛋白，将蛋白质样品溶解于含有去污剂和还原剂的溶液中，经SDS-PAGE电泳将蛋白质按分子质量大小分离，再把分离的各蛋白质条带原位转移到固相膜（硝酸纤维素膜或尼龙膜）上，接着将膜浸泡在高浓度的蛋白质溶液中温育，以封闭其非特异性位点；然后加入特异抗体（一抗）膜的目的蛋白（抗原），与一抗结合后，再加入能与一抗专一性结合的带标记的二抗，最后通过二抗上带标记化合物的特异性反应进行检测。

【实验案例】大承气汤对内毒素血症小鼠肺与大肠TLR4表达的影响

实验材料：32只雄性BALB/C小鼠，体重20～25g。大承气汤：大黄12g、厚朴15g、枳实15g、芒硝9g，水煎浓缩至102mL（含生药0.5g/mL），0.45μm滤膜过滤除菌备用。脂多糖配制成1mg/mL，0.45μm滤膜过滤除菌备用。Multiplex肿瘤坏死因子——α检测试剂盒，toll样受体4兔抗小鼠单克隆抗体、二抗及显色液。

实验方法：动物分组与处理，采用随机数字表法将32只小鼠随机分为对照组、DCQD组、模型组和LPS加DC-QD组，每组8只。禁食不禁水18h后，对照组给予0.2mL/10g生理盐水灌胃，0.1mL/10g腹腔注射生理盐水；DCQD组给予0.1g/10g DCQD灌胃，0.1mL/10g腹腔注射生理盐水；模型组给予0.2mL/10g生理盐水灌胃，30min后腹腔注射LPS 10mg/kg；LPS加DCQD组给予0.1g/10g DCQD灌胃，30min后腹腔注射LPS 10mg/kg。6h后处死小鼠，肺、大肠冻存于液氮中，留置血清于－80℃。

蛋白质免疫印迹法选用膜蛋白和胞浆蛋白提取试剂盒提取膜蛋白，取组织样本250mg，按照试剂盒说明提取蛋白。每个标本取40μg蛋白在SDS胶上电泳，转至硝酸纤维膜上，加入5%的脱脂牛奶，4℃孵育过夜；加入1：500兔抗小鼠

TLR4，室温孵育1.5h，TBS-T洗2次（各15min）；加入1：1000 HRP标记的抗兔二抗，室温孵育1h，如前法用TBS-T洗去未结合的二抗，用化学发光法在Kodak 2000MM图像工作站成像，TLR4与β-肌动蛋白条带的光密度比值表示TLR4的相对表达水平。

实验结果：各组肺与大肠TLR4蛋白表达水平比较及相关性分析，与对照组比较，DCQD组肺与大肠TLR4蛋白表达差异均无统计学意义（$P>0.05$），模型组肺与大肠TLR4蛋白表达均增高（$P<0.01$）；LPS加DCQD组肺与大肠TLR4蛋白表达水平较模型组均降低（$P<0.05$），但与DCQD组比较仍显著增高（$P<0.05$）。经相关分析，肺与大肠TLR4蛋白表达之间存在正相关关系（$r=0.906$，$P<0.01$）。

第八节　酶联免疫吸附实验

酶联免疫吸附实验（enzyme-linked immunosorbent assay，ELISA）是酶免疫测定技术中应用最广的技术，其基本方法是将已知的抗原或抗体吸附在固相载体（聚苯乙烯微量反应板）表面，使酶标记的抗原抗体反应在固相表面进行，用洗涤法将液相中的游离成分洗除。常用的ELISA法有双抗体夹心法和间接法，前者用于检测大分子抗原，后者用于测定特异抗体。

自从Engvall和Perlman 1971年首次报道建立酶联免疫吸附试验以来，由于其具有快速、敏感、简便、易于标准化等优点得到迅速的发展和广泛应用。尽管早期的ELISA由于特异性不够高而妨碍了在实际中应用的步伐，但随着方法的不断改进、材料的不断更新，尤其是采用基因工程方法制备包被抗原，采用针对某一抗原表位的单克隆抗体进行阻断ELISA试验，都大大提高了ELISA的特异性，加之电脑化程度极高的ELISA检测仪的使用，使ELISA更为简便实用和标准化，从而使其成为最广泛应用的检测方法之一。如今ELISA方法已被广泛应用于多种细菌和病毒等疾病的诊断，在动物检疫方面ELISA在猪传染性胃肠炎、牛副结核病、牛传染性鼻气管炎、猪伪狂犬病、蓝舌病等的诊断中已为广泛采用的标准方法。

ELISA方法的基本原理是酶分子与抗体或抗体分子共价结合，此种结合不会改变抗体的免疫学特性，也不影响酶的生物学活性。此种酶标记抗体可与吸附在固相载体上的抗原或抗体发生特异性结合。滴加底物溶液后，底物可在酶作用下使其所含的供氢体由无色的还原型变成有色的氧化型，出现颜色反应。因此，可通过底物的颜色反应来判定有无相应的免疫反应，颜色反应的深浅与标本中相应抗体或抗原的量成正比。此种显色反应可通过ELISA检测仪进行定量测定，这样就将酶化学反应的敏感性和抗原抗体反应的特异性结合起来，使ELISA方法成为一种既特异又敏感的检测方法。

【实验案例】芪参益气滴丸对心肌梗死后气虚血瘀证患者心室重构及心功能的影响

实验对象：门诊与住院患者82例，按随机数字表法将研究对象分为对照组42例和治疗组40例。对照组中，男24例，女18例，年龄40～75岁，平均（50.8±8.9）岁；治疗组中，男22例，女18例，年龄39～74岁，平均（51.2±7.4）岁。两组患者在发病年龄、性别、临床症状及并发症和基础用药等方面均无显著性差异，具有可比性。

实验方法：对照组接受常规治疗（包括再灌注治疗、血管紧张素转换酶抑制剂或血管紧张素受体拮抗剂、β受体阻滞剂、他汀类药物等），以1年作为观察期。治疗组在常规治疗的基础上加用芪参益气滴丸，主要成分有黄芪、丹参、三七、降香油等，每次0.5g，每日3次，以1年作为观察期。服药期间患者的饮食习惯和生活方式基本不变。

血浆N末端前体脑钠肽（NT-proBNP）测定。对照组、治疗组均于治疗前后分别清晨空腹抽取肘静脉血5mL，加入含有15% EDTA抗凝的采血试管中，立即常温离心3000r/min，10min后取上层血清，置于－20℃冰箱中保存分批待测。用ELISA法进行测定。

实验结果：治疗前后2组血浆NT-proBNP变化比较，治疗组、对照组治疗前血浆NT-proBNP水平比较无显著性差异。1年后，治疗组用药前后比较存在显著性差异（$P<0.01$）；治疗组与对照组比较也存在显著性差异（$P<0.05$）。

参考文献

[1] 杨秀伟. 天然药物化学发展的历史性变迁［J］. 北京大学学报（医学版），2004，36（1）：9-11.

[2] 赵蓬晖，张江涛，马红卫.植物组织培养中的几个常见问题与对策[J].河南林业科技，2001，21（2）：26-27.

[3] 胡凯，谈锋. 药用植物细胞的大规模培养技术[J]. 植物生理学通讯，2004，40（2）：251-259.

[4] 徐子勤，贾敬芬. 红豆草与苜蓿原生质体融合再生属间体细胞杂种植株[J]. 中国科学：C辑，1996，26（5）：449-454.

[5] 薛庆善. 体外培养的原理和技术[M]. 北京：科学出版社，2001：1076-1086.

[6] 刘志伟，郭勇，张晨. 植物细胞培养生物反应器的研究进展[J]. 现代化工，1999，19（8）：14-16.

[7] 单林娜，葛应兰，李建波，等. 甘薯病毒病原学研究进展[J]. 河南农业大学学报，2001,35（1）：92-96.

[8] 胡博然，徐文彪，赵吉强，等. 枸杞生物技术研究进展[J]. 西北植物学报，2001，21（4）：811-817.

[9] 冷肖荀. 花卉茎尖培养脱毒与检测[J]. 生物学通报，2003，38（3）：14.

[10] 王瑛，肖龙. 芦荟植物茎尖培养与种苗快繁技术[J]. 北方园艺，2002（3）：60.

[11] 郭启高，宋明，梁国鲁. 植物多倍体诱导育种研究进展[J]. 生物学通报，2000，35（2）：8-10.

[12] 杨星勇. 药用植物资源的开发利用[J]. 资源开发与保护，1993，9（2）：82.

[13] 董静洲，易自力，蒋建雄，等. 我国药用植物种质资源研究现状［J］. 西部林业科学，2005，24（2）：95-101.

[14] 罗贵民，曹淑桂，张今. 酶工程[M]. 北京：化学工业出版社，2002：1-250.

[15] 郭新红，姜孝成，陈良碧. 基因枪技术在植物基因转化中的作用[J]. 世界农业，2001（9）：45.

[16] 王泽立，戴景瑞，王斌. 植物基因的图位克隆[J]. 生物技术通报，2000，16（4）：21-27.

[17] 闫新甫. 转基因植物[M]. 北京：科学出版社，2003：154-206.

[18] 王志林，赵树进，吴新荣. 分子标记技术及其发展[J]. 生命的化学，2001，21（4）：39-42.

[19] 崔学强，张树珍，沈林波，等. 转基因甘蔗植株Southern杂交体系的优化[J]. 生物技术通报，2015，31（12）：105-109.

[20] 邓仲良，苏山春，孟祥荣，等. 地高辛标记的Northern blot检测鼠疫菌sRNA[J]. 微生物学报，2013，53（3）：293-298.

[21] 闪增郁，刘志忠，陈燕萍，等. 论中医现代化与生物医学工程[J]. 亚太传统医药，2009，5（07）：1-3.

[22] 王桐生，谢鸣. 代谢组学与中医药现代研究[J]. 中外医疗，2008，27（5）：44-45.

[23] 魏蓓蓓，张伟妃，张瑞义，等. 中医寒体与热体基因差异性表达的RT-PCR分析[J]. 上海中医药大学学报，2011，25（3）：68-70.

[24] 徐志尧. 生物技术在中医药现代化研究中的应用[J]. 天津药学，2004（6）：38-41.

[25] 李玉梅，马强. 组织培养中培养条件对培养物的影响[J]. 北方园艺，2001（6）：35-36.